随机信号分析

主　编　郭业才　阮怀林
副主编　韩迎鸽　柴立功　樊甫华

合肥工业大学出版社

内 容 提 要

本书系统介绍了随机信号的特点和分析方法。主要内容有：随机信号基础，随机过程的基本概念、统计特性及几种典型常用的随机过程，平稳随机过程的时域与频域分析方法，随机信号通过线性系统与非线性系统的分析方法，非平稳随机过程的分析方法。每章都有相应的MATLAB仿真实例与习题，内容组织体现了“重视基础、强调实践、突出理论与实践相结合”的教学原则。

本书可作为高等学校电子、通信、信息工程、光电子和应用数学等专业高年级本科生和研究生的教材及工程技术人员的参考书。

图书在版编目(CIP)数据

随机信号分析/郭业才等著．—合肥：合肥工业大学出版社，2009.8(2018.7 重印)

ISBN 978－7－81093－978－2

Ⅰ．随…　Ⅱ．郭…　Ⅲ．随机信号—信号分析—中国　Ⅳ．TN911.6

中国版本图书馆 CIP 数据核字(2009)第 085108 号

随机信号分析

主编　郭业才　阮怀林　　　　责任编辑　陆向军

出　版	合肥工业大学出版社	版　次	2009 年 8 月第 1 版
地　址	合肥市屯溪路 193 号	印　次	2018 年 7 月第 3 次印刷
邮　编	230009	开　本	787 毫米×1092 毫米　1/16
电　话	综合编辑部：0551－62903028	印　张	14.5　　字数　352 千字
	市场营销部：0551－62903198	印　数	4001—5000 册
网　址	www.hfutpress.com.cn	印　刷	合肥现代印务有限公司
E-mail	hfutpress@163.com	发　行	全国新华书店

ISBN 978－7－81093－978－2　　　　定价：27.00 元

前　言

随机信号分析是以随机信号的特点和分析方法为研究对象，为目标检测、信号估计与滤波等信号处理理论的基础，在通信、雷达、自动控制、图像处理、气象预报、生物医学、地震信号处理等领域有着广泛的应用。随着信息技术的发展，其理论和应用将日益广泛和深入。

本书是编者在多年教学实践积累的基础上编写的。目的是使读者通过本课程的学习，掌握随机信号分析的基本理论和系统的分析方法。在教材内容的组织上，先介绍平稳随机信号的特点与分析方法，再介绍非平稳随机信号的特点与分析方法；先介绍随机信号的时域分析方法，再介绍随机信号的频域分析方法；先介绍随机信号通过线性系统的分析方法，再介绍随机信号通过非线性系统的分析方法；先阐述基本概念、基本理论与基本方法，再阐述理论与方法的应用，并给出 MATLAB 仿真实例。教材内容的这种组织方式，体现了“重视基础、强调实践、突出理论与实践相结合”的教学原则。

本书共分七章，第 1 章首先介绍了概率论的基本知识，为后面的学习奠定基础。第 2 章介绍随机过程的基本概念、随机过程的统计特性、平稳随机过程与各态历经性及几种典型常用的随机过程。第 3 章介绍平稳实随机过程及复随机过程的功率谱密度、联合平稳随机过程的互功率谱密度。第 4 章讨论窄带随机过程的物理模型和数学模型，分析窄带随机过程的统计特性与性质及窄带随机过程经包络检波器和平方律检波器后统计特性的变化。第 5 章讨论了随机信号通过线性系统输出信号的概率分布计算问题。第 6 章讨论了随机信号通过非线性系统分析的直接法、特征函数法、级数展开法和包络法。第 7 章介绍了随机过程的高阶统计量及其高阶谱，讨论了循环平稳过程及其循环谱问题。

本书由郭业才、阮怀林、韩迎鸽、柴立功、樊甫华合作编写，其中，第 1 章及第 7 章的第 7.2 与 7.3 节由阮怀林、柴立功、樊甫华共同编写；第 2 章由韩迎鸽编写；第 3 章由柴立功、阮怀林共同编写；第 4 章、第 6 章及第 7 章的第 7.1 节由郭业才编写；第 5 章由樊甫华、阮怀林共同编写；最后由郭业才、阮怀林负责全书的统稿工作。

在本书的编写过程中，得到了许多同志的大力支持与帮助，合肥工业大学出版社为本书的出版给予了大力支持，在此表示诚挚的谢意。

由于编者水平有限，难免有不少谬误和疏漏，恳请读者给予批评指正。

编　者

2009 年 8 月

目　录

第 1 章　随机信号基础

本章的目的是在工科院校已学过概率论的基础上，建立客观事物及其概率的数学模型。从而在已学概率论的基础上对随机现象本质的理解达到进一步的深化。

随机信号分析的基础是概率论。本章将对随机变量的概念、分布、数字特征等与随机信号分析密切相关的特性进行概括性描述。

1.1　概率论的基本术语

1.1.1　随机试验、样本空间

1. 随机试验

试验可以包括各种各样的科学实验，甚至将对某一事物的某个特征的观察也称之为试验。为了研究随机现象的统计规律性，常要做一些与这类现象有联系的观察或试验。这里所说的试验都是指随机试验。例如：

$E1$：抛一枚硬币，观察其正面 H、反面 T 出现的情况（经典的随机试验）；

$E2$：从一批灯泡中，任意抽取一只，测试它的寿命；

$E3$：记录某地 24 小时内的最高和最低气温；

$E4$：观察同一门炮向同一目标射击的弹着点。

这些试验的例子，有如下的共同特点：

(1) 可以在相同的条件下重复进行；

(2) 每次试验的可能结果不止一个，并且可以预知试验的所有可能结果；

(3) 试验之前，不能确定会出现哪一个结果。

我们把具有上述三个特点的试验称为随机试验。

这种在个别试验中其结果呈现出不确定性，在大量重复试验中其结果又具有统计规律性的现象，称之为随机现象。

2. 样本空间

虽然在进行随机试验之前，我们不能确定其结果，但是试验的全部可能结果是已知的。我们将随机试验 E 的所有可能结果组成的集合称为 E 的样本空间，记为 S。样本空间中的元素，也就是随机试验 E 的一个结果，称为样本点。

按照这个定义，前面的 4 个示例的样本空间分别为：

$S1$：$\{H, T\}$；

$S2$：$\{t \mid t \geqslant 0\}$；

$S3$：$\{(x, y) \mid T_0 \leqslant x \leqslant y \leqslant T_1\}$，$x$ 为最低气温，y 为最高气温，并假设它们在 T_0 到 T_1 之间；

$S4$：$\{d \mid d \in D\}$，d 为弹着区域，并假设它包含于 D。

1.1.2 随机事件、事件的概率及独立性

1. 随机事件

在进行随机试验的时候，我们往往关心满足某种条件的那些样本点所组成的集合。例如，如果规定灯泡的寿命小于500小时为次品，则在试验E2中，我们关心的通常是寿命$t \geqslant 500$的灯泡有多少。

一般的，我们把试验E的样本空间S的子集称为E的随机事件，简称事件。如果在试验中，该子集的样本点出现，则称该事件发生。

子集的组成规则是任意的。例如在E2中可以研究$\{t \mid t \geqslant 500\}$也可以研究$\{t \mid t \geqslant 600\}$或$\{t \mid t \leqslant 400\}$。

基本事件：由一个样本点组成的单点集。

必然事件：在每次试验时必然发生的事件。样本空间S是自身的子集。

不可能事件：在每次试验时都不会发生。空集$\varnothing$是S的子集，但是不包含任何样本点。

2. 事件的关系

包含：如果事件A发生必然导致事件B发生，则称B包含了A，记为$A \subset B$或$B \supset A$；

并(或和)：事件A与B中至少有一个发生，记为$A \cup B$；

交(或积)：事件A与B同时发生，记为$A \cap B$(或AB)；

差：事件A发生，而事件B不发生，记为$A - B$；

不相容：若事件A与事件B不能同时发生，即$AB = \varnothing$，则称事件A与B互不相容；

对立(互逆)：若A是一个事件，称$\overline{A}$是A的对立事件(或逆事件)。容易知道，$A\overline{A} = \phi$，$A \cup \overline{A} = S$。

3. 事件的概率

定义：随机事件A发生可能性大小的度量(数值)，称为A发生的概率，记为$P(A)$。

概率具有下述性质：

【性质1】 对于每一个事件A，有$0 \leqslant P(A) \leqslant 1$；

【性质2】 $P(S) = 1$；$P(\varnothing) = 0$；

【性质3】 有限可加性：若$A_1, A_2, \cdots, A_n$是两两互不相容的事件，则有

$$P(A_1 \cup A_2 \cup \cdots \cup A_n) = P(A_1) + P(A_2) + \cdots + P(A_n)$$

【性质4】 设A，B是两个事件，若$A \subset B$，则有

$$P(B - A) = P(B) - P(A), \quad P(B) \geqslant P(A)$$

【性质5】 对于任一事件A，$P(\overline{A}) = 1 - P(A)$

【性质6】 对于任意两事件A和B，有$P(A \cup B) = P(A) + P(B) - P(AB)$。

4. 事件的独立性

这里我们首先介绍条件概率的定义，然后，借助于条件概率来讨论事件的独立性。

条件概率：设A，B是两个事件，且$P(A) > 0$，称$P(B \mid A) = P(AB)/P(A)$为在事件A发生的条件下事件B发生的条件概率。

条件概率重要性质：$P(ABC) = P(C \mid AB)P(B \mid A)P(A)$。

全概率公式：设试验 E 的样本空间为 S，A 为 E 的事件，$B_1, B_2, \cdots, B_n$ 为 S 的一个划分，且 $P(B_i) > 0 (i=1,2\cdots,n)$，则有

$$P(A) = P(A \mid B_1)P(B_1) + P(A \mid B_2)P(B_2) + \cdots + P(A \mid B_n)P(B_n)$$

贝叶斯公式：设试验 E 的样本空间为 S，A 为 E 的事件，$B_1, B_2, \cdots, B_n$ 为 S 的一个划分，且 $P(A) > 0$，$P(B_i) > 0 (i=1,2\cdots,n)$，则有

$$P(B_i \mid A) = \frac{P(AB_i)}{P(A)} = \frac{P(A \mid B_i)P(B_i)}{\sum_{j=1}^{n} P(A \mid B_j)P(B_j)}$$

独立事件：设 A, B 是两个事件，如果具有等式 $P(AB) = P(A)P(B)$，则称 A, B 为相互独立的事件。

定理：设 A, B 是两个事件，且 $P(A) > 0$。若 A, B 相互独立，则 $P(B \mid A) = P(B)$。反之亦然。

n 个事件相互独立：设 $A_1, A_2, \cdots, A_n$ 是 n 个事件，如果对于任意 $k(1 \leqslant k \leqslant n)$，任意 $1 \leqslant i_1 < i_2 < \cdots < i_k \leqslant n$，具有等式 $P(A_{i_1}A_{i_2}\cdots A_{i_k}) = P(A_{i_1})P(A_{i_2})\cdots P(A_{i_k})$，则称 $A_1, A_2, \cdots, A_n$ 为相互独立的事件。

1.2　随机变量及其分布

为了全面地研究随机试验的结果，揭示客观存在着的统计规律性，我们将随机试验的结果与实数对应起来，将随机试验的结果数量化，引入随机变量的概念。

1.2.1　一维随机变量的分布函数与概率密度

1. 随机变量定义

设有随机试验 E，其样本空间为 $S = \{e_i\}$。如果对于每一个 $e_i \in S$，都有一个实数 $X(e_i)$ 与之对应，则对所有的元素 $e \in S$，就得到一个定义在样本空间 S 上的实单值函数 $X(e)$，称 $X(e)$ 为随机变量，简写为 X。

2. 随机变量分类

(1) 根据变量的取值来分

离散随机变量：其全部可能取到的值是有限多个或可列无限多个；

非离散(型)随机变量：其取值是不可列的。

在非离散型随机变量里面，我们主要研究的是连续随机变量。

(2) 根据变量的维数来分

一维、二维和多维随机变量。

3. 一维随机变量分布函数

设 X 为一个随机变量，x 是任意实数，定义 X 的分布函数为

$$F(x) = P\{X \leqslant x\} \tag{1.2.1}$$

如果把一维随机变量 X 看成是数轴上的一个随机点的坐标，那么，分布函数 $F(x)$ 在 x 处

的函数值，就表示了 X 落在区间$(-\infty,x)$上的概率。

从上述定义可知，分布函数这个概念既适用于连续型随机变量，也适用于离散型随机变量。

概率分布函数性质：

【性质 1】 $F(x)$ 是 x 的单调非减函数，即对于 $x_2 > x_1$，有

$$F(x_2) \geqslant F(x_1) \tag{1.2.2}$$

【性质 2】 $F(x)$ 为非负值，且取值满足

$$0 \leqslant F(x) \leqslant 1 \tag{1.2.3}$$

而且 $F(-\infty)=\lim\limits_{x\to-\infty}F(x)=0,F(\infty)=\lim\limits_{x\to\infty}F(x)=1$；

【性质 3】 随机变量在 x_1,x_2 区间内的概率为

$$P(x_1 < X \leqslant x_2)=F(x_2)-F(x_1) \tag{1.2.4}$$

【性质 4】 $F(x)$ 是右连续，即

$$F(x^+)=F(x) \tag{1.2.5}$$

离散随机变量的分布函数除满足以上性质外，还具有阶梯形式，阶跃的高度等于随机变量在该点的概率，即

$$F(x)=P\{X\leqslant x\}=\sum_{i=1}^{n}P(X=x_i)u(x-x_i)=\sum_{i=1}^{n}P_i u(x-x_i) \tag{1.2.6}$$

式中，$u(x)$ 为单位阶跃函数，P_i 为 $X=x_i$ 的概率。

4. 一维随机变量概率密度函数

如果对于随机变量 X 的分布函数 $F(x)$，存在非负函数 $f(x)$，使对于任意实数 x 有 $F(x)=\int_{-\infty}^{x}f(t)\mathrm{d}t$，则称 X 为连续型随机变量，其中，函数 $f(x)$ 称为 X 的概率密度函数，简称概率密度。

由定义中的积分式可知，连续型随机变量的分布函数是连续函数。

概率密度函数性质：

【性质 1】 概率密度函数为非负的，即

$$f(x)\geqslant 0 \tag{1.2.7}$$

【性质 2】 概率密度函数在整个取值区间积分为 1，即

$$\int_{-\infty}^{\infty}f(x)\mathrm{d}x=1 \tag{1.2.8}$$

【性质 3】 概率密度函数在(x_1,x_2)区间积分，给出该区间的概率，即

$$P\{x_1 < X \leqslant x_2\}=F(x_2)-F(x_1)=\int_{x_1}^{x_2}f(x)\mathrm{d}x \tag{1.2.9}$$

对于连续型随机变量有 $P\{X=a\}=0$，而事件$\{X=a\}$并非是不可能事件。就是说，若 A 是

不可能事件，则有 $P(A)=0$；反之，若 $P(A)=0$，并不意味着 A 一定是不可能事件。

从前面对离散型随机变量分布函数的讨论可知，在定义冲激函数 $\delta(x)$ 后，则离散型随机变量的概率密度为

$$f(x)=\sum_{i=1}^{\infty}P(X=x_i)\delta(x-x_i)=\sum_{i=1}^{\infty}P_i\delta(x-x_i) \tag{1.2.10}$$

1.2.2　多维随机变量的分布函数及概率密度

设 E 是一个随机试验，它的样本空间为 $S\{e\}$，设 $X=X(e)$ 和 $Y=Y(e)$ 是定义在 S 上的两个随机变量，由它们构成的一个向量 (X,Y)，叫做二维随机变量（或二维随机向量）。类推可以定义 n 维随机变量。

多维随机变量的性质，不仅与每一个随机变量有关，而且还依赖于这些随机变量之间的相互关系。

1. 二维随机变量分布函数及概率密度

(1) 分布函数

$$F_{XY}(x,y)=P\{(X\leqslant x)\cap(Y\leqslant y)\}=P\{X\leqslant x,Y\leqslant y\} \tag{1.2.11}$$

(2) 概率密度

对于二维随机变量 (X,Y) 的分布函数 $F_{XY}(x,y)$，如果存在非负函数 $f_{XY}(x,y)$，使得对于任意 x,y，有 $F_{XY}(x,y)=\int_{-\infty}^{y}\int_{-\infty}^{x}f_{XY}(u,v)\mathrm{d}u\mathrm{d}v$，则称 (X,Y) 是连续型二维随机变量，称函数 $f_{XY}(x,y)$ 为二维随机变量 (X,Y) 的概率密度，或称之为随机变量 X 和 Y 的联合概率密度。

(3) 概率密度 $f_{XY}(x,y)$ 的性质

【性质 1】　二维概率密度为非负的，即

$$f_{XY}(x,y)\geqslant 0 \tag{1.2.12}$$

【性质 2】　二维概率密度在整个取值区域积分为 1，即

$$\int_{-\infty}^{\infty}\int_{-\infty}^{\infty}f_{XY}(u,v)\mathrm{d}u\mathrm{d}v=F_{XY}(\infty,\infty)=1 \tag{1.2.13}$$

【性质 3】　设 D 是 XOY 平面上的一个区域，点 (X,Y) 落在 D 内的概率为

$$P\{(X,Y)\in D\}=\iint_D f_{XY}(x,y)\mathrm{d}x\mathrm{d}y \tag{1.2.14}$$

【性质 4】　若 $f_{XY}(x,y)$ 在点 (x,y) 连续，则有

$$\frac{\partial^2 F_{XY}(x,y)}{\partial x\partial y}=f_{XY}(x,y) \tag{1.2.15}$$

(4) 边缘分布

二维随机变量 (X,Y) 作为一个整体，具有分布函数 $F_{XY}(x,y)$。而 X 和 Y 都是随机变量，也有各自的分布函数，将它们分别记为 $F_X(x)$，$F_Y(y)$，依次称为二维随机变量 (X,Y) 关于 X 和关于 Y 的边缘分布函数。边缘分布函数可以由 (X,Y) 的分布函数 $F_{XY}(x,y)$ 按照如下关系

式进行确定：

$$F_X(x)=F_{XY}(x,\infty),\quad F_Y(y)=F_{XY}(\infty,y)$$

对于连续型随机变量(X,Y)，设它的概率密度为$f_{XY}(x,y)$，则

$$F_X(x)=F(x,\infty)=\int_{-\infty}^{x}\left[\int_{-\infty}^{\infty}f_{XY}(x,y)\mathrm{d}y\right]\mathrm{d}x \tag{1.2.16}$$

X是一个连续型随机变量，且其概率密度为

$$f_X(x)=\int_{-\infty}^{\infty}f_{XY}(x,y)\mathrm{d}y \tag{1.2.17}$$

同样，Y也是一个连续型随机变量，且其概率密度为

$$f_Y(y)=\int_{-\infty}^{\infty}f_{XY}(x,y)\mathrm{d}x \tag{1.2.18}$$

$f_X(x)$和$f_Y(y)$分别称为边缘概率密度。

(5) 条件分布和独立性

在$X\leqslant x$的条件下，随机变量Y的条件概率分布函数和条件概率密度分别为

$$F_Y(y\mid x)=\frac{F_{XY}(x,y)}{F_X(x)} \tag{1.2.19}$$

$$f_Y(y\mid x)=\frac{f_{XY}(x,y)}{f_X(x)} \tag{1.2.20}$$

若有$f_X(x\mid y)=f_X(x)$，$f_Y(y\mid x)=f_Y(y)$，则称X,Y是相互统计独立的两个随机变量。两个随机变量相互统计独立的充要条件为

$$f_{XY}(x,y)=f_X(x)f_Y(y) \tag{1.2.21}$$

即随机变量X,Y的二维联合概率密度等于X和Y的边缘概率密度的乘积。

2. n维随机变量分布函数及概率密度

仿照二维随机变量的情况，定义n维随机变量的n维分布函数和概率密度分别为

$$F_X(x_1,x_2,\cdots,x_n)=P\{X_1\leqslant x_1,X_2\leqslant x_2,\cdots,X_n\leqslant x_n\} \tag{1.2.22}$$

$$f_X(x_1,x_2,\cdots,x_n)=\frac{\partial^n F_X(x_1,x_2,\cdots,x_n)}{\partial x_1\partial x_2\cdots\partial x_n} \tag{1.2.23}$$

对于$f_X(x_1,x_2,\cdots,x_n)$，一条重要的性质是

$$f_X(x_1,\cdots,x_m)=\underbrace{\int_{-\infty}^{\infty}\cdots\int_{-\infty}^{\infty}}_{(n-m)\text{重}}f_X(x_1,\cdots,x_n)\mathrm{d}x_{m+1}\cdots\mathrm{d}x_n \tag{1.2.24}$$

可见，低维的概率密度可以由高维的概率密度通过积分而得到。

n维随机变量相互统计独立的充要条件是对所有的$x_1,x_2,\cdots,x_n$，满足

$$f_X(x_1,x_2,\cdots,x_n)=f_{X_1}(x_1)f_{X_2}(x_2)\cdots f_{X_n}(x_n)=\prod_{i=1}^{n}f_{X_i}(x_i) \tag{1.2.25}$$

1.3 随机变量的数字特征

在实际问题中，一方面由于概率分布函数和概率密度通常不容易得到，另一方面，由于有时我们只需要关注随机变量的主要特征，如平均值和偏离平均值的程度。这样，我们就要用到随机变量的数字特征。随机变量的数字特征主要有均值、方差和相关函数等。

1.3.1 数学期望(期望、均值、统计平均、集合平均)

1. 数学期望

设离散型随机变量 X 的分布律为 $P\{X=x_i\}=P_i, i=1,2,\cdots$，若级数 $\sum_{i=1}^{\infty} x_i P_i$ 绝对收敛，则称该级数的和为随机变量 X 的数学期望 $E[X]$（或 m_X），即

$$E[X]=\sum_{i=1}^{\infty} x_i P(X=x_i)=\sum_{i=1}^{\infty} x_i P_i \tag{1.3.1}$$

设连续型随机变量 X 的概率密度为 $f(x)$，若积分 $\int_{-\infty}^{\infty} x f(x)\mathrm{d}x$ 绝对收敛，则称该积分的值为随机变量 X 的数学期望 $E[X]$（或 m_X），即

$$E[X]=\int_{-\infty}^{\infty} x f(x)\mathrm{d}x \tag{1.3.2}$$

数学期望有着明确的物理意义：如果把概率密度 $f(x)$ 看成是 X 轴的密度，那么其数学期望便是 X 轴的几何重心。

2. 数学期望的性质

【性质 1】 设 C 是常数，则 $E[C]=C$；

【性质 2】 设 X 是一个随机变量，C 是常数，则 $E(CX)=CE(X)$；

【性质 3】 设 X,Y 是两个随机变量，则有 $E(X+Y)=E(X)+E(Y)$；

【性质 4】 设 X,Y 是相互独立的随机变量，则有 $E(XY)=E(X)E(Y)$。

1.3.2 方差

方差表达了随机变量 X 的取值与其均值之间的偏离程度，或者说是随机变量在数学期望附近的离散程度。方差用 $D(X)$（$\mathrm{Var}(X)$ 或 σ_X^2）表示。

对于离散和连续随机变量，分别为

$$D[X]=E\{(X-E[X])^2\}=\sum_{i=1}^{\infty}(x_i-E[X])^2 P_i \tag{1.3.3}$$

$$D[X]=E\{(X-E[X])^2\}=\int_{-\infty}^{\infty}(x-E[X])^2 f(x)\mathrm{d}x \tag{1.3.4}$$

方差开方后称为标准差或均方差

$$\sigma_X=\sqrt{D(X)} \tag{1.3.5}$$

方差的性质：

【性质 1】 设 C 是常数，则 $D(C)=0$；

【性质 2】 设 X 是随机变量，C 是常数，则 $D(CX)=C^2D(X)$；

【性质 3】 设 X,Y 是相互独立的随机变量，则有 $D(X+Y)=D(X)+D(Y)$。

数学期望的不同表现为概率密度曲线沿横轴的平移，而方差的不同则表现为概率密度曲线在数学期望附近的集中程度。

【例 1.1】 已知高斯随机变量 X 的概率密度 $f(x)=\frac{1}{\sqrt{2\pi}\sigma}e^{-\frac{(x-m)^2}{2\sigma^2}}$，求它的数学期望和方差。

解：根据数学期望和方差的定义

$$E(X)=\int_{-\infty}^{\infty}xf(x)dx=\int_{-\infty}^{\infty}x\frac{1}{\sqrt{2\pi}\sigma}e^{-\frac{(x-m)^2}{2\sigma^2}}dx$$

令 $t=\frac{x-m}{\sigma}$，$dx=\sigma dt$，代入上式并整理

$$E(X)=\frac{\sigma}{\sqrt{2\pi}}\int_{-\infty}^{\infty}te^{-\frac{t^2}{2}}dt+\frac{m}{\sqrt{2\pi}}\int_{-\infty}^{\infty}e^{-\frac{t^2}{2}}dt=0+\frac{m}{\sqrt{2\pi}}\cdot\sqrt{2\pi}=m$$

$$D(X)=\int_{-\infty}^{\infty}(x-m)^2f(x)dx=\int_{-\infty}^{\infty}\frac{(x-m)^2}{\sqrt{2\pi}\sigma}e^{-\frac{(x-m)^2}{2\sigma^2}}dx$$

与前面做同样的变换，即令 $t=\frac{x-m}{\sigma}$ 整理后

$$D(X)=\frac{2\sigma^2}{\sqrt{2\pi}}\int_0^{\infty}t^2e^{-\frac{t^2}{2}}dt$$

查数学手册的积分表，可得：

$$\int_0^{\infty}x^{2n}e^{-ax^2}dx=\frac{1\cdot 3\cdots(2n-1)}{2^{n+1}a^n}\sqrt{\frac{\pi}{a}}$$

令 $n=1$ 及 $a=1/2$，利用上式的积分结果，可得

$$D(X)=\frac{2\sigma^2}{\sqrt{2\pi}}\frac{\sqrt{2\pi}}{2}=\sigma^2$$

可见，高斯变量的概率密度由它的数学期望和方差唯一决定。

1.3.3 矩函数

1. 矩的定义

设 X 和 Y 是随机变量，则矩的定义为

若 $m_k=E\{X^k\}$，$k=1,2\cdots$ 存在，称它为 X 的 k 阶原点矩。

若 $\mu_k=E\{[X-E(X)]^k\}$，$k=1,2\cdots$ 存在，称它为 X 的 k 阶中心矩。

若 $m_{kl}=E\{X^kY^l\}$，$k,l=1,2\cdots$ 存在，称它为 X 和 Y 的 $k+l$ 阶混合矩。

若 $\mu_{kl}=E\{[X-E(X)]^k[Y-E(Y)]^l\}$，$k,l=1,2\cdots$ 存在，称它为 X 和 Y 的 $k+l$ 阶混合中心矩。

可见，一阶原点矩就是数学期望，二阶中心矩就是方差。

当 $k=1,l=1$ 时，二阶混合原点矩就是 X 和 Y 的相关矩，即

$$m_{11}=E\{XY\}=R_{XY} \tag{1.3.6}$$

而此时的二阶混合中心矩即为协方差，为

$$\mu_{11}=E\{[X-E(X)][Y-E(Y)]\}=C_{XY} \tag{1.3.7}$$

相关矩和协方差反映了两个随机变量相互之间的关联程度。用协方差对两个随机变量各自的均方差进行归一化处理，得到相关系数

$$r_{XY}=\frac{C_{XY}}{\sigma_X\sigma_Y} \tag{1.3.8}$$

相关系数只反映两个随机变量的关联程度，与随机变量的数学期望和方差均无关。

【例 1.2】 随机变量 $Y=aX+b$，其中 X 为随机变量，a、b 为常数且 $a>0$，求 X 与 Y 的相关系数。

解：根据数学期望的定义，若 $E(X)=m_X$，则

$$E(Y)=E(X)+b=am_X+b=m_Y$$

先求协方差，再求相关系数

$$C_{XY}=E\{(X-E[X])(Y-E[Y])\}=\int_{-\infty}^{\infty}\int_{-\infty}^{\infty}(x-E[X])(y-E[Y])f_{XY}(x,y)\mathrm{d}x\mathrm{d}y$$

将 $Y=aX+b$，$m_Y=am_X+b$ 代入，并由概率密度性质，消去 y，得到

$$C_{XY}=a\int_{-\infty}^{\infty}(x-m_X)^2\left[\int_{-\infty}^{\infty}f_{XY}(x,y)\mathrm{d}y\right]\mathrm{d}x=a\int_{-\infty}^{\infty}(x-m_X)^2f_X(x)\mathrm{d}x=a\sigma_X^2$$

同理，将 $X=(Y-b)/a$，$m_X=(m_Y-b)/a$ 代入，并由概率密度性质，消去 x，则有

$$C_{XY}=\frac{1}{a}\int_{-\infty}^{\infty}(y-m_Y)^2\left[\int_{-\infty}^{\infty}f_{XY}(x,y)\mathrm{d}x\right]\mathrm{d}y=\frac{1}{a}\int_{-\infty}^{\infty}(y-m_Y)^2f_Y(y)\mathrm{d}y=\frac{\sigma_Y^2}{a}$$

由前两式联立，解得

$$\sigma_Y^2=a^2\sigma_X^2$$

$$C_{XY}=\sigma_X\sigma_Y$$

可见，当 X 与 Y 呈线性关系 $Y=aX+b$，且 $a>0$ 时，二者的相关系数

$$r_{XY}=\frac{C_{XY}}{\sigma_X\sigma_Y}=1$$

即 X 与 Y 是完全相关的。

【例 1.3】 X 与 Y 为互相独立的随机变量，求二者的相关系数。

解：由于 X,Y 互相独立，根据式(1.2.21)

$$f_{XY}(x,y)=f_X(x)f_Y(y)$$

$$C_{XY}=E\{(X-E[X])(Y-E[Y])\}=\int_{-\infty}^{\infty}\int_{-\infty}^{\infty}(x-m_X)(y-m_Y)f_{XY}(x,y)\mathrm{d}x\mathrm{d}y$$

$$=\int_{-\infty}^{\infty}(x-m_X)f_X(x)\mathrm{d}x\int_{-\infty}^{\infty}(y-m_Y)f_Y(y)\mathrm{d}y=0$$

所以，$r_{XY}=0$。

这个例子说明了两个互相独立的随机变量一定是不相关的。

2. 统计独立与不相关

前面讲到二维随机变量 X 和 Y 相互统计独立的充要条件为等式 $f_{XY}(x,y)=f_X(x)f_Y(y)$ 几乎处处成立。

可以这样来理解统计独立：如果把二维随机变量看成平面上随机点的坐标，则统计独立表明随机点的两个坐标是随机的，之间没有任何联系。

而相关是指两个坐标之间的线性相关程度。如果两个随机变量是完全相关的，那么随机点在平面上的分布将是一条直线，随机点的两个坐标严格遵循线性方程。如果两个随机变量的相关系数介于 0 和 ±1 之间，则两个坐标之间可能是以直线之外的其他方式联系起来的。

几个结论：

(1) 随机变量 X 和统计独立的充要条件为：$f_{XY}(x,y)=f_X(x)f_Y(y)$。

(2) 随机变量 X 和 Y 不相关的充要条件为：$r_{XY}=0$(等价于 $R_{XY}=E[X]E[Y]$)。

(3) 两个随机变量统计独立，则它们必然不相关。反之则未必。

【例 1.4】 二维随机变量(X,Y) 满足

$$\begin{cases}X=\cos\Phi\\Y=\sin\Phi\end{cases}$$

式中，Φ 是在$[0,2\pi]$ 上均匀分布的随机变量，讨论 X、Y 的独立性和相关性。

解：根据已知条件，$X^2+Y^2=1$，显然它们的取值互相依赖于对方，或者说是通过参变量 Φ 互相联系的，因为

$$E(X)=\int_{-\infty}^{\infty}\cos\varphi f_{\Phi}(\varphi)d\varphi=\int_{0}^{2\pi}\frac{1}{2\pi}\cos\varphi d\varphi=0$$

$$E(Y)=\int_{-\infty}^{\infty}\sin\varphi f_{\Phi}(\varphi)d\varphi=\int_{0}^{2\pi}\frac{1}{2\pi}\sin\varphi d\varphi=0$$

$$R_{XY}=E(XY)=E(\sin\varphi\cos\varphi)=\frac{1}{2}E(\sin2\varphi)=0$$

$$C_{XY}=E[(X-m_X)(Y-m_Y)]=E(XY)=0$$

所以，$r_{XY}=0$，X 与 Y 不相关。

1.4　随机变量的函数及其分布

在 1.2 节中，我们讨论了随机变量的概念及其分布的特性。然而我们常常会遇到这样的情况，在给定某任意的随机变量 X，以及它的概率分布函数 $F_X(x)$，希望进一步求出给定的随机变量的某些可测函数，如

$$Y=g(X) \tag{1.4.1}$$

的概率分布函数。

1.4.1　一维随机变量函数分布

设 Y 和 X 存在单调函数关系，并存在反函数 $X=h(Y)$，如图 1.1 所示。此时，如果 X 位于 $(x,x+\mathrm{d}x)$ 很小一个区间之内，则 Y 必位于 $(y,y+\mathrm{d}y)$ 的一个相应的区间之内。实质上，它们是同一个随机事件，因而概率相等，即

$$f_Y(y)\,\mathrm{d}y=f_X(x)\,\mathrm{d}x$$

$$f_Y(y)=f_X(x)\frac{\mathrm{d}x}{\mathrm{d}y}=f_X(h(y))(\dot{h}(y))$$

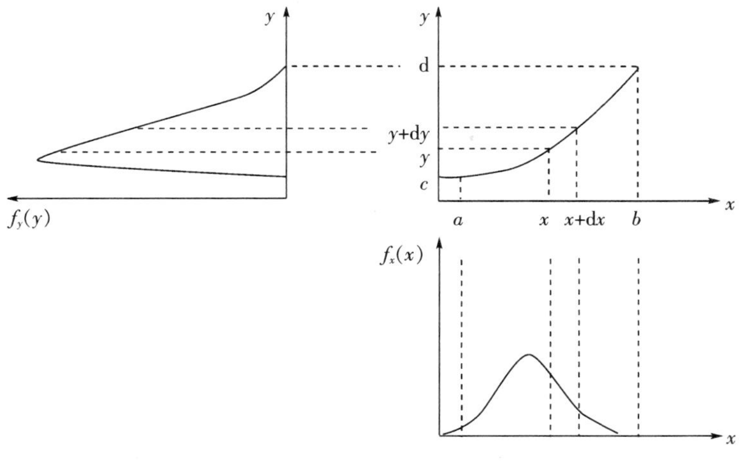

图 1.1　一维函数中对应的单调函数关系

由于概率密度不可能取负值，所以 $\mathrm{d}x/\mathrm{d}y$ 应取绝对值

$$f_Y(y)=f_X(x)\frac{\mathrm{d}x}{\mathrm{d}y}=f_X(h(y))\,|\dot{h}(y)| \tag{1.4.2}$$

这样，不论 $f(x)$ 是单调增函数（$\dot{h}(y)$ 是正的），还是单调减函数（$\dot{h}(y)$ 是负的），式(1.4.2)均成立。

【例 1.5】 随机变量 X 和 Y 满足线性关系 $Y=aX+b$，X 为高斯变量，a、b 为常数，求 Y 的概率密度。

解：设 X 的数学期望和方差分别为 m_X 和 σ_X^2，X 的概率密度为

$$f_X(x)=\frac{1}{\sqrt{2\pi}\,\sigma_X}\mathrm{e}^{-\frac{(x-m_X)^2}{2\sigma_X^2}}$$

因为 Y 和 X 是严格单调函数关系，其反函数

$$X=h(Y)=\frac{Y-b}{a}$$

且 $h'(Y)=\dfrac{1}{a}$

代入式(1.4.2)，即可得到 Y 的概率密度

$$f_Y(y)=\frac{1}{\sqrt{2\pi}\,\sigma_X}\mathrm{e}^{-\frac{(\frac{y-b}{a}-m_X)^2}{2\sigma_X^2}}\left|\frac{1}{a}\right|=\frac{1}{\sqrt{2\pi}\,|a|\sigma_X}\mathrm{e}^{-\frac{(y-am_X-b)^2}{2a^2\sigma_X^2}}=\frac{1}{\sqrt{2\pi}\,\sigma_Y}\mathrm{e}^{-\frac{(y-m_Y)^2}{2\sigma_Y^2}}$$

该式表明，高斯变量 X 经过线性变换后的随机变量 Y 仍然是高斯分布，其数学期望和方差分别为

$$m_Y=am_X+b$$

$$\sigma_Y^2=a^2\sigma_X^2$$

稍微复杂一点的情况是：假定 $X=h(Y)$ 是一个非单调的反函数，也就是一个 Y 值对应着两个 X 值，$X_1=h_1(Y)$，$X_2=h_2(Y)$，如图 1.2 所示。于是，当 Y 位于 $(y,y+\mathrm{d}y)$ 一个区间内，相应的 X 便有两个区间，即 $(x_1,x_1+\mathrm{d}x_1)$ 和 $(x_2,x_2+\mathrm{d}x_2)$。因此，根据概率的加法定理

$$f_Y(y)\,\mathrm{d}y=f_X(x_1)\,\mathrm{d}x_1+f_X(x_2)\,\mathrm{d}x_2$$

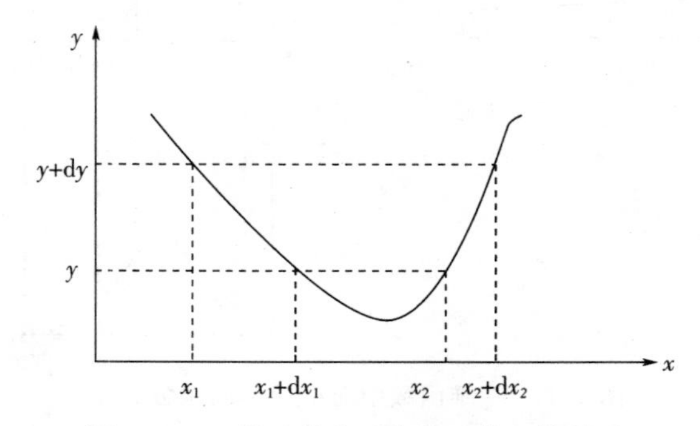

图 1.2 一维函数中对应的双值函数关系

将 x_1 用 $h_1(y)$ 代入，x_2 用 $h_2(y)$ 代入上式，则有

$$f_Y(y)=f_X[h_1(y)]\,|\dot{h}_1(y)|+f_X[h_2(y)]\,|\dot{h}_2(y)| \tag{1.4.3}$$

更复杂的情况是 Y 对应着多个 X 值。

我们可将式(1.4.3)作进一步的推广，即

$$f_Y(y)\,\mathrm{d}y = f_X(x_1)\,|\mathrm{d}x_1| + f_X(x_2)\,|\mathrm{d}x_2| + f_X(x_3)\,|\mathrm{d}x_3| + \cdots \tag{1.4.4}$$

1.4.2　二维随机变量函数分布

求解二维随机变量函数分布所采用的方法基本上与一维情况相似，仅仅是稍微复杂一些。已知二维随机变量的联合概率密度为 $f_X(x_1,x_2)$，以及二维随机变量 (Y_1,Y_2) 与 (X_1,X_2) 之间的函数关系为

$$\begin{cases} Y_1 = \varphi_1(X_1,X_2) \\ Y_2 = \varphi_2(X_1,X_2) \end{cases},\quad \text{反函数为}\begin{cases} X_1 = h_1(Y_1,Y_2) \\ X_2 = h_2(Y_1,Y_2) \end{cases}$$

如图 1.3 所示，因为假设了映射关系是单值的，因此随机变量 (X_1,X_2) 的取值落在 $\mathrm{d}s_{X_1X_2}$ 区域内的概率，应该等于随机变量 (Y_1,Y_2) 的取值落在 $\mathrm{d}s_{Y_1Y_2}$ 区域内的概率。由于二维随机变量落在某个区域的概率为其二维概率密度曲面下的体积，于是有

$$f_X(x_1,x_2)\mathrm{d}s_{X_1X_2} = f_Y(y_1,y_2)\mathrm{d}s_{Y_1Y_2} \tag{1.4.5}$$

由于概率密度为非负，所以应该有

$$f_Y(y_1,y_2) = f_X(x_1,x_2)\left|\frac{\mathrm{d}s_{X_1X_2}}{\mathrm{d}s_{Y_1Y_2}}\right| \tag{1.4.6}$$

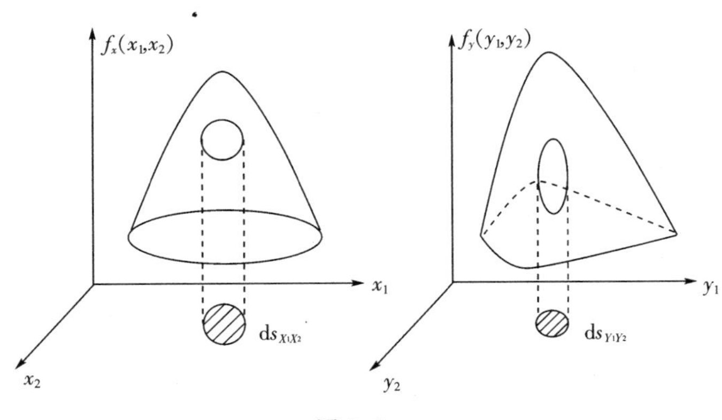

图 1.3

积分区域由 $\mathrm{d}s_{X_1X_2}$ 变为 $\mathrm{d}s_{Y_1Y_2}$，其变换关系为雅可比行列式

$$J = \frac{\mathrm{d}s_{X_1X_2}}{\mathrm{d}s_{Y_1Y_2}} = \begin{vmatrix} \dfrac{\partial x_1}{\partial y_1} & \dfrac{\partial x_1}{\partial y_2} \\ \dfrac{\partial x_2}{\partial y_1} & \dfrac{\partial x_2}{\partial y_2} \end{vmatrix} \tag{1.4.7}$$

将上式代入 $f_Y(y_1,y_2)$ 的表达式，可得

$$f_Y(y_1,y_2) = |J|\,f_X(x_1,x_2) = |J|\,f_X[h_1(y_1,y_2),h_2(y_1,y_2)] \tag{1.4.8}$$

【例 1.6】　设 X,Y 是互相独立的高斯变量，数学期望为零，方差相等 $\sigma_Y^2=\sigma_X^2=\sigma^2$，$A$ 和 Φ 为随机变量，且

$$\begin{cases} X = A\cos\Phi \\ Y = A\sin\Phi \end{cases} \quad A > 0, \quad 0 \leqslant \Phi \leqslant 2\pi$$

求 $f_{A\Phi}(a,\varphi)$，$f_A(a)$ 和 $f_\Phi(\varphi)$。

解：由于 X,Y 互相独立，它们的联合概率密度为

$$f_{XY}(x,y) = f_X(x)f_Y(y) = \frac{1}{2\pi\sigma^2}\mathrm{e}^{-\frac{x^2+y^2}{2\sigma^2}}$$

由于给出的条件即为反函数，可直接求雅克比行列式

$$J = \begin{vmatrix} \dfrac{\partial x}{\partial a} & \dfrac{\partial x}{\partial \varphi} \\ \dfrac{\partial y}{\partial a} & \dfrac{\partial y}{\partial \varphi} \end{vmatrix} = \begin{vmatrix} \cos\varphi & -a\sin\varphi \\ \sin\varphi & a\cos\varphi \end{vmatrix} = a$$

由公式(1.4.8)得 A,Φ 的联合概率密度为

$$f_{A\Phi}(a,\varphi) = \frac{a}{2\pi\sigma^2}\mathrm{e}^{-\frac{x^2+y^2}{2\sigma^2}} = \frac{a}{2\pi\sigma^2}\mathrm{e}^{-\frac{a^2}{2\sigma^2}}$$

式中 $a^2 = x^2 + y^2$，再利用概率密度的性质求 A 的概率密度

$$f_A(a) = \int_0^{2\pi} \frac{a}{2\pi\sigma^2}\mathrm{e}^{-\frac{a^2}{2\sigma^2}}\,\mathrm{d}\varphi = \frac{a}{\sigma^2}\mathrm{e}^{-\frac{a^2}{2\sigma^2}}$$

这就是瑞利分布，是通信与电子系统中应用很广的分布。同样可利用概率密度降维的性质，求 Φ 的概率密度

$$f_\Phi(\varphi) = \int_0^\infty \frac{a}{2\pi\sigma^2}\mathrm{e}^{-\frac{a^2}{2\sigma^2}}\,\mathrm{d}a = \int_0^\infty \frac{1}{2\pi}\mathrm{e}^{-\frac{a^2}{2\sigma^2}}\,\mathrm{d}\left(\frac{a^2}{2\sigma^2}\right) = \frac{1}{2\pi}$$

可见，Φ 为在 $[0,2\pi]$ 上的均匀分布的随机变量。

【例 1.7】 已知二维随机变量 (X_1,X_2) 的联合概率密度 $f_X(x_1,x_2)$，求 X_1,X_2 之和 $Y = X_1 + X_2$ 的概率密度。

解：设

$$\begin{cases} Y_1 = X_1 \\ Y_2 = X_1 + X_2 \end{cases}$$

这种假设是为了保证运算过程的简单，也可做其他形式的假设。先求随机变量 Y_1,Y_2 的反函数及雅克比行列式，即

$$\begin{cases} X_1 = Y_1 \\ X_2 = Y_2 - Y_1 \end{cases}$$

$$J=\begin{vmatrix}\dfrac{\partial x_1}{\partial y_1} & \dfrac{\partial x_1}{\partial y_2}\\ \dfrac{\partial x_2}{\partial y_1} & \dfrac{\partial x_2}{\partial y_2}\end{vmatrix}=\begin{vmatrix}1 & 0\\ -1 & 1\end{vmatrix}=1$$

二维随机变量(Y_1,Y_2)的联合概率密度为

$$f_Y(y_1,y_2)=|J|f_X(x_1,x_2)=f_X(x_1,x_2)=f_X(y_1,y_2-y_1)$$

利用概率密度性质，Y_2 的边缘概率密度为

$$f_{Y_2}(y_2)=\int_{-\infty}^{\infty}f_X(y_1,y_2-y_1)\mathrm{d}y_1$$

最后，用 Y 和 X_1 代替 Y_2 和 Y_1，得

$$f_Y(y)=\int_{-\infty}^{\infty}f_X(x_1,y-x_1)\mathrm{d}x_1$$

这就是两个随机变量之和的概率密度。进一步，如果 X_1，X_2 相互独立

$$f_Y(y)=\int_{-\infty}^{\infty}f_{X_1}(x_1)f_{X_2}(y-x_1)\mathrm{d}x_1=f_{X_1}(y)\otimes f_{X_2}(y)$$

式中，$\otimes$ 表示卷积。这就是我们常见的卷积公式，也就是说两个互相独立随机变量之和的概率密度等于两个随机变量概率密度的卷积。这个例子给出了两个随机变量之和的概率密度，用同样的方法也可求出两个随机变量之差、积、商的概率密度。

【例 1.8】 任选两个标有阻值 20kΩ 的电阻 R_1 和 R_2 串联，两个电阻的误差都在 ±5% 之内，并且在误差之内它们是均匀分布的。求 R_1 和 R_2 串联后，误差不超过 ±2.5% 的概率有多大？

解：由题意，电阻 R_1 和 R_2 应在 19 ～ 21kΩ 内均匀分布。另一方面，我们知道虽然电子元件出厂时都存在一定的误差，但由于 R_1 和 R_2 是任选的，它们之间应该是互相独立的。

我们已知两个矩形脉冲的卷积是三角形，若假定 $a=19\text{k}\Omega$，$\text{b}=21\text{k}\Omega$，$R$ 的分布为

$$f_R(r)=\begin{cases}\dfrac{r-2a}{(b-a)^2} & 2a\leqslant r<a+b\\ \dfrac{r-2b}{(b-a)^2} & a+b\leqslant r\leqslant 2b\\ 0 & \text{其他}\end{cases}$$

R_1 和 R_2 串联后，$R=R_1+R_2$ 的阻值应该是 40kΩ，绝对误差范围增大，这时 R 的取值在 38 ～ 42kΩ 之间。求串联后 R 的相对误差在 ±2.5% 之内的概率，也就是求 R 的取值区间在 39 ～ 41kΩ 之内的概率

$$P(39\leqslant R\leqslant 41)=\int_{39}^{41}f_R(r)\mathrm{d}r=\int_{39}^{40}\frac{r-2a}{(b-a)^2}\mathrm{d}r-\int_{40}^{41}\frac{r-2b}{(b-a)^2}\mathrm{d}r=\frac{3}{4}$$

R_1 和 R_2 串联后误差不超过 $\pm 2.5\%$ 的概率是 0.75。

1.5 随机变量的特征函数

前面讲述了随机变量的概率分布和数字特征，现在引入随机变量的特征函数这个概念，它作为一个数学工具，可以大大简化运算。

1.5.1 特征函数的定义与性质

随机变量 X 的特征函数定义为

$$\Phi_X(\omega) = E[e^{j\omega X}]$$

可见，它也是一个统计均值，是由 X 构成的一个新的随机变量 $e^{j\omega X}$ 的数学期望，则当 X 分别为离散型随机变量和连续型随机变量时，其特征函数分别为

$$\Phi_X(\omega) = \sum_{i=1}^{\infty} P_i e^{j\omega x_i} \tag{1.5.1}$$

$$\Phi_X(\omega) = \int_{-\infty}^{\infty} f_X(x) e^{j\omega x} dx \tag{1.5.2}$$

随机变量 X 的第二特征函数可以定义为特征函数的对数

$$\Psi_X(\omega) = \ln \Phi_X(\omega) \tag{1.5.3}$$

特征函数的性质

【性质 1】 $|\Phi_X(\omega)| \leqslant \Phi_X(0) = 1$；

证明：由于概率密度非负，且 $|e^{j\omega X}| = 1$，所以

$$|\Phi_X(\omega)| = \left| \int_{-\infty}^{\infty} f_X(x) e^{j\omega x} dx \right| \leqslant \int_{-\infty}^{\infty} f_X(x) dx = \Phi_X(0) = 1 \tag{1.5.4}$$

【性质 2】 若 $Y = aX + b$，a 和 b 为常数，则 Y 的特征函数为 $\Phi_Y(\omega) = e^{j\omega b}\Phi_X(a\omega)$；

证明：$\Phi_Y(\omega) = E[e^{j\omega Y}] = E[e^{j\omega(aX+b)}] = e^{j\omega b} E[e^{ja\omega X}] = e^{j\omega b}\Phi_X(a\omega)$，得证。

【性质 3】 相互独立随机变量之和的特征函数，等于各随机变量特征函数之积，即 $Y = \sum_{n=1}^{N} X_n$，则

$$\Phi_Y(\omega) = E[e^{j\omega \sum_{n=1}^{N} X_n}] = E[\prod_{n=1}^{N} e^{j\omega X_n}] = \prod_{n=1}^{N} E[e^{j\omega X_n}] = \prod_{n=1}^{N} \Phi_{X_n}(\omega) \tag{1.5.5}$$

1.5.2 特征函数与概率密度的关系

特征函数与概率密度函数之间有类似傅里叶变换的关系，即

$$\Phi_X(\omega) = \int_{-\infty}^{\infty} f_X(x) e^{j\omega x} dx \tag{1.5.6a}$$

$$f_X(x)=\frac{1}{2\pi}\int_{-\infty}^{\infty}\Phi_X(\omega)\mathrm{e}^{-j\omega x}d\omega \tag{1.5.6b}$$

式(1.5.6a)是特征函数的定义，我们只要证明式(1.5.66)成立即可。从式(1.5.6b)右端开始，将(1.5.6a)代入并交换积分顺序，得

$$\frac{1}{2\pi}\int_{-\infty}^{\infty}\Phi_X(\omega)\mathrm{e}^{-j\omega x}d\omega=\frac{1}{2\pi}\int_{-\infty}^{\infty}[\int_{-\infty}^{\infty}f_X(v)\mathrm{e}^{j\omega v}\mathrm{d}v]\mathrm{e}^{-j\omega x}d\omega$$

$$=\int_{-\infty}^{\infty}f_X(v)[\frac{1}{2\pi}\int_{-\infty}^{\infty}\mathrm{e}^{-j\omega(x-v)}d\omega]\mathrm{d}v=\int_{-\infty}^{\infty}f_X(v)\delta(x-v)\mathrm{d}v=f_X(x)$$

得证。值得注意的是，特征函数与概率密度函数之间的关系与傅里叶变换略有不同，指数项差一负号。

【例1.9】　随机变量 X_1,X_2 为互相独立的高斯变量，数学期望为零，方差为1。求 $Y=X_1+X_2$ 的概率密度。

解：已知数学期望为零、方差为1的高斯变量概率密度为

$$f_X(x)=\frac{1}{\sqrt{2\pi}}\mathrm{e}^{-\frac{x^2}{2}}$$

先根据定义求 X_1,X_2 的特征函数

$$\Phi_{X_1}(\omega)=\int_{-\infty}^{\infty}f_{X_1}(x)\mathrm{e}^{j\omega x}\mathrm{d}x=\mathrm{e}^{-\frac{\omega^2}{2}}$$

$$\Phi_{X_2}(\omega)=\mathrm{e}^{-\frac{\omega^2}{2}}$$

由特征函数的性质

$$\Phi_Y(\omega)=\Phi_{X_1}(\omega)\Phi_{X_2}(\omega)=\mathrm{e}^{-\omega^2}$$

再由式(1.5.6b)，便可求得 Y 的概率密度

$$f_Y(y)=\frac{1}{2\pi}\int_{-\infty}^{\infty}\Phi_Y(\omega)\mathrm{e}^{-j\omega y}\mathrm{d}\omega=\frac{1}{2\pi}\int_{-\infty}^{\infty}\mathrm{e}^{-\omega^2}\mathrm{e}^{-j\omega y}\mathrm{d}\omega=\frac{1}{2\sqrt{\pi}}\mathrm{e}^{-\frac{y^2}{4}}$$

由此可见，借助傅里叶变换，比起直接求两个随机变量之和的概率密度要简单得多。

1.5.3　特征函数与矩的关系

由于特征函数和矩是一一对应的，因此，特征函数也被称为矩生成函数。我们先证明矩由特征函数唯一确定，即证 n 阶矩函数与特征函数的关系

$$E[X]=\int_{-\infty}^{\infty}xf_X(x)\mathrm{d}x=-j\left[\frac{\mathrm{d}\Phi_X(\omega)}{\mathrm{d}\omega}\right]_{\omega=0} \tag{1.5.7a}$$

$$E[X^n]=\int_{-\infty}^{\infty}x^nf_X(x)\mathrm{d}x=(-j)^n\left[\frac{\mathrm{d}^n}{\mathrm{d}\omega^n}\Phi_X(\omega)\right]_{\omega=0} \tag{1.5.7b}$$

对特征函数求一阶导数，再令 $\omega=0$

$$\frac{d\Phi_X(\omega)}{d\omega}\Big|_{\omega=0}=j\int_{-\infty}^{\infty}x e^{j\omega x}f_X(x)dx\Big|_{\omega=0}=j\int_{-\infty}^{\infty}xf_X(x)dx=jE[X] \quad (1.5.8a)$$

由此可得式(1.5.7a)。对特征函数求 n 阶导数,然后令 $\omega=0$,可证得式(1.5.7b)

$$\frac{d^n\Phi_X(\omega)}{d\omega^n}\Big|_{\omega=0}=j^n\int_{-\infty}^{\infty}x^n e^{j\omega x}f_X(x)dx\Big|_{\omega=0}=j^n\int_{-\infty}^{\infty}x^n f_X(x)dx=j^nE[X^n] \quad (1.5.8b)$$

再证逆过程:特征函数由各阶矩函数唯一确定。将特征函数展开成麦克劳林级数,并将式(1.5.8b)代入

$$\Phi_X(\omega)=\Phi_X(0)+\Phi'_X(0)\omega+\Phi''_X(0)\frac{\omega^2}{2}+\cdots\Phi_X^{(n)}(0)\frac{\omega^n}{n!}+\cdots$$

$$=\sum_{n=0}^{\infty}\frac{d^n\Phi(\omega)}{d^n\omega}\Big|_{\omega=0}\frac{(\omega)^n}{n!}=\sum_{n=0}^{\infty}E[x^n]\frac{(j\omega)^n}{n!} \quad (1.5.9)$$

显然,特征函数也由各阶矩唯一地确定。同样也可把第二特征函数展开成麦克劳林级数

$$\Psi_X(\omega)=\ln\Phi_X(\omega)=\sum_{n=0}^{\infty}c_n\frac{(j\omega)^n}{n!} \quad (1.5.10)$$

式中,c_n 由下式确定

$$c_n=(-j)^n\frac{d^n}{d\omega^n}\ln\Phi_X(\omega)\Big|_{\omega=0}=(-j)^n\frac{d^n}{d\omega^n}\Psi_X(\omega)\Big|_{\omega=0} \quad (1.5.11)$$

c_n 称为随机变量 X 的 n 阶累积量,由于 c_n 是用第二特征函数定义的,因此第二特征函数也称累积量生成函数。比较(1.5.11)和(1.5.7b)可知:随机变量 X 的 n 阶矩和 n 阶累积量有着密切联系。

【例 1.10】 求数学期望为零的高斯变量 X 的各阶矩和各阶累积量。

解:数学期望为零、方差为 σ^2 的高斯变量 X 的概率密度为

$$f_X(x)=\frac{1}{\sqrt{2\pi}\sigma}e^{-\frac{x^2}{2\sigma^2}}$$

由 X 的概率密度,求解特征函数

$$\Phi_X(\omega)=\int_{-\infty}^{\infty}f_X(x)e^{j\omega x}dx=e^{-\frac{\sigma^2\omega^2}{2}}$$

再利用式(1.5.7),求一、二阶矩

$$E[X]=-j(-\sigma^2\omega e^{-\frac{\sigma^2\omega^2}{2}})\Big|_{\omega=0}=0$$

$$E[X^2]=(-j)^2[(-\sigma^2\omega)^2e^{-\frac{\sigma^2\omega^2}{2}}-\sigma^2e^{-\frac{\sigma^2\omega^2}{2}}]\Big|_{\omega=0}=\sigma^2$$

继续求出 n 阶矩

$$E[X^n]=\begin{cases}1\cdot3\cdot5\cdots(n-1)\sigma^n & n\text{ 为偶}\\ 0 & n\text{ 为奇}\end{cases}$$

可见，高斯变量的 n 阶矩阵与阶数有关，主要与方差有关。另一方面由第二特征函数

$$\psi_X(\omega)=\ln\Phi_X(\omega)=-\frac{\sigma^2\omega^2}{2}$$

根据累积量与第二特征函数的关系式(1.5.11)，得各阶累积量

$$c_1=0$$

$$c_2=\sigma^2$$

$$c_n=0\qquad(n>2)$$

数学期望为零的高斯变量的前三阶矩与相应阶的累积量相同。

这个例子得到的结论是：高斯变量高阶矩的信息并不比二阶矩多。从高阶累积量也可以得到类似的结果，因高斯变量的 n 阶累积量在 $n>2$ 时为零。它给我们的启示是，当存在加性噪声时，由于高斯噪声的高阶累积量为零，在高阶累积量上检测非高斯信号。

1.5.4　联合特征函数与联合累积量

二维随机变量 (X,Y) 的特征函数称为联合特征函数，定义为

$$\Phi_{XY}(\omega_1,\omega_2)=E[\mathrm{e}^{j(\omega_1X+\omega_2Y)}]\tag{1.5.12}$$

与一维随机变量相似，联合特征函数与联合概率密度的关系为

$$\Phi_{XY}(\omega_1,\omega_2)=\int_{-\infty}^{\infty}\int_{-\infty}^{\infty}f_{XY}(x,y)\mathrm{e}^{j(\omega_1x+\omega_2y)}\mathrm{d}x\mathrm{d}y$$

$$f_{XY}(x,y)=\frac{1}{(2\pi)^2}\int_{-\infty}^{\infty}\int_{-\infty}^{\infty}\Phi_{XY}(\omega_1,\omega_2)\mathrm{e}^{-j(\omega_1x+\omega_2y)}\mathrm{d}\omega_1\mathrm{d}\omega_2\tag{1.5.13}$$

同样，联合特征函数与各阶混合矩的关系

$$m_{nk}=(-j)^{n+k}\left.\frac{\partial^{n+k}\Phi_{XY}(\omega_1,\omega_2)}{\partial\omega_1^n\partial\omega_2^k}\right|_{\substack{\omega_1=0\\ \omega_2=0}}\tag{1.5.14}$$

与联合特征函数有关的两个边缘特征函数为：

$$\Phi_X(\omega_1)=\Phi_{XY}(\omega_1,0)$$

$$\Phi_Y(\omega_2)=\Phi_{XY}(0,\omega_2)$$

第二联合特征函数定义为

$$\Psi_{XY}(\omega_1,\omega_2)=\ln\Phi_{XY}(\omega_1,\omega_2)\tag{1.5.15}$$

多维随机变量的联合特征函数可由式(1.5.12)推广得到。N 维联合特征函数的一个重要性质是：当 N 个随机变量相互独立时，它们的联合特征函数是 N 个随机变量特征函数的积，即

$$\Phi_{X_1X_2\cdots X_N}(\omega_1,\omega_2,\cdots,\omega_N)=\prod_{i=1}^{N}\Phi_{X_i}(\omega_i)\tag{1.5.16}$$

1.6 随机信号常见分布律

1.6.1 几个简单的分布律

1. 二项式分布

在 n 次独立试验中，若每次试验事件 A 出现的概率为 P，不出现的概率为 $1-P$，那么事件 A 在 n 次试验中出现 m 次的概率 $P_n(m)$ 为二项式分布

$$P_n(m)=C_n^m p^m (1-p)^{n-m} \tag{1.6.1}$$

2. 泊松分布

事件 A 在每次试验中出现的概率 P 都很小，试验次数 n 很大，且 $nP=\lambda$ 为常数，则泊松分布可以作为二项式分布的近似

$$P_n(m)=\frac{\lambda^m}{m!}e^{-\lambda} \tag{1.6.2}$$

若 λ 为整数，则 $P_n(m)$ 在 $m=\lambda$ 和 $m=\lambda-1$ 时达到最大值。泊松分布是非对称的。

3. 均匀分布

如果随机变量 X 具有概率密度为

$$f_X(x)=\begin{cases}\dfrac{1}{b-a}, & a\leqslant x\leqslant b\\ 0, & \text{其他}\end{cases} \tag{1.6.3}$$

则称 X 为在区间 $[a,b]$ 内服从均匀分布的随机变量。其分布函数为

$$F_X(x)=\begin{cases}0, & x<a\\ \dfrac{x-a}{b-a}, & a\leqslant x<b\\ 1, & x\geqslant b\end{cases} \tag{1.6.4}$$

均值和方差分别为

$$m=\frac{a+b}{2} \tag{1.6.5a}$$

$$\sigma^2=\frac{(b-a)^2}{12} \tag{1.6.5b}$$

1.6.2 高斯分布(正态分布)

高斯(Gauss)分布经常遇到，并且具有一些独特的性质，我们要重点讨论。

1. 一维高斯分布

高斯分布的随机变量 X 的概率密度为

$$f_X(x)=\frac{1}{\sqrt{2\pi}\sigma}\exp\left\{-\frac{(x-\mu)^2}{2\sigma^2}\right\},-\infty<x<\infty \tag{1.6.6}$$

式中，μ、$\sigma(\sigma>0)$ 为常数，记为 $X\sim N(\mu,\sigma^2)$。μ 为均值，σ^2 为方差。

从概率密度的表达式可以看出，高斯分布唯一地取决于均值 μ 和方差 σ^2。对概率密度求一阶导数，可以得到

$$f'_X(x)=\frac{1}{\sqrt{2\pi}\sigma^3}(\mu-x)\exp\left\{-\frac{(x-\mu)^2}{2\sigma^2}\right\} \tag{1.6.7}$$

其为零的点(驻点)，只有 $x=\mu$ 这一个点。由于当 $x<\mu$ 时，$f'_X(x)>0$，而 $x>\mu$ 时，$f'_X(x)<0$。因此，它是极大值，并且也是最大值，最大值为 $(\sqrt{2\pi}\sigma)^{-1}$。其二阶导数为

$$f''_X(x)=\frac{1}{\sqrt{2\pi}\sigma^3}\exp\left\{-\frac{(x-\mu)^2}{2\sigma^2}\right\}\left[\left(\frac{x-\mu}{\sigma}\right)^2-1\right] \tag{1.6.8}$$

二阶导数等于零的点有两个，分别为 $x=\mu\pm\sigma$。由于当 x 位于区间 $(-\infty,\mu-\sigma)$ 和 $(\mu+\sigma,\infty)$ 时，$f''_X(x)>0$，概率密度曲线是凹的，而当 x 位于区间 $(\mu-\sigma,\mu+\sigma)$ 时，$f''_X(x)<0$，概率密度曲线是凸的，所以二阶导数等于零的这两个点都是概率密度 $f_X(x)$ 的拐点。

令 $Y=(X-\mu)/\sigma$，则 $\mu_Y=0$、$\sigma_Y=1$，称高斯随机变量 Y 服从标准正态分布。

对概率密度积分，得到其概率分布函数为

$$F_X(x)=\int_{-\infty}^{x}f_X(y)\mathrm{d}y=\int_{-\infty}^{x}\frac{1}{\sqrt{2\pi}\sigma}\exp\left\{-\frac{(y-\mu)^2}{2\sigma^2}\right\}\mathrm{d}y \tag{1.6.9}$$

作变量代换，令 $t=(y-\mu)/\sigma$，则 $\mathrm{d}y=\sigma\mathrm{d}t$，代入上式后有

$$F_X(x)=\frac{1}{\sqrt{2\pi}}\int_{-\infty}^{\frac{x-\mu}{\sigma}}\mathrm{e}^{-\frac{t^2}{2}}\mathrm{d}t=\Phi\left(\frac{x-\mu}{\sigma}\right) \tag{1.6.10}$$

式中，$\Phi(x)=\frac{1}{\sqrt{2\pi}}\int_{-\infty}^{x}\mathrm{e}^{-\frac{t^2}{2}}\mathrm{d}t$ 为概率积分函数，其函数值可以通过查表得到，其性质有：

【性质 1】 $\Phi(-x)=1-\Phi(x)$

【性质 2】 $F(\mu)=\Phi(0)=0.5$

【性质 3】 $P\{\alpha<X\leqslant\beta\}=F(\beta)-F(\alpha)=\Phi\left(\frac{\beta-\mu}{\sigma}\right)-\Phi\left(\frac{\alpha-\mu}{\sigma}\right)$

根据矩的定义，求得高斯随机变量的各阶矩为

$$\mu_n=\begin{cases}(n-1)!!\ \sigma^n & n\text{ 为偶数}\\ 0 & n\text{ 为奇数}\end{cases} \tag{1.6.11}$$

这是一个比较重要的特性，例如高斯噪声中信号参数估计的问题，利用高斯变量三阶累积量为零的特性，可以抑制噪声的影响。

高斯随机变量之和仍服从高斯分布。

结论：设有 n 个相互独立的高斯随机变量 $X_i(i=1,2,\cdots n)$，其均值和方差分别为 m_i 和 σ_i^2，

则这些随机变量之和 $Y=\sum X_i$ 也服从高斯分布，且均值和方差分别为

$$m_Y=\sum_{i=1}^{n}m_i \tag{1.6.12}$$

$$\sigma_Y^2=\sum_{i=1}^{n}\sigma_i^2 \tag{1.6.13}$$

如果 X_i 不是相互独立的，则方差应该修正为

$$\sigma_Y^2=\sum_{i=1}^{n}\sigma_i^2+2\sum_{i<j}r_{ij}\sigma_i\sigma_j \tag{1.6.14}$$

式中，r_{ij} 为 X_i 与 X_j 之间的相关系数。

解释：中心极限定理。不论 n 个随机变量是否服从同分布，只要每个随机变量对和的贡献相同，或者任何一个随机变量都不占优，或者任何一个随机变量对和的影响都足够小，则它们的和的分布仍趋于高斯分布。

【例 1.11】 求两个数学期望和方差不同且互相独立的高斯变量 X_1,X_2 之和的概率密度。

解：设 $Y=X_1+X_2$，由式(1.1.58)，两个互相独立的随机变量之和的概率密度为

$$f_Y(y)=\int_{-\infty}^{\infty}f_{X_1}(x_1)f_{X_2}(y-x_1)\mathrm{d}x_1$$

将 X_1,X_2 的概率密度代入上式

$$f_Y(y)=\frac{1}{2\pi\sigma_1\sigma_2}\int_{-\infty}^{\infty}\mathrm{e}^{-\frac{(x_1-m_1)^2}{2\sigma_1^2}}\mathrm{e}^{-\frac{(y-x_1-m_2)^2}{2\sigma_2^2}}\mathrm{d}x_1=\frac{1}{2\pi\sigma_1\sigma_2}\int_{-\infty}^{\infty}\mathrm{e}^{-A^2x_1+2Bx_1-C}\mathrm{d}x_1$$

利用欧拉积分

$$f_Y(y)=\frac{1}{2\pi\sigma_1\sigma_2}\sqrt{\frac{\pi}{A}}\cdot\mathrm{e}^{-\frac{AC-B^2}{A}}=\frac{1}{\sqrt{2\pi(\sigma_1^2+\sigma_2^2)}}\mathrm{e}^{-\frac{[y-(m_1+m_2)]^2}{2(\sigma_1^2+\sigma_2^2)}}$$

显然，Y 也是高斯变量，且数学期望和方差分别为

$$m_Y=m_1+m_2$$

$$\sigma_Y^2=\sigma_1^2+\sigma_2^2$$

2. 二维高斯分布

两个非独立的高斯随机变量的联合概率密度与它们的均值、方差和相关系数都有关，为

$$f_Y(y_1,y_2)=\frac{1}{2\pi\sigma_{Y_1}\sigma_{Y_2}\sqrt{1-r_{y_1y_2}^2}}$$

$$\exp\left\{-\frac{1}{2(1-r_{y_1y_2}^2)}\left[\frac{(y_1-m_{y_1})^2}{\sigma_{Y_1}^2}-\frac{2r_{y_1y_2}(y_1-m_{y_1})(y_2-m_{y_2})}{\sigma_{Y_1}\sigma_{Y_2}}+\frac{(y_2-m_{y_2})^2}{\sigma_{Y_2}^2}\right]\right\} \tag{1.6.15}$$

若假设 Y_1、Y_2 不相关，即 $r_{y_1y_2}$ 为零，则有

$$
\begin{aligned}
f_Y(y_1,y_2) &= \frac{1}{2\pi\sigma_{Y_1}\sigma_{Y_2}}\exp\left\{-\frac{1}{2}\left[\frac{(y_1-m_{y_1})^2}{\sigma_{Y_1}^2}+\frac{(y_2-m_{y_2})^2}{\sigma_{Y_2}^2}\right]\right\} \\
&= \frac{1}{\sqrt{2\pi}\sigma_{Y_1}}\exp\left\{-\frac{1}{2}\frac{(y_1-m_{y_1})^2}{\sigma_{Y_1}^2}\right\}\frac{1}{\sqrt{2\pi}\sigma_{Y_2}}\exp\left\{-\frac{1}{2}\frac{(y_2-m_{y_2})^2}{\sigma_{Y_2}^2}\right\} \\
&= f_{Y_1}(y_1)f_{Y_2}(y_2)
\end{aligned}
\tag{1.6.16}
$$

上式说明，不相关的高斯变量一定是相互独立的，即对于高斯随机变量来说，统计独立和不相关是等价的。

两个非独立的高斯随机变量 Y_1、Y_2 的联合特征函数为

$$
\Phi_Y(\omega_1,\omega_2)=\exp\{j(m_{Y_1}\omega_1+m_{Y_2}\omega_2)-\frac{1}{2}(\sigma_{Y_1}^2\omega_1^2+2r_{y_1y_2}\sigma_{Y_1}\sigma_{Y_2}\omega_1\omega_2+\sigma_{Y_2}^2\omega_2^2)\} \tag{1.6.17}
$$

若 Y_1、Y_2 为零均值、相互独立的高斯随机变量，则联合特征函数为

$$
\Phi_Y(\omega_1,\omega_2)=\exp\{-\frac{1}{2}(\sigma_{Y_1}^2\omega_1^2+\sigma_{Y_2}^2\omega_2^2)\} \tag{1.6.18}
$$

矩阵形式：通常对于多维随机变量，我们都用矩阵的形式来书写。设 n 维随机向量 $\boldsymbol{Y}$，其均值和方差向量分别为 $\boldsymbol{m}$ 和 $\boldsymbol{s}$，它们形如

$$
\boldsymbol{Y}=\begin{bmatrix}Y_1\\Y_2\\\vdots\\Y_n\end{bmatrix}\quad \boldsymbol{m}=\begin{bmatrix}m_1\\m_2\\\vdots\\m_n\end{bmatrix},\quad \boldsymbol{s}=\begin{bmatrix}\sigma_1^2\\\sigma_2^2\\\vdots\\\sigma_n^2\end{bmatrix}
$$

其协方差矩阵为

$$
\boldsymbol{C}=\begin{bmatrix}C_{11} & C_{12}\cdots C_{1n}\\ C_{21} & C_{22}\cdots C_{2n}\\ \cdots & \cdots\quad \cdots\\ C_{n1} & C_{n2}\cdots C_{nn}\end{bmatrix}=\begin{bmatrix}\sigma_1^2 & C_{12}\cdots C_{1n}\\ C_{21} & \sigma_2^2\cdots C_{2n}\\ \cdots & \cdots\quad \cdots\\ C_{n1} & C_{n2}\cdots \sigma_n^2\end{bmatrix} \tag{1.6.19}
$$

式中，C_{ij} 为 Y_1 与 Y_2 之间的协方差，对角线为 n 个随机变量各自的方差。若这 n 个随机变量是方差均不为零的实随机变量，则协方差阵 $\boldsymbol{C}$ 是实的对称的正定矩阵，方差均不为零的复随机变量的协方差矩阵是厄密特阵。

用矩阵表示的 n 维概率密度为

$$
f_Y(\boldsymbol{y})=\frac{1}{\sqrt{(2\pi)^n|\boldsymbol{C}|}}\exp\left\{-\frac{1}{2}(\boldsymbol{y}-\boldsymbol{m})^T\boldsymbol{C}^{-1}(\boldsymbol{y}-\boldsymbol{m})\right\} \tag{1.6.20}
$$

式中，T 表示矩阵转置，$\boldsymbol{C}^{-1}$ 表示协方差阵的逆矩阵。相应的 n 维特征函数为

$$\Phi_Y(\boldsymbol{\omega}) = \exp\left\{j\,\boldsymbol{m}^T\boldsymbol{\omega} - \frac{1}{2}\,\boldsymbol{\omega}^T\boldsymbol{C}\boldsymbol{\omega}\right\} \tag{1.6.21}$$

式中，$\boldsymbol{\omega} = (\omega_1, \omega_2, \cdots, \omega_n)^T$。

1.6.3 χ^2 分布

在无线电信号的传输过程中，信号一般为窄带形式，这样不可避免要用到包络检波。在小信号检波时，通常采用平方律检波，因此检波器输出是信号与噪声包络的平方。有时为了减小信号检测的错误概率，还要对检波器的输出信号进行积累。

如果随机变量 X 是高斯分布，那么平方律检波器的输出 X^2 是什么分布呢？对检波器的输出信号 X^2 进行采样后积累的信号 $Y = \sum_{i=1}^{n} X_i^2$ 又是什么分布呢？

下面我们将说明 Y 为 χ^2 分布。当 X_i 的数学期望为零时，Y 为中心 χ^2 分布；当 X_i 的数学期望不为零，则 Y 为非中心 χ^2 分布。累积的次数 n 称为 χ^2 分布的自由度。

1. 中心 χ^2 分布

如果 n 个互相独立的高斯随机变量 $X_1, X_2, \cdots, X_n$ 的数学期望都为零，方差各为 1，它们的平方和

$$Y = \sum_{i=1}^{n} X_i^2 \tag{1.6.22}$$

的分布是具有 n 个自由度的 χ^2 分布。

由于每个高斯变量 X_i 都是归一化高斯随机变量，其概率密度为

$$f_{X_i}(x_i) = \frac{1}{\sqrt{2\pi}} \mathrm{e}^{-\frac{x_i^2}{2}} \tag{1.6.23}$$

如果令 $Y_i = X_i^2$，经函数变换后 Y_i 的分布为

$$f_{Y_i}(y_i) = \frac{1}{\sqrt{2\pi y_i}} \mathrm{e}^{-\frac{y_i}{2}} \qquad y_i \geqslant 0 \tag{1.6.24}$$

利用傅里叶变换，求 Y_i 的特征函数

$$\Phi_{Y_i}(\omega) = \int_{-\infty}^{\infty} f_{Y_i}(y_i) \mathrm{e}^{\mathrm{j}\omega y_i} = (1 - 2j\omega)^{-\frac{1}{2}} \tag{1.6.25}$$

由于 X_i 之间互相独立，Y_i 之间也相互独立。根据特征函数的性质，互相独立的随机变量之和的特征函数等于各特征函数之积。所以，Y 的特征函数为

$$\Phi_Y(\omega) = \frac{1}{(1 - 2j\omega)^{n/2}} \tag{1.6.26}$$

利用傅里叶逆变换，求得相应的概率密度为

$$f_Y(y) = \frac{1}{2\pi}\int_{-\infty}^{\infty} \Phi_Y(\omega) \mathrm{e}^{-j\omega y}\,\mathrm{d}\omega = \frac{1}{2^{n/2}\Gamma(n/2)} y^{\frac{n}{2}-1}\,\mathrm{e}^{-\frac{y}{2}} \qquad y \geqslant 0 \tag{1.6.27}$$

上式就是χ^2分布。式中的伽马函数由下式计算

$$\Gamma(x)=\int_0^{\infty} t^{x-1}\mathrm{e}^{-t}\mathrm{d}t \tag{1.6.28}$$

当x可表示为n或$n+1/2$的形式时

$$\Gamma(n+\frac{1}{2})=\frac{(2n-1)!!}{2^n}\sqrt{\pi} \tag{1.6.29a}$$

$$\Gamma(n+1)=n! \tag{1.6.29b}$$

当$n=1$时,1个自由度χ^2分布为

$$f_Y(y)=\frac{1}{2^{1/2}\Gamma(1/2)}y^{-\frac{1}{2}}\mathrm{e}^{-\frac{y}{2}}=\frac{1}{\sqrt{2\pi y}}\mathrm{e}^{-\frac{y}{2}} \tag{1.6.30a}$$

当$n=2$时,2个自由度χ^2分布简化为指数分布

$$f_Y(y)=\frac{1}{2\Gamma(1)}\mathrm{e}^{-\frac{y}{2}}=\frac{1}{2}\mathrm{e}^{-\frac{y}{2}} \tag{1.6.30b}$$

如果互相独立的高斯变量X_i的方差不是1而是σ^2,则可做$\varphi(Y)=\sigma^2 Y$的变换。变换后的分布为

$$f_Y(y)=\frac{1}{(2\sigma^2)^{n/2}\Gamma(n/2)}y^{\frac{n}{2}-1}\mathrm{e}^{-\frac{y}{2\sigma^2}} \qquad y\geqslant 0 \tag{1.6.31}$$

此时,Y的数学期望和方差为

$$\begin{cases} m_Y=n\sigma^2 \\ \sigma_Y^2=2n\sigma^4 \end{cases} \tag{1.6.32}$$

χ^2分布有一条重要的性质,两个互相独立的具有χ^2分布的随机变量之和仍为χ^2分布,若它们的自由度分别为n_1和n_2,其和的自由度为$n=n_1+n_2$。

2. 非中心χ^2分布

如果互相独立的高斯随机变量$X_i(i=1,2,\cdots,n)$的方差为σ^2,数学期望不是零而是m_i,则$Y=\sum\limits_{i=1}^{n}X_i^2$为$n$个自由度的非中心$\chi^2$分布。也可把$X_i$看成是数学期望仍然为零的高斯随机变量与确定信号之和。

仍令$Y_i=X_i^2$,经函数变换后Y_i的分布为

$$f_{Y_i}(y_i)=\frac{1}{2\sqrt{2\pi\sigma^2 y_i}}\left\{\mathrm{e}^{-\frac{(\sqrt{y_i}-m_i)^2}{2\sigma^2}}+\mathrm{e}^{-\frac{(-\sqrt{y_i}-m_i)^2}{2\sigma^2}}\right\} \qquad y_i\geqslant 0 \tag{1.6.33}$$

经过简化,得到

$$f_{Y_i}(y_i)=\frac{1}{\sqrt{2\pi\sigma^2 y_i}}\left\{\mathrm{e}^{-\frac{y_i+m_i}{2\sigma^2}}\cosh\left(\frac{m_i\sqrt{y_i}}{\sigma^2}\right)\right\} \qquad y_i\geqslant 0 \tag{1.6.34}$$

Y_i 的特征函数为

$$\Phi_{Y_i}(\omega)=\frac{1}{\sqrt{1-j2\sigma^2\omega}}\mathrm{e}^{-\frac{m_i^2}{2\sigma^2}}\mathrm{e}^{\frac{m_i^2}{2\sigma^2}\cdot\frac{1}{1-j2\sigma^2\omega}} \tag{1.6.35}$$

Y 的特征函数为

$$\Phi_Y(\omega)=\prod_{i=1}^{n}\Phi_{Y_i}(\omega)=\frac{1}{\sqrt{(1-j2\sigma^2\omega)^n}}\mathrm{e}^{-\frac{1}{2\sigma^2}\sum_{i=1}^{n}m_i^2}\mathrm{e}^{\frac{1}{2\sigma^2}\sum_{i=1}^{n}m_i^2\cdot\frac{1}{1-j2\sigma^2\omega}} \tag{1.6.36}$$

通过傅里叶逆变换,求得 Y 的概率密度为

$$f_Y(y)=\frac{1}{2\sigma^2}\left(\frac{y}{\lambda}\right)^{\frac{n-2}{4}}\mathrm{e}^{-\frac{y+\lambda}{2\sigma^2}}I_{n/2-1}\left(\frac{\sqrt{\lambda y}}{\sigma^2}\right)\qquad y\geqslant 0 \tag{1.6.37}$$

式中,$\lambda=\sum_{i=1}^{n}m_i^2$ 称作非中心分布参量,$I_{n/2-1}(x)$ 为第一类 $n/2-1$ 阶修正贝塞尔函数

$$I_n(x)=\sum_{m=0}^{\infty}\frac{(x/2)^{n+2m}}{m!\ \Gamma(n+m+1)} \tag{1.6.38}$$

非中心 χ^2 分布的数学期望和方差分别为

$$\begin{cases}m_Y=n\sigma^2+\lambda\\ \sigma_Y^2=2n\sigma^4+4\sigma^2\lambda\end{cases} \tag{1.6.39}$$

非中心 χ^2 分布也具有与中心 χ^2 分布类似的特点,两个互相独立的非中心 χ^2 分布的随机变量之和仍为非中心 χ^2 分布。若它们的自由度分别为 n_1 和 n_2,非中心分布参量分别为 λ_1 和 λ_2,其和的自由度为 $n=n_1+n_2$,其非中心分布参量为 $\lambda=\lambda_1+\lambda_2$。

3. 瑞利分布和莱斯分布

在统计数学上,很少用到瑞利分布和莱斯分布,它们主要用于窄带随机信号。瑞利分布、莱斯分布与高斯分布有着一定的联系,确切地说,它们都是高斯分布通过一些变换得到的。另一方面,瑞利分布和莱斯分布又与 χ^2 分布和非中心 χ^2 分布联系密切,因为它们分别是由 χ^2 分布和非中心 χ^2 分布进行开方变换得来的。

(1) 瑞利分布

对于两个自由度的 χ^2 分布,当 $Y=X_1^2+X_2^2$ 时,$X_i(i=1,2)$ 是数学期望为零、方差为 σ^2 且互相独立的高斯随机变量,Y 服从指数分布为

$$f_Y(y)=\frac{1}{2\sigma^2}\mathrm{e}^{-\frac{y}{2\sigma^2}}\qquad y\geqslant 0 \tag{1.6.40}$$

令 $R=\sqrt{Y}=\sqrt{X_1^2+X_2^2}$,通过函数变换后,得到 R 的概率密度为

$$f_R(r)=\frac{r}{\sigma^2}\mathrm{e}^{-\frac{r}{2\sigma^2}}\qquad r\geqslant 0 \tag{1.6.41}$$

R 就是瑞利分布。在讨论窄带信号时,我们将看到窄带高斯过程的幅度即为瑞利分布。瑞利分布的各阶原点矩为

$$E[R^k]=(2\sigma^2)^{k/2}\Gamma\left(1+\frac{k}{2}\right) \tag{1.6.42}$$

式中，伽马函数由式(1.6.29)计算。当 $k=1$ 时，得数学期望

$$m_R=E[R]=(2\sigma^2)^{1/2}\Gamma\left(1+\frac{1}{2}\right)=\sqrt{\frac{\pi}{2}}\sigma \tag{1.6.43}$$

可见，瑞利分布的数学期望与原高斯随机变量的均方差成正比。反过来说，当需要估计高斯随机变量的方差(功率)时，往往通过估计瑞利分布的均值(数学期望)来得到，因为估计均值一般比估计方差容易得多。瑞利分布的方差可由二阶原点矩和一阶原点矩来获得

$$\sigma_R^2=E[R^2]-(E[R])^2=\left(2-\frac{\pi}{2}\right)\sigma^2 \tag{1.6.44}$$

对 n 个自由度的 χ^2 分布，若令

$$R=\sqrt{Y}=\sqrt{\sum_{i=1}^{n}X_i^2} \tag{1.6.45}$$

则 R 为广义瑞利分布

$$f_R(r)=\frac{r^{n-1}}{2^{(n-2)/2}\sigma^n\Gamma(n/2)}\mathrm{e}^{-\frac{r^2}{2\sigma^2}}\qquad r\geqslant 0 \tag{1.6.46}$$

当 $n=2$ 时，式(1.6.46)简化为式(1.6.41)。

广义瑞利分布的各阶原点矩为

$$E[R^k]=(2\sigma^2)^{k/2}\ \frac{\Gamma([n+k]/2)}{\Gamma(n/2)}) \tag{1.6.47}$$

当 $n=2$ 时，式(1.6.47)简化为(1.6.42)。数学期望和方差仍可按上面的方法来求，这里给出的数学期望

$$E[R]=(2\sigma^2)^{1/2}\ \frac{\Gamma(n/2+1/2)}{\Gamma(n/2)}) \tag{1.6.48}$$

(2) 莱斯分布

当莱斯变量 $X_i(i=1,2,\cdots n,)$ 的数学期望 m_i 不为零时，$Y=\sum\limits_{i=1}^{n}X_i^2$ 是非中心 χ^2 分布，而 $R=\sqrt{Y}$ 则是莱斯分布。当 $n=2$ 时

$$f_R(r)=\frac{r}{\sigma^2}\mathrm{e}^{-\frac{r^2+\lambda}{2\sigma^2}}I_0\left(\frac{r\sqrt{\lambda}}{\sigma^2}\right)\qquad r\geqslant 0 \tag{1.6.49}$$

式中，$I_0(x)$ 为零阶修正贝塞尔函数，可由下式计算

$$I_0(x)=1+\sum_{n=1}^{\infty}\left[\frac{(x/2)^n}{n!}\right]^2 \tag{1.6.50}$$

作为式(1.6.49)的推广，对于任意的 n

$$f_R(r)=\frac{r^{n/2}}{\sigma^2\lambda^{n-2}}\mathrm{e}^{-\frac{r^2+\lambda}{2\sigma^2}}I_{n/2-1}\left(\frac{r\sqrt{\lambda}}{\sigma^2}\right)\qquad r\geqslant 0 \tag{1.6.51}$$

式中，$I_{n/2-1}(x)$ 为 $n/2-1$ 阶修正贝塞尔函数，由式(1.6.38)计算。

特别地，当 $n=2$ 时，式(1.6.51)简化为式(1.6.49)；进一步，当 $\lambda=0$ 时，式(1.6.51)即简化为式(1.6.41)，因此瑞利分布是莱斯分布当 $\lambda=0$ 时的特例。

习　题

1.1　离散随机变量 X 由 0,1,2,3 四个样本组成，相当于四元通信中的四个电平，四个样本的取值概率顺序为 1/2,1/4,1/8 和 1/8。求随机变量的数学期望和方差。

1.2　设连续随机变量 X 的概率分布函数为

$$F(x)=\begin{cases}0 & x<0\\ 0.5+A\sin[\frac{\pi}{2}(x-1)] & 0\leqslant x<2\\ 1 & x\geqslant 2\end{cases}$$

求(1) 系数 A；(2) X 取值在(0.5,1)内的概率 $P(0.5<x<1)$。

1.3　试确定下列各式是否为连续变量的概率分布函数，如果是概率分布函数，求其概率密度。

(1)　$F(x)=\begin{cases}1-\mathrm{e}^{-\frac{x^2}{2}} & x\geqslant 0\\ 0 & x<0\end{cases}$

(2)　$F(x)=\begin{cases}0 & x<0\\ Ax^2 & 0\leqslant x<1\\ 1 & x\geqslant 1\end{cases}$

(3)　$F(x)=\frac{x}{a}[u(x)-u(x-a)], a>0$

(4)　$F(x)=\frac{x}{a}u(x)-\frac{a-x}{a}u(x-a), a>0$

1.4　随机变量 X 在$[\alpha,\beta]$上均匀分布，求它的数学期望和方差。

1.5　设随机变量 X 的概率密度为 $f(x)=\begin{cases}1 & 0\leqslant x\leqslant 1\\ 0 & \text{其他}\end{cases}$，求 $Y=5X+1$ 的概率密度。

1.6　设随机变量 $X_1,X_2,\cdots,X_n$ 在$[a,b]$上均匀分布，且互相独立。若 $Y=\sum_{i=1}^{n}X_i$，求

(1)　$n=2$ 时，随机变量 Y 的概率密度；

(2)　$n=3$ 时，随机变量 Y 的概率密度。

1.7　设随机变量 X 的数学期望和方差分别是 m 和 σ^2，求随机变量 $Y=-3X-2$ 的数学

期望、方差及 X 和 Y 的相关矩。

1.8　已知二维随机变量(X,Y)的二阶混合原点矩 m_{11} 及数学期望 m_X 和 m_Y，求随机变量 X,Y 的二阶混合中心矩。

1.9　随机变量 X 和 Y 分别在$[0,a]$和$[0,\frac{\pi}{2}]$上均匀分布，且互相独立。对于 $b<a$，证明：

$$P(X<b\cos Y)=\frac{2b}{\pi a}$$

1.10　已知二维随机变量(X_1,X_2)的联合概率密度为 $f_{X_1X_2}(x_1,x_2)$，随机变量(X_1,X_2)与随机变量(Y_1,Y_2)的关系由下式唯一确定

$$\begin{cases}X_1=a_1Y_1+b_1Y_2\\X_2=c_1Y_1+d_1Y_2\end{cases},\quad\begin{cases}Y_1=aX_1+bX_2\\Y_2=cX_1+dX_2\end{cases}$$

证明(Y_1,Y_2)的联合概率密度为

$$f_{Y_1Y_2}(y_1,y_2)=\frac{1}{|ad-bc|}f_{X_1X_2}(a_1y_1+b_1y_2,c_1y_1+d_1y_2)$$

式中，$ad-bc\neq 0$。

1.11　随机变量 X,Y 的联合概率密度为

$$f_{XY}(x,y)=A\sin(x+y)\quad 0\leqslant x,y\leqslant \pi/2$$

求(1) 系数 A；(2) 数学期望 m_X,m_Y；(3) 方差 σ_X^2,σ_Y^2；(4) 相关矩 R_{XY} 及相关系数 r_{XY}。

1.12　求随机变量 X 的特征函数，已知随机变量 X 的概率密度 $f_X(x)=2e^{-ax}(x\geqslant 0)$。

1.13　已知随机变量 X 服从柯西分布 $f(x)=\frac{1}{\pi}\frac{\alpha}{\alpha^2+x^2}$，求它的特征函数。

1.14　求概率密度为 $f(x)=\frac{1}{2}e^{-|x|}$ 的随机变量 X 的特征函数。

1.15　已知互相独立随机变量 $X_1,X_2\cdots X_n$ 的特征函数，求 $X_1,X_2\cdots X_n$ 线性组合 $Y=\sum_{i=1}^{n}a_iX_i+c$ 的特征函数。a_i 和 c 是常数。

1.16　平面上的随机点(X_1,Y_1)和(X_2,Y_2)服从高斯分布，所有坐标的数学期望均为零，所有坐标的方差都等于10，同一坐标的相关矩相等，且 $E[X_1X_2]=E[Y_1Y_2]=2$，不同坐标不相关，求(X_1,X_2,Y_1,Y_2)的相关矩阵和概率密度。

1.17　已知高斯随机变量 X 的数学期望为零、方差为1，求 $Y=aX^2(a>0)$ 的概率密度。

1.18　已知 X_1,X_2,X_3 是数学期望为零，方差为1的高斯随机变量，用特征函数法求 $E[X_1X_2X_3]$。

1.19　如果随机变量 X 服从区间$[0,1]$的均匀分布，随机变量 Y 的概率密度为

$$f_Y(y)=\begin{cases}y & 0\leqslant y\leqslant 1\\2-y & 1\leqslant y\leqslant 2\\0 & \text{其他}\end{cases}$$

X 与 Y 互相独立。求 X 与 Y 之和的概率密度。

1.20 若 X 为在[0,1]区间上均匀分布的随机变量，求 X 的特征函数及所有原点矩。

1.21 编辑一个程序，产生三组互相独立的均匀分布随机数，画出题1.6中 n 分别为1，2，3时的直方图，并与题1.6中得到的概率密度比较。（提示：在随机数检验时，先将随机变量的取值区间分为 k 个相等的子区间，然后求产生的随机数落在所有子区间的个数。将 k 个子区间落入随机数的个数画成图，称为直方图。）

1.22 编制一个产生均值为1，方差为4的高斯分布随机数程序，求最大值、最小值、均值和方差，并与理论值相比较。

第 2 章　随机过程

在第 1 章里，我们研究的主要对象是随机变量，其主要特点是：每次试验的结果都是取某个事先未知，但为确定的数值。也就是说，随机变量在试验中的结果与时间无关。而在实际中，我们经常会遇到在试验过程中随着时间而变化的随机变量。例如：通信过程中的噪声电压就是随时间而变化的随机变量。这时的随机变量就称为随机过程。也就是说，随机过程在试验中的结果与时间有关。

本章在第 1 章的基础上，将对随机过程的基本概念、随机过程的统计特性、平稳随机过程及其各态历经性进行描述，最后介绍了几种典型常用的随机过程。

2.1　随机过程的定义与分类

2.1.1　随机过程的定义

为了阐明随机过程的概念，下面我们给出几个实例：

1. 正弦型随机相位信号（简称正弦随相信号）

$$X(t)=A\cos(\omega_0 t+\Phi)$$

式中，A 和 ω_0 为常数，Φ 为$(0,2\pi)$上均匀分布的随机变量。

由于 $X(t)=A\cos(\omega_0 t+\Phi)$ 中起始相位 Φ 是一个连续型的随机变量，在$(0,2\pi)$上有无穷多个取值，其样本空间为

$$S_\varphi=\{\varphi_1,\varphi_2,\cdots,\varphi_n,\cdots\}$$

对于样本空间 S_φ 中的任意元素 $\varphi_i(i=1,2,\cdots)$，都有一个确定的时间函数

$$x_i(t,\varphi_i)=A\cos(\omega_0 t+\varphi_i)\quad \varphi_i\in(0,2\pi)$$

与之对应，且 φ_i 不同，对应的函数式 $x_i(t,\varphi_i)$ 也不同，所以正弦随相信号实际上是一族不同的时间函数，$x_i(t,\varphi_i)$ 通常称为随机过程的样本函数。图 2.1 画出了其中两个样本函数。

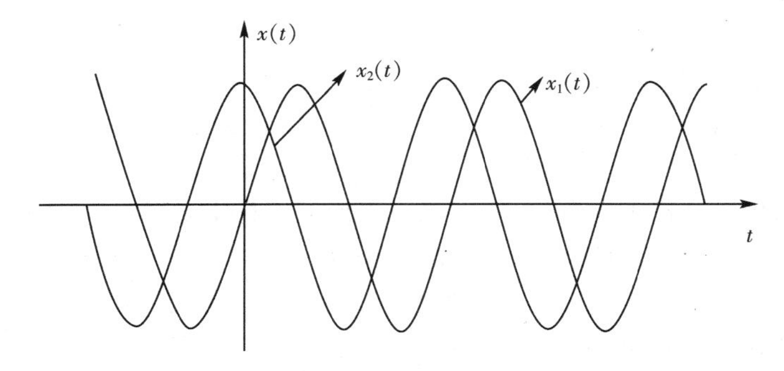

图 2.1　正弦随相信号两个样本函数图形

由于 Φ 是一个随机变量，我们在观测信号 $X(t)$ 前，并不能预知 Φ 究竟取何值，因此，我们也不能预知 $X(t)$ 究竟取哪一个样本函数，只有观测以后才能确定，所以这是一个随机过程。

2. 接收机的噪声

设有 n 台性能完全相同的接收机，我们在相同的工作环境和测试条件下记录各台接收机的输出噪声电压波形(这也可以理解为对一台接收机在一段时间内持续地进行 n 次观测)。设 n 台接收机的波形，如图 2.2 所示。

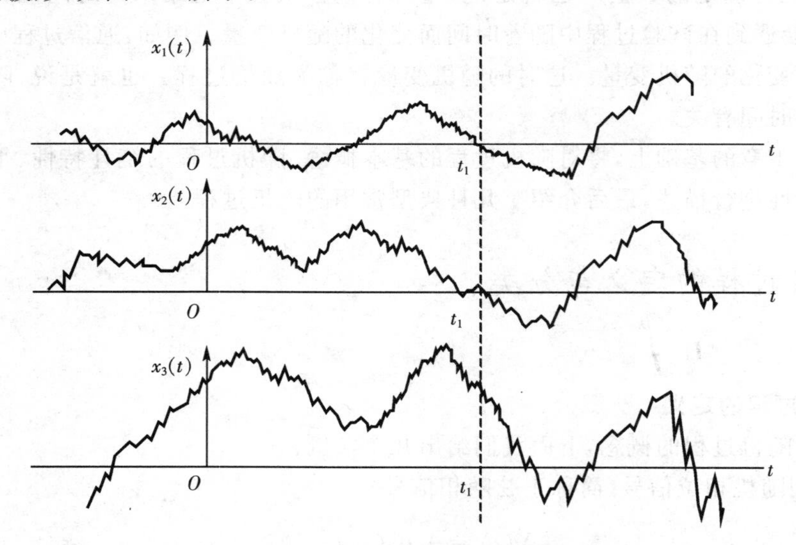

图 2.2 n 台接收机输出噪声波形

图 2.2 表明，在测试条件相同情况下，每次所得波形都不同。如果将每一次观测的随机噪声电压波形看成是一次随机试验，则每次试验所得波形的形状都是不相同的，而在某次观测中可能观测到的是波形 $x_1(t)$，也可能是 $x_2(t)$，也可能是 $x_3(t)$ 或者是 $x_n(t)$ 等等，但究竟会观测到一个什么样的波形，事先是不能预知的，但肯定为所有可能的波形中的一个，因而它是一个随机过程。

所有可能的波形 $x_1(t)$、$x_2(t)$、$x_3(t)$、…、$x_n(t)$ 称为样本函数。所有这些可能的波形 $x_1(t)$、$x_2(t)$、$x_3(t)$、…、$x_n(t)$ 的集合就构成了随机过程 $X(t)$。

另外，对应于某个时刻 t_1，$x_1(t_1)$、$x_2(t_1)$、…、$x_n(t_1)$，取值各不相同，也就是说，$X(t_1)$ 的可能取值是 $x_1(t_1)$，$x_2(t_1)$，…，$x_n(t_1)$ 之一，在 t_1 时刻究竟取哪个值是不可预知的，故 $X(t_1)$ 是一个随机变量。同理，在 $t=t_k$ 时刻，$X(t_k)$ 也是一个随机变量。可见，$X(t)$ 是由一族随机变量构成的。

在上述两个例子中，对正弦随相信号或噪声电压信号做一次观测相当于做一次随机试验，每次试验所得到的观测结果 $x_1(t)$，$x_2(t)$，…，$x_n(t)$ 都是确知的时间函数，称为样本函数。而一次试验之后，随机过程必取样本空间中的某一个样本函数 $x_i(t)(i=1,2,\cdots)$，但是在进行观测前是无法预知取哪一个样本函数的，即随机过程所取的样本函数带有随机性。因此，随机过程不仅是时间 t 的函数，还可能是结果 e 的函数，记为 $X(t,e)$，简写成 $X(t)$。

定义 2.1 设随机试验 E 的样本空间为 $S=\{e\}$，对其每一个元素 $e_i(i=1,2,\cdots)$ 都以某种规律确定一个样本函数 $x(t,e_i)$，由全部元素 $\{e\}$ 所确定的一族样本函数 $X(t,e)$ 称为随机过程，简记为 $X(t)$。在电子系统中，我们通常把随机过程叫做随机信号，在本书中，随机信号和随机过程代表相同的概念。

从以上定义可以看出，随机过程是一族样本函数的集合。

对于某次试验结果 e_i，随机过程 $X(t)$ 对应于某个样本函数 $x(t,e_i)$，它是时间 t 的一个确定函数。为了便于区别，我们通常用大写字母表示随机过程，如：$X(t)$，$Y(t)$，$Z(t)$；用小写字母表示样本函数，如：$x(t)$，$y(t)$，$z(t)$ 等。

若固定时间 $t=t_i$，仅随机元素 e 在变化，则 $X(t_i,e)$ 是一个随机变量，如正弦随相信号

$$X(t_i,\Phi)=A\cos(\omega_0 t_i+\Phi)$$

是随机变量 Φ 的函数，也是一个随机变量。

对于不同的时刻 $t_1,t_2,\cdots,t_i,\cdots$，$X(t)$ 对应于不同的随机变量 $X(t_1)$，$X(t_2)$，$\cdots$，$X(t_i)$，$\cdots$，通常 $X(t_i)$ 称为随机过程 $X(t)$ 在 $t=t_i$ 时刻的状态。可见，$X(t)$ 可以看作为一族随时间而变化的随机变量。

若固定 $e=e_i$，$t=t_j$，则 $X(t_j,e_i)$ 表示第 i 次试验中的 t_j 时刻的值，通常记为 $x_i(t_j)$。

当 e 和 t 均变化时，这时才是随机过程完整的概念，从以上的分析可以看出，随机过程是一族样本函数的集合，或者也可以看成是一族随机变量的集合。因此我们可以从另一个角度来对随机过程下一个定义。

定义 2.2　设有一个过程 $X(t)$，若对于每一个固定的时刻 $t_j(j=1,2,\cdots)$，$X(t_j)$ 是一个随机变量，则称 $X(t)$ 为随机过程。

以上定义是把随机过程看成是一族随时间而变化的随机变量。

上述两种定义实质上是一致的，相互起补充作用

在作实际观测时，通常采用定义 2.1，据此定义，用试验方法观测各个样本函数，观测次数越多，所得到的样本数目亦越多，也就越能掌握这个过程的统计规律。

在进行理论分析时，通常采用定义 2.2，把随机过程看作为多维随机变量的推广，时间分割越细，维数越大，对随机过程的统计描述也越全面，并且可以把概率论中多维随机变量的理论作为随机过程分析的理论基础。

总之，可从以下四个方面对定义进行理解：

(1) 一个时间函数族(t 和 e 都是变量)；

(2) 一个确知的时间函数(t 是变量，而 e_i 固定)；

(3) 一个随机变量(t_i 固定，而 e 是变量)；

(4) 一个确定值(t_i 和 e_i 都固定)。

2.1.2 随机过程的分类

随机过程类型很多，分类的方法也有多种，这里我们给出以下三种：

1. 按随机过程的时间和状态是连续还是离散的情况可分为

(1) 连续型随机过程，即时间和状态都是连续的情况。也就是说，$X(t)$ 对任意的 $t_i\in T$，$X(t_i)$ 都是连续型随机变量。例如：正弦随相信号和噪声电压就属此类型。

(2) 离散型随机过程，即时间连续，状态离散情况。也就是说，$X(t)$ 对任意的 $t_i\in T$，$X(t_i)$ 都是离散型随机变量。例如：强限幅电路输出的随机过程，如图 2.3 所示。

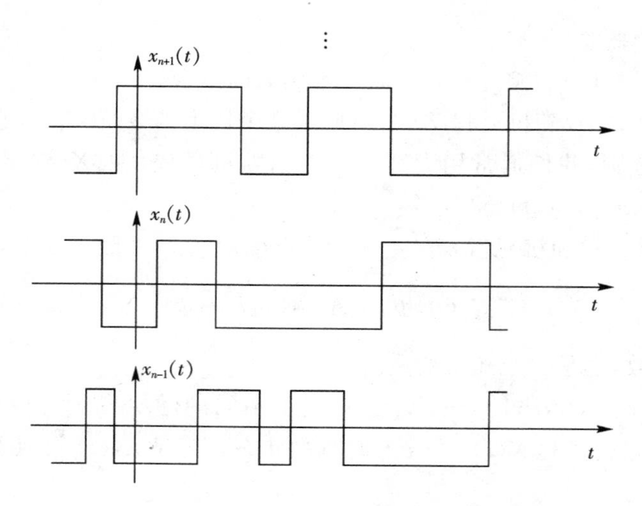

图 2.3 离散型随机过程的一族样本函数

(3) 连续随机序列，即时间离散，状态连续的情况。也就是说，随机过程 $X(t)$ 的时间 t 只能取某些时刻，如 $t_i(i=1,2,\cdots,n)$，且这时得到的随机变量 $X(t_i)$ 是连续型随机变量。

(4) 离散随机序列，即时间和状态都是离散的情况。随机过程的时间 t 只能取某些时刻，如 $t_i(i=1,2,\cdots,n)$，且这时得到的随机变量 $X(t_i)$ 是离散型随机变量。例如：电话交换台在每一分钟接到的电话呼叫次数。

2. 按样本函数的形式不同，可分为以下两类

(1) 不确定的随机过程：随机过程的任意样本函数的值不能被预测。例如，接收机接收的噪声电压波形就属此类型。

(2) 确定的随机过程：随机过程的任意样本函数的值能被预测。例如，正弦随相信号就是此类型。

3. 按概率分布的特性不同，可分为多种类型

平稳随机过程、正态随机过程、马尔可夫过程、独立增量过程、独立随机过程和瑞利随机过程，等等。

2.2 随机过程的统计特性

由上述可知，随机过程可看成是一族随时间而变化的随机变量。因而，可通过研究随机变量的统计特性来研究随机过程的统计特性。

2.2.1 随机过程的概率分布

1. 一维概率分布

设 $X(t)$ 表示一个随机过程，在任意给定的时刻 $t\in T$，其取值 $X(t)$ 是一个随机变量。而随机变量的统计特性可以用分布函数或概率密度来描述。根据随机变量概率分布函数的定义，我们定义随机过程 $X(t)$ 的一维分布函数为

$$F_X(x,t)=P\{X(t)\leqslant x\} \tag{2.2.1}$$

如果存在

$$\frac{\partial F_X(x,t)}{\partial x}=f_X(x,t) \tag{2.2.2}$$

则称 $f_X(x,t)$ 为 $X(t)$ 的一维概率密度。显然，随机过程的一维概率分布函数或一维概率密度仅仅描述了随机过程在某个时刻的统计特性，而没有说明随机过程在不同时刻取值之间的内在联系，为此需要进一步引入二维分布函数。

2. 二维概率分布

对于任意给定的两个时刻 $t_1,t_2\in T$，随机变量 $X(t_1)$ 和 $X(t_2)$ 构成一个二维随机变量 $\{X(t_1),X(t_2)\}$，则随机过程 $X(t)$ 的二维分布函数被定义为

$$F_X(x_1,x_2;t_1,t_2)=P\{X(t_1)\leqslant x_1,X(t_2)\leqslant x_2\} \tag{2.2.3}$$

如果存在

$$\frac{\partial^2 F_X(x_1,x_2;t_1,t_2)}{\partial x_1\cdot\partial x_2}=f_X(x_1,x_2;t_1,t_2) \tag{2.2.4}$$

则称 $f_X(x_1,x_2;t_1,t_2)$ 为 $X(t)$ 的二维概率密度。显然，随机过程的二维概率分布函数或二维概率密度仅仅描述了随机过程在两个时刻之间的统计特性。

3. n 维概率分布

为了描述随机过程在两个以上时刻之间的关系，下面引入随机过程的 n 维概率分布定义。

对于任意给定的时刻 $t_1,t_2,\cdots,t_n\in T$，则 $X(t)$ 的 n 维分布函数被定义为

$$F_X(x_1,x_2,\cdots,x_n;t_1,t_2\cdots,t_n)=P\{X(t_1)\leqslant x_1,X(t_2)\leqslant x_2,\cdots,X(t_n)\leqslant x_n\} \tag{2.2.5}$$

如果存在

$$\frac{\partial^n F_X(x_1,x_2\cdots;t_1,t_2\cdots,t_n)}{\partial x_1\cdot\partial x_2\cdots\partial x_n}=f_X(x_1,x_2\cdots,x_n;t_1,t_2\cdots,t_n) \tag{2.2.6}$$

则称 $f_X(x_1,x_2,\cdots,x_n;t_1,t_2,\cdots,t_n)$ 为 $X(t)$ 的 n 维概率密度。显然，n 越大，对随机过程统计特性的描述就越充分，但问题的复杂性也随之增加。在一般实际问题中，掌握二维分布函数就已经足够了。

2.2.2　随机过程的数字特征

随机过程的多维分布律能够完整地描述整个过程的统计特性，但是比较复杂，使用不便。在实际应用中，有时不需要了解整个过程完整的统计特性，只需了解它的几个主要数字特征就能满足要求，下面研究随机过程的几个主要数字特征。

1. 数学期望

在任意时刻 t_1，随机过程是一个随机变量 $X(t_1)$，其数学期望 $E[X(t_1)]$ 就是 t_1 时刻随机过程的数学期望。对于不同的时刻 t，随机过程的数学期望是一个依赖 t 的确定函数，记为 $E[X(t)]$ 或 $m_X(t)$，即

$$m_X(t)=E[X(t)]=\int_{-\infty}^{\infty} x f_X(x,t)\mathrm{d}x \tag{2.2.7}$$

式中，$f_X(x,t)$ 是 $X(t)$ 的一维概率密度。

2. 方差、标准差

(1) 方差

随机过程 $X(t)$ 在某一刻 t 的取值是一个随机变量，我们把此随机变量的二阶中心矩定义为随机过程 $X(t)$ 的方差，记为 $D[X(t)]$ 或 $\sigma_X^2(t)$，即

$$\sigma_X^2(t)=D[X(t)]=\int_{-\infty}^{\infty}[x-m_X(t)]^2 f_X(x,t)\mathrm{d}x \tag{2.2.8}$$

方差 $\sigma_X^2(t)$ 是描述随机过程的所有样本函数相对于数学期望 $m_X(t)$ 的偏离程度。若 $X(t)$ 表示接收机噪声电压，那么方差 $\sigma_X^2(t)$ 就表示消耗在单位电阻上的瞬时交流功率统计平均值。

(2) 标准差

方差的开方定义为标准差，即

$$\sigma_X(t)=\sqrt{D[X(t)]} \tag{2.2.9}$$

3. 自相关函数

自相关函数是描述随机过程在两个不同时刻状态之间内在联系的重要数字特征。

如果随机过程 $X(t)$ 是实随机过程，对任意的两个时刻 t_1、t_2，其自相关函数定义为

$$R_X(t_1,t_2)=E[X(t_1)X(t_2)]=\int_{-\infty}^{\infty}\int_{-\infty}^{\infty} x_1 x_2 f_X(x_1,x_2;t_1,t_2)\mathrm{d}x_1\mathrm{d}x_2 \tag{2.2.10}$$

显然，$R_X(t_1,t_2)$ 是实随机过程 $X(t)$ 在 t_1、t_2 时刻的两个状态 $X(t_1)$、$X(t_2)$ 的二阶矩函数。因此，自相关函数不仅表征了随机过程在两个时刻之间的线性关联程度，而且说明了随机过程起伏变化的快慢。

描述随机过程相关性的另一个矩函数是二阶混合中心矩，称为自协方差函数

$$\begin{aligned}C_X(t_1,t_2)&=E\{[X(t_1)-m_X(t_1)]\cdot[X(t_2)-m_X(t_2)]\}\\&=\int_{-\infty}^{\infty}\int_{-\infty}^{\infty}[x_1-m_X(t_1)]\cdot[x_2-m_X(t_2)]f_X(x_1,x_2;t_1,t_2)\mathrm{d}x_1\mathrm{d}x_2\end{aligned} \tag{2.2.11}$$

与 $R_X(t_1,t_2)$ 相比，$C_X(t_1,t_2)$ 不仅表征了随机过程在两个时刻之间的关联程度，而且说明了随机过程相对数学期望的幅度变化。二者之间存在如下关系，即

$$C_X(t_1,t_2)=R_X(t_1,t_2)-m_X(t_1)m_X(t_2) \tag{2.2.12}$$

若任意时刻随机过程的数学期望都等于零，则自相关函数和协方差函数完全相等。若取 $t_1=t_2=t$，则有

$$C_X(t_1,t_2)=E\{[X(t)-m_X(t)]^2\}=D[X(t)]=\sigma_X^2(t) \tag{2.2.13}$$

此时，自协方差函数就是方差。如果对于任意的 t_1、t_2 都有 $C_X(t_1,t_2)=0$，我们就说随机过程的任意两个时刻间是不相关的。

4. 互相关函数

自相关函数是描述一个随机过程本身内在联系的数字特征。为了描述两个随机过程之间的内在联系，需要引入互相关函数与互协方差函数。

两个随机过程 $X(t)$ 和 $Y(t)$ 的互相关函数定义为

$$R_{XY}(t_1,t_2)=E[X(t_1)Y(t_2)]=\int_{-\infty}^{\infty}\int_{-\infty}^{\infty}xyf_{XY}(x,y;t_1,t_2)\mathrm{d}x\mathrm{d}y \tag{2.2.14}$$

式中，$f_{XY}(x,y;t_1,t_2)$ 为 $X(t)$ 和 $Y(t)$ 的联合概率密度。

互协方差函数为

$$\begin{aligned}C_{XY}(t_1,t_2)&=E\{[X(t_1)-m_X(t_1)]\cdot[Y(t_2)-m_Y(t_2)]\}\\&=\int_{-\infty}^{\infty}\int_{-\infty}^{\infty}[x-m_X(t_1)]\cdot[y-m_Y(t_2)]f_{XY}(x,y;t_1,t_2)\mathrm{d}x\mathrm{d}y\end{aligned} \tag{2.2.15}$$

且有

$$C_{XY}(t_1,t_2)=R_{XY}(t_1,t_2)-m_X(t_1)m_Y(t_2) \tag{2.2.16}$$

若对任意的 t_1、t_2 都有 $R_{XY}(t_1,t_2)=0$，我们称 $X(t)$ 和 $Y(t)$ 是正交过程，此时

$$C_{XY}(t_1,t_2)=-m_X(t_1)m_Y(t_2) \tag{2.2.17}$$

若对任意的 t_1、t_2 都有 $C_{XY}(t_1,t_2)=0$，我们称 $X(t)$ 和 $Y(t)$ 是不相关的，并有

$$R_{XY}(t_1,t_2)=m_X(t_1)m_Y(t_2) \tag{2.2.18}$$

【例 2.1】　若随机过程 $X(t)$ 为

$$X(t)=At\qquad -\infty<t<\infty$$

式中，A 为在(0,1)上均匀分布的随机变量，求 $E[X(t)]$ 及 $R_X(t_1,t_2)$。

解：　由于 X 与 A 之间有确定的时间函数关系 $x=at$，故二者的概率分布函数相等，即

$$F_X(at)=F_A(a)$$

$$\begin{aligned}E[X(t)]&=\int_{-\infty}^{\infty}xf_X(x,t)\mathrm{d}x=\int_{-\infty}^{\infty}x\mathrm{d}F_X(x,t)=\int_{-\infty}^{\infty}(at)\mathrm{d}F_X(at)\\&=\int_{-\infty}^{\infty}(at)\mathrm{d}F_A(a)=\int_{-\infty}^{\infty}(at)f_A(a)\mathrm{d}a=\int_0^1 at\,\mathrm{d}a=\frac{t}{2}\end{aligned}$$

考虑到

$$E[g(X)]=\int_{-\infty}^{\infty}g(x)f_X(x)\mathrm{d}x$$

故有

$$R_X(t_1,t_2)=\int_{-\infty}^{\infty}(at_1)(at_2)f_A(a)\mathrm{d}a=\int_0^1 a^2t_1t_2\mathrm{d}a=\frac{1}{3}t_1t_2$$

2.2.3　随机过程的特征函数

随机变量的概率密度和特征函数是一对傅里叶变换，且随机变量的各阶矩能唯一的被特

征函数所确定，所以我们可以利用特征函数，来简化求随机变量的概率密度和数字特征的运算。

随机过程的多维特征函数与多维概率分布一样，也能完整的描述随机过程的统计特性。同样，在求解随机过程的概率密度和矩函数时，利用特征函数也可明显地简化运算。

1. 一维特征函数

(1) 一维特征函数

随机过程 $X(t)$ 在任一特定时刻 t 的取值 $X(t)$ 是一个一维随机变量，$X(t)$ 的特征函数为

$$\Phi_X(\omega;t)=E[\mathrm{e}^{\mathrm{j}\omega X(t)}]=\int_{-\infty}^{\infty}\mathrm{e}^{\mathrm{j}\omega x}f_X(x;t)\mathrm{d}x \tag{2.2.19}$$

式中，$x=x(t)$ 为 $X(t)$ 可能的取值。称式(2.2.19)为随机过程 $X(t)$ 的一维特征函数，显然，它是 ω 和 t 的函数。随机过程 $X(t)$ 的一维概率密度 $f_X(x;t)$ 与 $\Phi_X(\omega;t)$ 是一对傅里叶变换，即

$$f_X(x;t)=E[\mathrm{e}^{\mathrm{j}\omega X(t)}]=\frac{1}{2\pi}\int_{-\infty}^{\infty}\Phi_X(\omega;t)\mathrm{e}^{-j\omega x}\mathrm{d}\omega \tag{2.2.20}$$

(2) 矩函数与特征函数之间关系

随机过程 $X(t)$ 的特征函数也可以唯一由其 n 阶原点矩所决定，即

$$\frac{\partial^n\Phi_X(\omega;t)}{\partial\omega^n}=j^n\int_{-\infty}^{\infty}x^n\mathrm{e}^{j\omega x}f_X(x;t)\mathrm{d}x \tag{2.2.21}$$

同理，随机过程 $X(t)$ 的 n 阶原点矩可以唯一的由其特征函数所决定，即

$$E[X^n(t)]=\int_{-\infty}^{\infty}x^nf_X(x;t)\mathrm{d}x=(-j)^n\left.\frac{\partial^n\Phi_X(\omega;t)}{\partial\omega^n}\right|_{\omega=0} \tag{2.2.22}$$

2. 二维特征函数

随机过程 $X(t)$ 在任意两个时刻 t_1、t_2 的取值 $X(t_1)$、$X(t_2)$ 构成二维随机变量$[X(t_1),X(t_2)]$，它们的特征函数为

$$\Phi_X(\omega_1,\omega_2;t_1,t_2)=E[\mathrm{e}^{\mathrm{j}\omega_1X(t_1)+j\omega_2X(t_2)}]=\int_{-\infty}^{\infty}\int_{-\infty}^{\infty}\mathrm{e}^{\mathrm{j}\omega_1x_1+j\omega_2x_2}f_X(x_1,x_2;t_1,t_2)\mathrm{d}x_1\mathrm{d}x_2 \tag{2.2.23}$$

上式称为随机过程 $X(t)$ 的二维特征函数。显然，它是 x_1、x_2 和 t_1、t_2 的函数。式中，$x_1=x(t_1)$、$x_2=x(t_2)$ 分别为随机变量 $X(t_1)$、$X(t_2)$ 可能的取值；随机过程 $X(t)$ 的二维概率密度 $f_X(x_1,x_2;t_1,t_2)$ 与二维特征函数 $\Phi_X(\omega_1,\omega_2;t_1,t_2)$ 构成二重傅里叶变换对，即有

$$f_X(x_1,x_2;t_1,t_2)=\frac{1}{(2\pi)^2}\int_{-\infty}^{\infty}\int_{-\infty}^{\infty}\Phi_X(\omega_1,\omega_2;t_1,t_2)\mathrm{e}^{-j(\omega_1x_1+\omega_2x_2)}\mathrm{d}\omega_1\mathrm{d}\omega_2 \tag{2.2.24}$$

将式(2.2.23)两边对变量 ω_1、ω_2 各求一次偏导数，得

$$\frac{\partial\Phi_X(\omega_1,\omega_2;t_1,t_2)}{\partial\omega_1\partial\omega_2}=j^2\int_{-\infty}^{\infty}\int_{-\infty}^{\infty}x_1x_2\mathrm{e}^{j(\omega_1x_1+\omega_2x_2)}f_X(x_1,x_2;t_1,t_2)\mathrm{d}x_1\mathrm{d}x_2 \tag{2.2.25}$$

故有

$$R_X(t_1,t_2)=\int_{-\infty}^{\infty}\int_{-\infty}^{\infty}x_1x_2f_X(x_1,x_2;t_1,t_2)\mathrm{d}x_1\mathrm{d}x_2=-\left.\frac{\partial\Phi_X(\omega_1,\omega_2;t_1,t_2)}{\partial\omega_1\partial\omega_2}\right|_{\omega_1=\omega_2=0} \tag{2.2.26}$$

3. n 维特征函数

随机过程 $X(t)$ 的 n 维特征函数定义为

$$\begin{aligned}\Phi_X(\omega_1,\cdots,\omega_n;t_1,\cdots,t_n)&=E[\mathrm{e}^{\mathrm{j}\omega_1X(t_1)+\cdots+\mathrm{j}\omega_nX(t_n)}]\\&=\int_{-\infty}^{\infty}\cdots\int_{-\infty}^{\infty}\mathrm{e}^{j(\omega_1x_1+\cdots+\omega_nx_n)}f_X(x_1,\cdots,x_n;t_1,\cdots,t_n)\mathrm{d}x_1\cdots\mathrm{d}x_n\end{aligned} \tag{2.2.27}$$

根据逆转公式，由随机过程 $X(t)$ 的 n 维特征函数，可以求得 n 维概率密度

$$\begin{aligned}&f_X(x_1,\cdots,x_n;t_1,\cdots,t_n)\\&=\frac{1}{(2\pi)^n}\int_{-\infty}^{\infty}\cdots\int_{-\infty}^{\infty}\Phi_X(\omega_1,\cdots,\omega_n;t_1,\cdots,t_n)\mathrm{e}^{-j(\omega_1x_1+\cdots+\omega_nx_n)}\mathrm{d}\omega_1\cdots\mathrm{d}\omega_n\end{aligned} \tag{2.2.28}$$

2.3　复随机过程及其统计描述

在工程上经常用到解析信号与复信号，与确定信号中的复信号表示法相对应，我们引入复随机过程的概念。

在介绍复随机过程前，先介绍复随机变量的概念。

2.3.1　复随机变量

如果 X 和 Y 分别是实随机变量，定义

$$Z=X+jY \tag{2.3.1}$$

为复随机变量。其数学期望为

$$m_Z=E[Z]=E[X]+jE[Y]=m_X+jm_Y \tag{2.3.2}$$

可见，一般情况下 m_Z 是复数。

其方差为

$$\sigma_Z^2=D[Z]=E[|Z-m_Z|^2] \tag{2.3.3}$$

将式(2.3.1)、(2.3.2) 代入上式，得

$$\sigma_Z^2=E[|(X-m_X)+j(Y-m_Y)|^2]=D[X]+D[Y] \tag{2.3.4}$$

可见，复随机变量的方差是实部与虚部方差之和，且 σ_Z^2 为实数。

对于两个复随机变量

$$Z_1=X_1+jY_1$$

$$Z_2=X_2+jY_2$$

它们的自相关矩定义为

$$R_{Z_1Z_2}=E[Z_1^*Z_2] \tag{2.3.5}$$

式中，“*”表示共轭，将 Z_1、Z_2 代入上式，得

$$R_{Z_1Z_2}=E[(X_1-jY_1)(X_2+jY_2)]=R_{X_1X_2}+R_{Y_1Y_2}+j(R_{X_1Y_2}-R_{Y_1X_2})$$

互协方差定义为

$$C_{Z_1Z_2}=E[(Z_1-m_{Z_1})^*(Z_2-m_{Z_2})] \tag{2.3.6}$$

可见，两个复随机变量涉及四个实随机变量，因此两个复随机变量互相独立的条件为

$$f_{X_1Y_1X_2Y_2}(x_1,x_2,y_1,y_2)=f_{X_1Y_1}(x_1,x_2)f_{X_2Y_2}(y_1,y_2) \tag{2.3.7}$$

而两个复随机变量互不相关的条件为

$$C_{Z_1Z_2}=E[(Z_1-m_{Z_1})^*(Z_2-m_{Z_2})]=0 \tag{2.3.8}$$

或

$$R_{Z_1Z_2}=E[Z_1^*Z_2]=E[Z_1^*]E[Z_2] \tag{2.3.9}$$

可见，对复随机变量而言，不相关和统计独立仍然不是等价的。

若

$$R_{Z_1Z_2}=E[Z_1^*Z_2]=0 \tag{2.3.10}$$

则称 Z_1、Z_2 互相正交。

2.3.2 复随机过程

复随机过程 $Z(t)$ 定义为

$$Z(t)=X(t)+jY(t) \tag{2.3.11}$$

式中，$X(t)$ 和 $Y(t)$ 皆为实随机过程。复随机过程 $Z(t)$ 的统计特性可以由 $X(t)$ 和 $Y(t)$ 的 $2n$ 维联合概率分布完整地描述，其概率密度记为 $f_{XY}(x_1,\cdots,x_n,y_1,\cdots,y_n;t_1,\cdots,t_n,t'_1,\cdots,t'_n)$

数学期望为

$$m_Z(t)=E[Z(t)]=m_X(t)+jm_Y(t) \tag{2.3.12}$$

显然，其数学期望是一个复时间函数。

方差为

$$\sigma_Z^2(t)=E[|Z(t)-m_Z(t)|^2]=\sigma_X^2(t)+\sigma_Y^2(t) \tag{2.3.13}$$

由上式可知，方差为一实时间函数。

自相关函数为

$$R_Z(t,t+\tau)=E[Z^*(t)Z(t+\tau)] \tag{2.3.14}$$

式中，“*”表示复共轭。

自协方差函数为

$$C_Z(t,t+\tau)=E\{[Z(t)-m_Z(t)]^*[Z(t+\tau)-m_Z(t+\tau)]\} \tag{2.3.15}$$

当 $\tau=0$ 时，有

$$R_Z(t,t)=E[|Z(t)|^2] \tag{2.3.16}$$

$$C_Z(t,t)=E[|Z(t)-m_Z(t)|^2]=\sigma_Z^2(t) \tag{2.3.17}$$

【例 2.2】　设复随机过程为

$$Z(t)=\sum_{n=1}^{N}A_n e^{j\theta_n t}$$

式中，$A_n(n=1,2,\cdots,N)$ 是相互独立的实正态随机变量，其均值为零、方差为 σ_n^2；θ_n 为非随机变量。求复随机过程 $Z(t)$ 的均值、自相关函数和协方差函数。

解：由欧拉公式 $e^{jx}=\cos x+j\sin x$ 可知

$$Z(t)=\sum_{n=1}^{N}A_n\cos\theta_n t+j\sum_{n=1}^{N}A_n\sin\theta_n t$$

因为 $Z(t)$ 的实部 $X(t)=\sum_{n=1}^{N}A_n\cos\theta_n t$ 和虚部 $Y(t)=\sum_{n=1}^{N}A_n\sin\theta_n t$ 均为正态随机变量 $A_n(n=1,2,\cdots,N)$ 的线性组合，故它们也都是正态的。所以，由定义式可分别求得 $Z(t)$ 的均值、自相关函数和自协方差函数为

$$m_Z(t)=E[Z(t)]=E[X(t)]+jE[Y(t)]=0$$

$$\begin{aligned}R_Z(t,t+\tau)&=E[Z^*(t)Z(t+\tau)]\\&=E[\sum_{n=1}^{N}A_n e^{-j\theta_n t}\sum_{m=1}^{N}A_m e^{j\theta_m(t+\tau)}]\\&=\sum_{n,m=1}^{N}E[A_nA_m]e^{j[\theta_m(t+\tau)-\theta_n t]}\\&=\sum_{n=1}^{N}\sigma_n^2 e^{j\theta_n\tau}\\&=R_z(\tau)\end{aligned}$$

$$\begin{aligned}C_Z(t,t+\tau)&=E[(Z(t)-m_z(t))^*(Z(t+\tau)-m_z(t+\tau))]\\&=E[(Z(t)^*Z(t+\tau)]\\&=R_Z(t,t+\tau)\\&=\sum_{n=1}^{N}\sigma_n^2 e^{j\theta_n\tau}\\&=C_z(\tau)\end{aligned}$$

2.4 随机过程的微分与积分

2.4.1 随机过程的连续性

一般函数可导的前提条件是函数必须连续，同样随机过程可导的前提也是随机过程必须连续。因此，在给出随机过程可导的定义前，先给出随机过程连续的定义。

1. 均方连续

若随机过程 $X(t)$ 满足

$$\lim_{\Delta t \to 0} E\{[X(t+\Delta t)-X(t)]^2\} \to 0 \tag{2.4.1}$$

则称随机过程在 t 时刻均方意义下连续，简称随机过程 $X(t)$ 在 t 时刻均方连续（或简称 $m.s$ 连续）。

2. 均方连续条件

将式(2.4.1) 展开，则有

$$E\{[X(t+\Delta t)-X(t)]^2\}$$

$$=R_X(t+\Delta t,t+\Delta t)-R_X(t,t+\Delta t)-R_X(t+\Delta t,t)+R_X(t,t) \tag{2.4.2}$$

该式表明，要使式(2.4.2) 的左端在 $\Delta t \to 0$ 时，其值趋于零，则式(2.4.2) 的右端必须满足 $R_X(t_1,t_2)$ 在 $t_1=t_2=t$ 点上连续，也就是说，如果 $R_X(t_1,t_2)$ 沿 $t_1=t_2$ 线处处连续，则随机过程对于每个 t 都是连续的。

3. 若随机过程 $X(t)$ 均方连续，则它的数学期望必然是连续的，即

$$\lim_{\Delta t \to 0} E[X(t+\Delta t)]=E[X(t)] \tag{2.4.3}$$

证：设随机变量 $Y=X(t+\Delta t)-X(t)$

因为

$$\sigma_Y^2=E[Y^2]-E^2[Y]$$

故

$$E[Y^2]=\sigma_Y^2+E^2[Y]\geqslant E^2[Y]$$

因为 $\sigma_Y^2 \geqslant 0$，从而有

$$E\{[X(t+\Delta t)-X(t)]^2\}\geqslant E^2[(X(t+\Delta t)-X(t)]$$

因为 $X(t)$ 连续，故不等式左边随着 Δt 一起趋于零，则其右端也必趋于零，于是

$$\lim_{\Delta t \to 0} E[(X(t+\Delta t)-X(t)] \to 0$$

即

$$\lim_{\Delta t \to 0} E[X(t+\Delta t)]=E[X(t)]$$

证毕。

式(2.4.3)也可写成下列形式

$$\lim_{\Delta t\to 0}E[(X(t+\Delta t)]=E[\lim_{\Delta t\to 0}X(t+\Delta t)] \tag{2.4.4}$$

该式表明:求极限和求数学期望的次序可以互换。

2.4.2　随机过程的微分

1. 均方导数

若随机过程 $X(t)$ 满足

$$\lim_{\Delta t\to 0}E\left\{\left[\frac{X(t+\Delta t)-X(t)}{\Delta t}-X'(t)\right]^2\right\}=0 \tag{2.4.5}$$

则称 $X(t)$ 在 t 时刻具有均方($m.s$)导数 $X'(t)$。$X'(t)$ 定义为

$$X'(t)=\frac{\mathrm{d}X(t)}{\mathrm{d}t}=\lim_{\Delta t\to 0}\frac{X(t+\Delta t)-X(t)}{\Delta t} \tag{2.4.6}$$

2. 均方可微的条件

随机过程可微的前提也是需要随机过程必须连续。为了检验连续性,我们应用柯西(Cauchy)准则,此时只要证明下式

$$\lim_{\Delta t\to 0}E\left[\left(\frac{X(t+\Delta t_1)-X(t)}{\Delta t_1}-\frac{X(t+\Delta t_2)-X(t)}{\Delta t_2}\right)^2\right]=0 \tag{2.4.7}$$

成立即可。而

$$\begin{aligned}&\lim_{\Delta t_1\to 0}E\left[\left(\frac{X(t+\Delta t_1)-X(t)}{\Delta t_1}-X'(t)\right)^2\right]\\&=\lim_{\substack{\Delta t_1\to 0\\ \Delta t_2\to 0}}\left\{\frac{1}{\Delta t_1^2}[R_X(t+\Delta t_1,t+\Delta t_1)+R_X(t,t)-R_X(t+\Delta t_1,t)-R_X(t,t+\Delta t_1)]\right.\\&\quad+\frac{1}{\Delta t_2^2}[R_X(t+\Delta t_2,t+\Delta t_2)+R_X(t,t)-R_X(t+\Delta t_2,t)-R_X(t,t+\Delta t_2)]\\&\quad\left.-\frac{2}{\Delta t_1\Delta t_2}[R_X(t+\Delta t_1,t+\Delta t_2)+R_X(t,t)-R_X(t+\Delta t_1,t)-R_X(t,t+\Delta t_2)]\right\}\end{aligned}$$

上式等号右端不包含任何随机变量,因此当$\Delta t_1\to 0$和$\Delta t_2\to 0$时,其极限可按一般方法来求。若偏导数$\frac{\partial R_X(t_1,t_2)}{\partial t_1}$、$\frac{\partial R_X(t_1,t_2)}{\partial t_2}$ 和$\frac{\partial^2 R_X(t_1,t_2)}{\partial t_1\partial t_2}$ 存在,则有

$$\begin{aligned}&\lim_{\Delta t_1,\Delta t_2\to 0}E\left[\left(\frac{X(t+\Delta t_1)-X(t)}{\Delta t_1}-\frac{X(t+\Delta t_2)-X(t)}{\Delta t_2}\right)^2\right]\\&=\left[\frac{\partial^2 R_X(t_1,t_2)}{\partial t_1\partial t_1}+\frac{\partial^2 R_X(t_1,t_2)}{\partial t_2\partial t_2}-2\frac{\partial^2 R_X(t_1,t_2)}{\partial t_1\partial t_2}\right]_{t_1=t_2=t}=0\end{aligned}$$

因此可得结论:随机过程在均方意义下有导数的充分条件是自相关函数 $R_X(t_1,t_2)$ 在 $t_1=t_2$ 时存在二阶偏导数,即$\left.\frac{\partial^2 R(t_1,t_2)}{\partial t_1\partial t_2}\right|_{t_1=t_2}$。

3. 随机过程导数的数学期望与自相关函数

设 $Y(t)$ 为可微随机过程 $X(t)$ 的导数，即

$$Y(t)=X'(t)=\frac{\mathrm{d}X(t)}{\mathrm{d}t} \tag{2.4.8}$$

下面给出随机过程导数运算的法则。

(1) 随机过程均方导数的数学期望等于它的数学期望的导数。

证：
$$E[Y(t)]=E\left[\lim_{\Delta t\to 0}\frac{X(t+\Delta t)-X(t)}{\Delta t}\right]$$
$$=\lim_{\Delta t\to 0}\frac{E[X(t+\Delta t)]-E[X(t)]}{\Delta t}$$
$$=\lim_{\Delta t\to 0}\frac{m_X(t+\Delta t)-m_X(t)}{\Delta t}=\frac{\mathrm{d}m_X(t)}{\mathrm{d}t}=m_Y(t)$$

证毕。

(2) 随机过程均方导数的自相关函数等于随机过程自相关函数的二阶偏导数。

证：如果随机过程 $X(t)$ 的均方导数 $Y(t)=X'(t)$ 存在，那么它的自相关函数为

$$E[Y(t_1)Y(t_2)]=E\left[\lim_{\Delta t_1\to 0}\frac{X(t_1+\Delta t_1)-X(t_1)}{\Delta t_1}Y(t_2)\right]$$
$$=\lim_{\Delta t_1\to 0}E\left[\frac{X(t_1+\Delta t_1)Y(t_2)-X(t_1)Y(t_2)}{\Delta t_1}\right]$$
$$=\lim_{\Delta t_1\to 0}\frac{E[X(t_1+\Delta t_1)Y(t_2)]-E[X(t_1)Y(t_2)]}{\Delta t_1}$$
$$=\lim_{\Delta t_1\to 0}\left[\frac{R_{XY}(t_1+\Delta t_1,t_2)-R_{XY}(t_1,t_2)}{\Delta t_1}\right]$$
$$=\frac{\partial R_{XY}(t_1,t_2)}{\partial t_1}$$

而 $X(t)$ 与其均方导数 $Y(t)=X'(t)$ 的互相关函数为

$$R_{XY}(t_1,t_2)=E[X(t_1)Y(t_2)]$$
$$=E\left[X(t_1)\lim_{\Delta t_2\to 0}\frac{X(t_2+\Delta t_2)-X(t_2)}{\Delta t_2}\right]$$
$$=\lim_{\Delta t_2\to 0}E\left[\frac{X(t_1)X(t_2+\Delta t_2)-X(t_1)X(t_2)}{\Delta t_2}\right]$$
$$=\lim_{\Delta t_2\to 0}\frac{E[X(t_1)X(t_2+\Delta t_2)]-E[X(t_1)X(t_2)]}{\Delta t_2}$$
$$=\frac{\partial R_X(t_1,t_2)}{\partial t_2}$$

根据以上两式得到

$$R_Y(t_1,t_2)=\frac{\partial R_{XY}(t_1,t_2)}{\partial t_1}=\frac{\partial^2 R_X(t_1,t_2)}{\partial t_1 \partial t_2}$$

证毕。

【例 2.3】 数学期望 $m_x(t)=5\sin t$、自相关函数 $R_x(t_1,t_2)=3\mathrm{e}^{-0.5(t_2-t_1)^2}$ 的随机信号 $X(t)$ 输入微分电路，该电路输出随机信号 $Y(t)=X'(t)$。求 $Y(t)$ 的均值和自相关函数。

解：根据数学期望的定义及随机过程导数运算的法则，得到 $Y(t)$ 的均值为

$$E[Y(t)]=E[X'(t)]=\frac{\mathrm{d}}{\mathrm{d}t}E[X(t)]=m'_X(t)=5\cos t$$

相应的，$Y(t)$ 的自相关函数为

$$R_Y(t_1,t_2)=R_{\dot{X}}(t_1,t_2)=\frac{\partial^2 R_X(t_1,t_2)}{\partial t_1 \partial t_2}$$

$$=\frac{\partial^2}{\partial t_1 \partial t_2}[3\mathrm{e}^{-0.5(t_2-t_1)^2}]$$

$$=\frac{\partial}{\partial t_2}[(t_2-t_1)\cdot 3\mathrm{e}^{-0.5(t_2-t_1)^2}]$$

$$=3\mathrm{e}^{-0.5(t_2-t_1)^2}[1-(t_2-t_1)^2]$$

2.4.3 随机过程的积分

1. 均方积分

随机过程 $X(t)$ 的积分定义为

$$Y=\int_a^b X(t)\mathrm{d}t \tag{2.4.9}$$

但一般意义的积分需要 $X(t)$ 的每一个样本函数都可积，实际上我们仍然是利用均方极限来定义随机过程的积分。当我们把积分区间 $[a,b]$ 分成 n 个小区间 $\Delta t_i(i=1,2,\cdots,n)$，令 $\Delta t=\max\limits_{i=1}^{n}\{\Delta t_i\}$，当 $n\to\infty$ 时

$$\lim_{\Delta t_i\to 0}E\{[Y-\sum_{i=1}^{n}X(t_i)\Delta t_i]^2\}=0 \tag{2.4.10}$$

Y 就定义为 $X(t)$ 在均方意义上的积分。随机过程的均方积分除可表示成式(2.4.10)的形式外，也可表示成极限和的形式

$$Y=\lim_{\max\limits_{i=1}^{n}\{\Delta t_i\}\to 0}\sum_{i=1}^{n}X(t_i)\Delta t_i \tag{2.4.11}$$

时间函数在区间 $[a,b]$ 对 t 积分是常数，随机过程在区间 $[a,b]$ 对 t 积分必然是随机变量。另外，线性时不变系统的输出是输入与系统冲激响应的卷积，当系统输入是随机过程时，输出过程为

$$Y(t)=\int_a^b X(\tau)h(t-\tau)\mathrm{d}\tau \tag{2.4.12}$$

如果这个积分在均方意义下存在，输出式(2.4.12)是一个随机过程。

2. 随机过程积分的数学期望与自相关函数

(1) 随机过程均方积分的数学期望等于它的数学期望的积分

证：若 $Y=\int_a^b X(t)\mathrm{d}t$，则它的数学期望为

$$E[Y]=E[\int_a^b X(t)\mathrm{d}t]=E[\lim_{\max\limits_{i=1}^{n}\{\Delta t_i\}\to 0}\sum_i X(t_i)\Delta t_i]$$

$$=\lim_{\max\limits_{i=1}^{n}\{\Delta t_i\}\to 0}\sum_i E[X(t_i)]\Delta t_i=\int_a^b m_X(t)\mathrm{d}t=m_Y$$

证毕。

(2) 随机过程均方积分的自相关函数等于随机过程自相关函数的二重积分

证：如果 $Y(t)=\int_0^t X(\tau)\mathrm{d}\tau$，则它的自相关函数为

$$R_Y(t_1,t_2)=E[Y(t_1)Y(t_2)]=E[\int_0^{t_1}\int_0^{t_2}X(\tau)X(\tau')\mathrm{d}\tau\mathrm{d}\tau']=\int_0^{t_1}\int_0^{t_2}R_X(\tau,\tau')\mathrm{d}\tau\mathrm{d}\tau'$$

当积分上限 t_1、t_2 是常数时，随机过程 $Y(t)$ 退化为随机变量 Y，上式的积分结构将是一个数值，这就是随机变量 Y 的二阶矩。

证毕。

如果不特别说明，本书中随机过程的积分都是均方意义上的积分。

【例 2.4】 设随机信号 $X(t)=V\mathrm{e}^{3t}\cos 2t$，其中 V 是均值为 5、方差为 1 的随机变量。设随机信号 $Y(t)=\int_0^t X(\lambda)\mathrm{d}\lambda$。试求 $Y(t)$ 的平均值、自相关函数、自协方差函数。

解：因为 $E(V)=5$，$D(V)=1$，于是

$$E[V^2]=D(V)+E^2(V)=1+5^2=26$$

相应的，可求出 $X(t)$ 的均值、自相关函数分别为

$$m_X(t)=E[X(t)]=E[V\mathrm{e}^{3t}\cos 2t]=\mathrm{e}^{3t}\cos 2tE[V]=5\mathrm{e}^{3t}\cos 2t$$

$$\begin{aligned}R_X(t_1,t_2)&=E[X(t_1)X(t_2)]\\&=E[V\mathrm{e}^{3t_1}\cos 2t_1\cdot V\mathrm{e}^{3t_2}\cos 2t_2]\\&=\mathrm{e}^{3(t_1+t_2)}\cos 2t_1\cos 2t_2E[V^2]\\&=26\mathrm{e}^{3(t_1+t_2)}\cos 2t_1\cos 2t_2\end{aligned}$$

另外，由随机过程积分的数学期望和相关函数运算法则，可求得 $Y(t)$ 的均值、自相关函数分别为

$$m_Y(t)=\int_0^t m_X(\lambda)d\lambda=5\int_0^t e3\lambda\cos 2\lambda d\lambda=\frac{15}{3}[\mathrm{e}^{3t}(2\sin 2t+3xos\,2t)-3]$$

$$R_Y(t_1,t_2)=\int_0^{t_1}\int_0^{t_2}R_X(\lambda,\lambda')\mathrm{d}\lambda\,\mathrm{d}\lambda'$$

$$=26\int_0^{t_1}\int_0^{t_2}\mathrm{e}^{3(\lambda+\lambda')}\cos2\lambda\cos2\lambda'\mathrm{d}\lambda\,\mathrm{d}\lambda'$$

$$=\frac{26}{169}[\mathrm{e}^{3t_1}(2\sin2t_1+3\cos2t_1)-3]\times[\mathrm{e}^{3t_2}(2\sin2t_2+3\cos2t_2)-3]$$

再由式(2.2.12)，可得 $Y(t)$ 的协方差函数为

$$C_Y(t_1,t_2)=R_Y(t_1,t_2)-m_Y(t_1)m_Y(t_2)$$

$$=\frac{1}{169}[\mathrm{e}^{3t_1}(2\sin2t_1+3\cos2t_1)-3]\times[\mathrm{e}^{3t_2}(2\sin2t_2+3\cos2t_2)-3]$$

2.5　平稳随机过程及其各态历经性

2.5.1　平稳随机过程

1. 严平稳随机过程及其性质

(1) 严平稳随机过程

设随机过程 $X(t)$，若对于任意的正整数 n 和任意实数 t_1、t_2、…、t_n 及 τ，存在

$$f_X(x_1,x_2,\cdots,x_n;t_1,t_2,\cdots,t_n)=f_X(x_1,x_2,\cdots,x_n;t_1+\tau,t_2+\tau,\cdots,t_n+\tau) \tag{2.5.1}$$

则称 $X(t)$ 是严(格)平稳随机过程(或狭义平稳过程)。该定义说明，严平稳随机过程的 n 维概率密度不随时间的平移而改变，或者说，严平稳随机过程的统计特性与时间起点无关。

严格来讲，如果对任意的 $n\leqslant N$，随机过程 $X(t)$ 的 n 维概率密度都满足式(2.5.1)，则称过程 $X(t)$ 是 N 阶平稳的。

(2) 严平稳随机过程的数字特征

根据定义，严平稳随机过程的 n 维概率密度具有不随时间平移而变化的特性，反映在它的一、二维概率密度及数字特征上具有如下性质：

【性质 1】 严平稳随机过程 $X(t)$ 的一维概率密度与时间无关，其数学期望和方差都是与时间无关的常数。

将式(2.5.1)用于一维时，即令 $n=1$ 和 $\tau=-t_1$，则有

$$f_X(x_1;t_1)=f_X(x_1;t_1+\tau)=f_X(x_1;0)=f_X(x_1) \tag{2.5.2}$$

即随机过程 $X(t)$ 的一维概率密度与时间无关。于是，可以得到 $X(t)$ 的数学期望和方差分别为

$$E[X(t)]=\int_{-\infty}^{\infty}x_1f_X(x_1)\mathrm{d}x_1=m_X \tag{2.5.3}$$

$$D[X(t)]=\int_{-\infty}^{\infty}(x_1-m)^2f_X(x_1)\mathrm{d}x_1=\sigma_X^2 \tag{2.5.4}$$

【性质2】 严平稳随机过程 $X(t)$ 的二维概率密度只与时间间隔 τ 有关，而与时间起点无关，其相关函数也仅与时间间隔 τ 有关。

将式(2.5.1)用于二维时，即令 $\tau=-t_1, t_2=0$，则有

$$f_X(x_1,x_2;t_1,t_2)=f_X(x_1,x_2;t_1+\tau,t_2+\tau)=f_X(x_1,x_2;0,t_2-t_1)$$
$$=f_X(x_1,x_2;0,\tau)=f_X(x_1,x_2;\tau) \tag{2.5.5}$$

即随机过程 $X(t)$ 的二维概率密度与时间起点无关。于是，可以得到 $X(t)$ 的自相关函数为

$$R_X(t_1,t_2)=E[X(t_1)X(t_2)]=\int_{-\infty}^{\infty}\int_{-\infty}^{\infty}x_1x_2f_X(x_1,x_2;\tau)\mathrm{d}x_1\mathrm{d}x_2=R_X(\tau) \tag{2.5.6}$$

同理，自协方差函数为

$$C_X(t_1,t_2)=R_X(t_1,t_2)-m_X^2=C_X(\tau) \tag{2.5.7}$$

当 $t_1=t_2=t$ 及 $\tau=0$ 时

$$C_X(0)=R_X(0)-m_X^2=\sigma_X^2 \tag{2.5.8}$$

另外，由于严平稳随机过程的一维概率密度与时间无关，因而其 n 阶矩函数与时间起点无关，这也是我们判断一个过程是否严平稳的充要条件。

注意，上述有关严平稳随机过程的一、二维概率密度和其数字特征是由其定义推导而来的。

2. 宽(广义)平稳随机过程

(1) 宽平稳随机过程

由于严平稳随机过程需要 n 阶平稳(n 为任意阶)，而在实际中，要确定一个对一切 n 都成立的随机过程概率密度函数族是十分困难的。因而在许多工程技术问题中，常常仅限于研究随机过程的一、二阶矩，也就是只在相关理论的范围内讨论平稳随机过程，于是有了宽(广义)平稳的概念。

如果随机过程 $X(t)$ 满足

$$\begin{cases}E[X(t)]=m_X\\ R_X(t_1,t_2)=R_X(\tau)\\ E[X^2(t)]<\infty\end{cases} \tag{2.5.9}$$

则称该随机过程为广义平稳随机过程(或宽平稳随机过程)。需要指出的是，工程上所涉及的随机过程一般都满足式 $E[X^2(t)]<\infty$，因此，一般不考虑此条件。

(2) 宽平稳与严平稳关系

由上述可知，宽平稳随机过程只涉及与一、二维概率密度有关的数字特征，因此，一个严平稳过程只要均方值有界，就是广义平稳的。反之，广义平稳随机过程不一定是严格平稳的。不过就高斯过程而言，它的概率密度可由均值和自相关函数完全确定，所以，若均值和自相关函数不随时间平移而变化，则其概率密度也不随时间的平移而变化。于是，一个宽平稳的高斯过程也必定是严平稳的。

严格平稳与广义平稳的区别就在于：对于数学期望和相关函数的性质，前者是推导出来的，而后者是定义的。

如果一个随机过程不是广义平稳的，则称为非平稳随机过程。今后除特别指明外，平稳随机过程都是指宽平稳随机过程。

【例 2.5】 证明由不相关的两个任意分布的随机变量 A,B 构成的随机过程

$$X(t)=A\cos(\omega_0 t)+B\sin(\omega_0 t)$$

是宽平稳而不一定是严平稳的。式中，ω_0 为常数，A、B 的数学期望为零，方差 σ^2 相同。

证：由题意知：

$$E[A]=E[B]=0,D[A]=D[B]=\sigma^2,E[AB]=E[A]E[B]=0。$$

首先，证明 $X(t)$ 是宽平稳的。

$$E[X(t)]=E[A\cos(\omega_0 t)+B\sin(\omega_0 t)]=E[A]\cos(\omega_0 t)+E[B]\sin(\omega_0 t)]=0$$

$$\begin{aligned}R_X(t,t+\tau)&=E[X(t)X(t+\tau)]\\&=E\{[A\cos\omega_0 t_1+B\sin\omega_0 t_1][A\cos\omega_0 t_2+B\sin\omega_0 t_2]\}\\&=E[A^2]\cos\omega_0 t_1\cos\omega_0 t_2+E[AB]\cos\omega_0 t_1\sin\omega_0 t_2\\&\quad+E[BA]\sin\omega_0 t_1\cos\omega_0 t_2+E[B^2]\sin\omega_0 t_1\sin\omega_0 t_2\\&=\sigma^2(\cos\omega_0 t_1\cos\omega_0 t_2+\sin\omega_0 t_1\sin\omega_0 t_2)\\&=\sigma^2\cos\omega_0(t_1-t_2)\end{aligned}$$

令 $\tau=t_2-t_1$，则有

$$R_X(t,t+\tau)=\sigma^2\cos\omega_0\tau=R_X(\tau)$$
$$E[X^2(t)]=R_X(0)=\sigma^2<\infty$$

故 $X(t)$ 是宽平稳。

其次，证明 $X(t)$ 非严平稳。

$$\begin{aligned}E[X^3(t)]&=E[(A\cos\omega_0 t+B\sin\omega_0 t)^3]\\&=E\{(A\cos\omega_0 t+B\sin\omega_0 t)[A^2\cos^2\omega_0 t\\&\quad+2AB\cos\omega_0 t\sin\omega_0 t+B^2\sin^2\omega_0 t)\\&=E[A^3]\cos^3\omega_0 t+2E[A^2B]\cos^2\omega_0 t\sin\omega_0 t\\&\quad+E[AB^2]\cos\omega_0 t\sin^2\omega_0 t+E[BA^2]\sin\omega_0 t\cos^2\omega_0 t\\&\quad+2E[AB^2]\cos\omega_0 t\sin^3\omega_0 t+E[B^3]\sin^3\omega_0 t\\&=E[A^3]\cos^3\omega_0 t+3E[A^2B]\cos^2\omega_0 t\sin\omega_0 t\\&\quad+3E[AB^2]\cos\omega_0 t\sin^2\omega_0 t+E[B^3]\sin^3\omega_0 t\\&=E[A^3]\cos^3\omega_0 t+E[B^3]\sin^3\omega_0 t\end{aligned}$$

可见，$X(t)$ 的三阶矩与 t 有关，所以 $X(t)$ 非严平稳。

【例 2.6】 设随机过程

$$X(t)=tY$$

式中，Y 是随机变量。试讨论 $X(t)$ 的平稳性。

解：
$$E[X(t)]=E[tY]=tE[Y]=tm_Y$$

$$R_X(t_1,t_2)=E[X(t_1)X(t_2)]=E[t_1Yt_2Y]=t_1t_2E[Y^2]$$

可见，该随机过程的均值和自相关函数均与时间有关，所以不是平稳过程。

【例 2.7】 设随机过程

$$X(t)=A\cos(\omega_0 t+\varphi)$$

式中，A、ω_0 为常数，φ 是在$(0,2\pi)$上均匀分布的随机变量。试证 $X(t)$ 宽平稳。

证：由题意可知，随机变量 φ 的概率密度为

$$f_\varphi(\varphi)=\begin{cases}\dfrac{1}{2\pi}, & 0<\varphi<2\pi\\ 0, & \text{其他}\end{cases}$$

$$E[X(t)]=\int_{-\infty}^{\infty}A\cos(\omega_0 t+\varphi)\cdot\frac{1}{2\pi}\mathrm{d}\varphi=0$$

$$\begin{aligned}R_X(t,t+\tau)&=E[A\cos(\omega_0 t+\varphi)A\cos(\omega_0 t+\omega_0\tau+\varphi)]\\&=\frac{A^2}{2}E[\cos(\omega_0\tau)+\cos(2\omega_0 t+\omega_0\tau+2\varphi)]\\&=\frac{A^2}{2}\cos(\omega_0\tau)\end{aligned}$$

$$E[X^2(t)]=R_X(t,t)=\frac{A^2}{2}\cos(\omega_0\cdot 0)=\frac{A^2}{2}<\infty$$

由此可见，$X(t)$ 的均值为 0，自相关函数仅与 τ 有关，均方值有限，故 $X(t)$ 宽平稳过程。

2.5.2 平稳随机过程的自相关函数

相关函数是研究平稳随机过程的一个重要数字特征，它不仅为我们提供了随机过程各随机变量（状态）间关联特性，而且是求取随机过程的功率谱密度以及从噪声中提取有用信息的工具。因此，需了解平稳随机过程相关函数的性质。

1. 平稳过程的自相关函数性质

【性质 1】
$$R_X(0)=E[X^2(t)] \tag{2.5.10}$$

该式表明，自相关函数在 $\tau=0$ 处的值等于平稳随机过程的均方值，它表示平稳随机过程的“平均功率”。

【性质 2】
$$R_X(\tau)=R_X(-\tau),\quad C_X(\tau)=C_X(-\tau) \tag{2.5.11}$$

证：

$$R_X(\tau)=E[X(t)X(t+\tau)]=E[X(\mu)X(\mu-\tau)]=R_X(-\tau)$$

同理可得

$$C_X(\tau)=C_X(-\tau)$$

证毕。

【性质 3】

$$R_X(0)\geqslant|R_X(\tau)| \tag{2.5.12}$$

该式表明，自相关函数在 $\tau=0$ 时具有最大值。注意，此时并不排除在 $\tau\neq0$ 时，也有可能出现同样的最大值，如周期随机过程的情况。

证：由于

$$E\{[X(t)\pm X(t+\tau)]^2\}\geqslant 0$$

将上式左边展开有

$$E[X^2(t)\pm 2X(t)X(t+\tau)+X^2(t+\tau)]\geqslant 0 \tag{1}$$

对于平稳随机过程，有

$$E[X^2(t)]=E[X^2(t+\tau)]=R_X(0) \tag{2}$$

将式(2) 代入式(1)，得

$$2R_X(0)\pm 2R_X(\tau)\geqslant 0$$

经整理有

$$R_X(0)\geqslant|R_X(\tau)|$$

同理可得

$$C_X(0)=\sigma_X^2\geqslant|C_X(\tau)|$$

证毕。

【性质 4】 周期平稳随机过程 $X(t)$ 的自相关函数是周期函数，且与周期平稳随机过程的周期相同，即若平稳随机过程 $X(t)$ 满足 $X(t)=X(t+T)$，其中 T 为周期，则 $R_X(\tau+T)=R_X(\tau)$。

证：周期平稳随机过程定义为 $X(t)=X(t+T)$，代入上式

$$R_X(\tau+T)=E[X(t)X(t+\tau+T)]=E[X(t)X(t+\tau)]=R_X(\tau)$$

证毕。

【性质 5】 非周期平稳随机过程 $X(t)$ 的自相关函数满足

$$\lim_{\tau\to\infty}R_X(\tau)=R_X(\infty)=m_X^2 \tag{2.5.13}$$

且

$$\sigma_X^2=R_X(0)-R_X(\infty) \tag{2.5.14}$$

证:这一点可以从物理意义上解释。对于非周期平稳随机过程 $X(t)$,随着时间差 τ 的增加,势必会减小 $X(t)$ 与 $X(t+\tau)$ 的相关程度。由于自相关函数的对称性,当 $\tau\to\infty$时,二者不相关,则有

$$\lim_{\tau\to\infty}R_X(\tau)=\lim_{\tau\to\infty}E[X(t)X(t+\tau)]=\lim_{\tau\to\infty}E[X(t)]E[X(t+\tau)]=m_X^2$$

又因为

$$\sigma_X^2=R_X(0)-m_X^2$$

所以,有

$$\sigma_X^2=R_X(0)-R_X(\infty)$$

证毕。

【例 2.8】 非周期平稳随机过程 $X(t)$ 的自相关函数为

$$R_X(\tau)=16+\frac{9}{1+3\tau^2}$$

求数学期望及方差。

解:根据式(2.5.13),由于

$$m_X^2=R_X(\infty)$$

可求出随机过程 $X(t)$ 的数学期望

$$m_X=\pm\sqrt{R_X(\infty)}=\pm\sqrt{16}=\pm 4$$

注意这里无法确定数学期望的符号。再由式(2.5.14),即

$$\sigma_X^2=R_X(0)-R_X(\infty)$$

得到方差

$$\sigma_X^2=R_X(0)-R_X(\infty)=25-16=9$$

因此,随机过程 $X(t)$ 的数学期望为 ± 4,方差为 9。

2.5.3 平稳随机过程的相关系数和相关时间

除了用自相关函数和自协方差函数来表征随机过程在两个不同时刻的状态之间的线性关联程度外,还经常引用相关系数 $r_X(\tau)$ 和相关时间 τ_0 的概念。

1. 相关系数

相关系数 $r_X(\tau)$ 定义为归一化自相关函数,即

$$r_X(\tau)=\frac{C_X(\tau)}{\sigma_X^2}=\frac{R_X(\tau)-m_X^2}{\sigma_X^2} \tag{2.5.15}$$

可见,$0\leqslant|r_X(\tau)|\leqslant 1$ 且 $r_X(\tau)=r_X(-\tau)$。

2. 相关时间

相关时间 τ_0 是另一个表示相关程度的量,它是利用相关系数定义的。相关时间有两种定

义方法：

定义 2.3　把满足关系式

$$|r_X(\tau_0)| \leqslant 0.05 \tag{2.5.16}$$

时的 τ 作为相关时间 τ_0。其物理意义表示：若随机过程 $X(t)$ 的相关时间为 τ_0，则认为随机过程的时间间隔大于 τ_0 的两个时刻的取值是不相关的。

定义 2.4　将 $r_X(\tau)$ 曲线在$[0,\infty)$之间的面积等效成 $\tau_0 \times R_X(0)$ 的矩形，即

$$\tau_0 = \int_0^{\infty} r_X(\tau)\mathrm{d}\tau \tag{2.5.17}$$

当用自相关函数表征随机过程的相关性大小时，不能用直接比较其值大小的方法来决定，因为自相关函数包括随机过程的数学期望和方差。协方差函数虽不包括数学期望，但仍然包含方差。相关系数是对数学期望和方差归一化的结果，不受数学期望和方差的影响。因此，相关系数可直观地说明两个随机过程相关程度的强弱，或随机过程随机起伏的快慢。通常当 $|r_X(\tau)|=1$，称随机过程强相关；$r_X(\tau)=0$，称随机过程在任意两个时刻不相关。

2.5.4　平稳随机过程的各态历经性

在上面的讨论中，每当谈到随机过程时，就意味着所涉及的是大量的样本函数的集合。要得到随机过程的统计特性，就需要观察大量的样本函数。例如，数学期望、方差、相关函数等，都是对大量的样本函数在特定时刻取值，用统计方法求平均而得到的数字特征。这种平均称之为统计平均或集合平均，也简称为集平均。显然，取统计平均所需要的实验工作量很大，处理方法也很复杂，这就使人们联想到，根据平稳随机过程统计特性与计时起点无关这个特点，能否找到更简单的方法来代替上述方法呢？辛钦证明：在具备一定的补充条件下，对平稳随机过程的一个样本函数取时间均值（观察时间足够长），就从概率意义上趋近此过程的统计（集合）均值。对于这样的随机过程，我们说它具有遍历性。随机过程的遍历性，可以理解为随机过程的各个样本函数都同样经历了随机过程的各种可能状态，因此，从随机过程的任何一个样本函数就能得到随机过程的全部统计信息，任何一个样本函数的特性都能充分的代表整个随机过程的特性。例如，在稳定状态下工作的一个二极管，在较长的时间 T 内观测它的电压；我们将 T 分成 k 等分（这个 k 应相当大），测得每个时间分点上的电压值，得到 k 个电压值，此 k 个值的算术平均值近似等于电压的时间平均值。又假设另有 k 个完全相同的二极管，工作在完全相同的条件下，我们任意选择某一个固定时刻，测得这些二极管在该时刻的电压，并求出其统计平均值。由于工作状态是稳定的，我们找不出有什么物理上的原因，使得在一根管子上所得到的统计平均值来得大或小。也就是说，从概率意义上看，电压在时间上的平均值与它的统计平均值应该相等，这就是所谓的遍历性质。图 2.4 示出了具有遍历性质的随机过程的诸样本函数的集合。从图中可以粗略看到，随机过程 $X(t)$ 的每一个样本函数都围绕着同一个数学期望上下波动，而且每个样本函数的时间均值都是相等的。在这些样本函数中任取一个，并把此样本的实验时间 T 增大，显然，当 T 足够大时，此样本函数的性质就能很好地代表整个随机过程的性质。由这个样本函数所求得的时间平均值近似地（从概率意义上说）等于随机过程的数学期望，由该样本所求得的时间相关函数近似地（从概率意义上说）等于随机过程的相关函数。

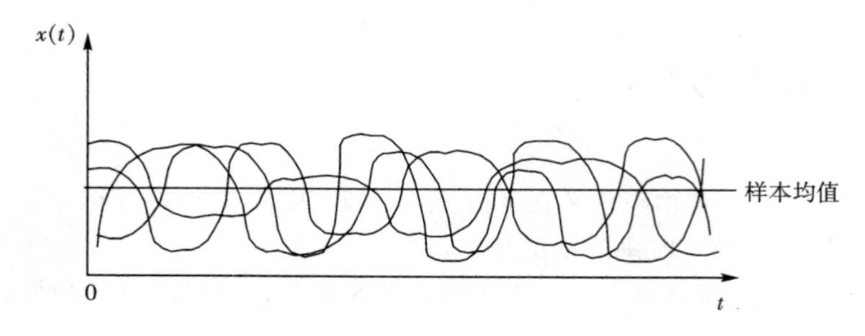

图 2.4 具有遍历性的随机过程 $X(t)$

1. 遍历性过程

设 $X(t)$ 是一个平稳随机过程，如果它的各种时间平均（时间足够长）和时间自相关函数依概率 1 收敛于相应的统计平均，则称 $X(t)$ 为遍历过程。

根据随机过程的定义可知，对于每一个固定的 $t\in T$，$X(t)$ 为一个随机变量，$E[X(t)]=m_X(t)$ 即为统计平均，对于样本空间的每一个样本，$X(t)$ 即为普通的时间函数，若在 T 上对 t 取平均，即得时间平均。

定义 2.5 设$\{X(t),-\infty<t<\infty\}$ 是均方连续的平稳随机过程，则分别称

$$<X(t)>_t=\lim_{T\to\infty}\frac{1}{2T}\int_{-T}^{T}X(t)\mathrm{d}t \tag{2.5.18}$$

$$<X(t)X(t+\tau)>_t=\lim_{T\to\infty}\frac{1}{2T}\int_{-T}^{T}X(t)X(t+\tau)\mathrm{d}t \tag{2.5.19}$$

为该随机过程的时间均值和时间自相关函数。式中，$<X(t)>_t$、$<X(t)X(t+\tau)>_t$ 分别表示求时间平均和时间自相关。

假设随机过程 $X(t)$ 满足

$$<X(t)>_t=E[X(t)]=m_X \tag{2.5.20}$$

则称 $X(t)$ 的均值具有遍历性。同理，若

$$<X(t)X(t+\tau)>_t=E[X(t)X(t+\tau)]=R_X(\tau) \tag{2.5.21}$$

则称 $X(t)$ 自相关函数具有遍历性。

若随机过程 $X(t)$ 的均值和自相关函数均具有各态历经性，且 $X(t)$ 是平稳随机过程，则称 $X(t)$ 为各态历经过程。

2. 遍历性的实际意义

(1) 随机过程的遍历性具有重要的意义。由随机过程的积分概念可知，对一般随机过程而言，它的各个样本函数的积分值是不同的，因而，随机过程的时间平均是个随机变量。可是，对遍历过程来说，由上述定义求时间平均，得到的结果趋于一个非随机的确定量，这就表明：遍历过程诸样本函数的时间平均，实际上可认为是相同的。因此，遍历过程的时间平均就可由它的任一样本函数的时间平均来表示。这样，我们对遍历过程，可以直接用它的任一个函数样本的时间平均，来代替对整个过程统计平均的研究，故有

$$E[X(t)]=<X(t)>_t=\lim_{T\to\infty}\frac{1}{2T}\int_{-T}^{T}X(t)\mathrm{d}t \tag{2.5.22}$$

$$R_X(\tau)=<X(t)X(t+\tau)>_t=\lim_{T\to\infty}\frac{1}{2T}\int_{-T}^{T}X(t)X(t+\tau)\mathrm{d}t \tag{2.5.23}$$

实际上，这也正是我们引出遍历性概念的重要目的，从而，给解决许多工程问题带来极大的方便。

(2) 遍历过程的一、二阶矩函数有明确的物理意义。在电子技术中，若遍历过程 $X(t)$ 代表的是噪声电压(或电流)，则其数学期望实际就是它的直流分量，而这个直流分量是很容易用实验的方法来确定的；其相关函数为

$$R_X(0)=\lim_{T\to\infty}\frac{1}{2T}\int_{-T}^{T}X^2(t)\mathrm{d}t \tag{2.5.24}$$

$R_X(0)$ 表示噪声电压(或电流) 消耗在 1Ω 电阻上的总平均功率。而方差 σ_X^2 为

$$\sigma_X^2=\lim_{T\to\infty}\frac{1}{2T}\int_{-T}^{T}[X(t)-m_X]^2\mathrm{d}t \tag{2.5.25}$$

σ_X^2 表示噪声电压(或电流) 消耗在 1Ω 电阻上的交流平均功率，它也是易于用实验方法确定的。标准差 σ_X 则代表噪声电压(或电流) 的有效值。

3. 遍历性的条件

(1) 随机过程必须是平稳的。实际上，此条件是必要的、而非充分的条件。即：遍历过程一定是平稳随机过程，但平稳随机过程并不都具备遍历性。

(2) 平稳随机过程 $X(t)$ 的均值具有遍历性的充要条件为

$$\lim_{T\to\infty}\frac{1}{T}\int_{0}^{2T}(1-\frac{\tau}{2T})[R_X(\tau)-m_X^2]\mathrm{d}\tau=0 \tag{2.5.26}$$

这就是关于 $E[X(t)]$ 的遍历性定理。

(3) 自相关函数的遍历性定理。平稳随机过程 $X(t)$ 的自相关函数 $R_X(\tau)$ 具有遍历性的充要条件为

$$\lim_{T\to\infty}\frac{1}{T}\int_{0}^{2T}(1-\frac{\tau_1}{2T})[B(\tau_1)-R_X^2(\tau)]\mathrm{d}\tau_1=0 \tag{2.5.27}$$

式中，$B(\tau_1)=E[X(t+\tau+\tau_1)X(t+\tau_1)X(t+\tau)X(t)]$。

(4) 对于正态平稳随机过程，若均值为零，自相关函数 $R_X(\tau)$ 连续，则可以证明此过程具有遍历性的一个充分条件为

$$\int_{0}^{\infty}|R_X(\tau)|\mathrm{d}\tau<\infty \tag{2.5.28}$$

虽然，今后我们所遇到的许多实际的随机过程都能满足上述这些条件。但是，要想从理论上确切地证明一个实际过程是否满足这些条件，却并非易事。因此，我们常常凭经验把遍历性作为一种假设，然后，根据实验来检验此假设是否合理。

【例 2.9】 讨论随机过程 $X(t)=Y$ 的遍历性(参看图 2.5)，其中 Y 是方差不为零的随机变量。

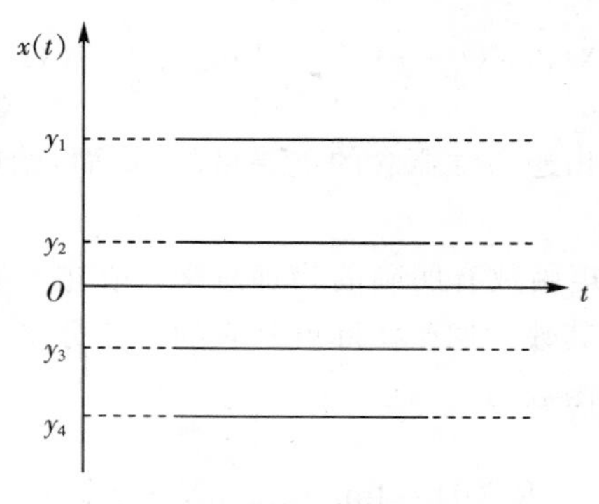

图 2.5 随机过程 $X(t)=Y$

解：因为

$$E[X(t)]=E[Y]=\text{常数}$$

$$E[X(t)X(t+\tau)]=E[Y^2]=\text{常数}$$

故过程 $X(t)$ 是宽平稳的。

然而，因为

$$<X(t)>_t=\lim_{T\to\infty}\frac{1}{2T}\int_{-T}^{T}Y\mathrm{d}t=Y$$

可见，$<X(t)>_t$ 是个随机变量，时间均值随 Y 的取值不同而变化，于是

$$<X(t)>_t\neq E[X(t)]$$

所以，$X(t)$ 不是宽遍历过程。此例表明：任一平稳随机过程不一定是遍历性的。

2.6 随机过程的联合分布和互相关函数

到目前为止，我们只讨论了单个随机过程的统计特性。而实际工作中，常常需要同时研究两个或两个以上随机过程的统计特性。例如，通信系统中，在接收机输入端往往是信号和噪声之和，而二者均是随机的，为了从噪声中检出有用的信号，除了必须考虑它们各自的统计特性外，还要同时研究信号和噪声两个过程的联合统计特性。下面扼要的介绍两个随机过程的联合概率分布和互相关函数等概念。

2.6.1 联合概率分布和联合概率密度

设有两个随机过程 $X(t)$、$Y(t)$，它们的 n 维和 m 维概率密度分别为 $f_X(x_1,x_2,\cdots,x_n;t_1,t_2,\cdots,t_n)$ 和 $f_Y(y_1,y_2,\cdots,y_m;t'_1,t'_2,\cdots,t'_m)$，则定义这两个过程的 $n+m$ 维联合概率分布函数为

$$\begin{aligned}&F_{XY}(x_1,x_2,\cdots,x_n,y_1,y_2,\cdots,y_m;t_1,t_2,\cdots,t_n,t'_1,t'_2,\cdots,t'_m)\\&\quad=P\{X(t_1)\leqslant x_1,\cdots,X(t_n)\leqslant x_n;Y(t'_1)\leqslant y_1,\cdots,Y(t'_m)\leqslant y_m\}\end{aligned}\tag{2.6.1}$$

相应的，这两个过程的 $n+m$ 维联合概率密度为

$$f_{XY}(x_1,x_2,\cdots,x_n,y_1,y_2,\cdots,y_m;t_1,t_2,\cdots,t_n,t'_1,t'_2,\cdots,t'_m)$$

$$=\frac{\partial^{n+m}F_{XY}(x_1,x_2,\cdots,x_n,y_1,y_2,\cdots,y_m;t_1,t_2,\cdots,t_n,t'_1,t'_2,\cdots,t'_m)}{\partial x_1\partial x_2\cdots\partial x_n\partial y_1\partial y_2\cdots,\partial y_m} \tag{2.6.2}$$

若有

$$F_{XY}(x_1,x_2,\cdots,x_n,y_1,y_2,\cdots,y_m;t_1,t_2,\cdots,t_n,t'_1,t'_2,\cdots,t'_m)$$
$$=F_X(x_1,x_2,\cdots,x_n;t_1,t_2,\cdots,t_n)F_Y(y_1,y_2,\cdots,y_m;t'_1,t'_2,\cdots,t'_m) \tag{2.6.3}$$

或

$$f_{XY}(x_1,x_2,\cdots,x_n;y_1,y_2,\cdots,y_m;t_1,t_2,\cdots,t_n;t'_1,t'_2,\cdots,t'_m)$$
$$=f_X(x_1,x_2,\cdots,x_n;t_1,t_2,\cdots,t_n)f_Y(y_1,y_2,\cdots,y_m;t'_1,t'_2,\cdots,t'_m) \tag{2.6.4}$$

则称随机过程 $X(t)$ 和 $Y(t)$ 是相互独立的。

若两个随机过程的 $n+m$ 维联合概率分布给定了，则此二过程的全部统计特性也就确定了。

若两个随机过程的任意 $n+m$ 维联合概率密度不随时间平移而变化，即与时间起点无关，则称此二过程为联合严平稳随机过程。

2.6.2　互相关函数及其性质

在研究多个随机过程的问题中，最常用、最重要的矩函数是互相关函数。

1. 互相关函数

设有两个随机过程 $X(t)$ 和 $Y(t)$，它们在任意两个时刻 t_1、t_2 的取值为随机变量 $X(t_1)$ 和 $Y(t_2)$，则它们的互相关函数定义为

$$R_{XY}(t_1,t_2)=E[X(t_1)Y(t_2)]=\int_{-\infty}^{\infty}\int_{-\infty}^{\infty}xyf_{XY}(x,y;t_1,t_2)\mathrm{d}x\mathrm{d}y \tag{2.6.5}$$

式中，$f_{XY}(x,y;t_1,t_2)$ 是过程 $X(t)$ 和 $Y(t)$ 的二维联合概率密度。

同理，定义随机过程 $X(t)$ 和 $Y(t)$ 的协方差函数为

$$C_{XY}(t_1,t_2)=E\{[X(t_1)-m_X(t_1)][Y(t_2)-m_Y(t_2)]\}$$
$$=\int_{-\infty}^{\infty}\int_{-\infty}^{\infty}[x-m_X(t_1)][y-m_Y(t_2)]f_{XY}(x,y;t_1,t_2)\mathrm{d}x\mathrm{d}y \tag{2.6.6}$$

式中，$m_X(t_1)$、$m_Y(t_2)$ 分别是随机变量 $X(t_1)$、$Y(t_2)$ 的数学期望，且自相关函数和自协方差函数之间满足

$$C_{XY}(t_1,t_2)=R_{XY}(t_1,t_2)-m_X(t_1)m_Y(t_2) \tag{2.6.7}$$

若两个随机过程 $X(t)$ 和 $Y(t)$ 在任意两个时刻 t_1、t_2 都满足

$$R_{XY}(t_1,t_2)=0 \tag{2.6.8}$$

或

$$C_{XY}(t_1,t_2)=-m_X(t_1)m_Y(t_2) \tag{2.6.9}$$

则称随机过程 $X(t)$ 和 $Y(t)$ 是正交过程。

若有

$$C_{XY}(t_1,t_2)=0 \tag{2.6.10}$$

或

$$R_{XY}(t_1,t_2)=E[X(t_1)Y(t_2)]=m_X(t_1)m_Y(t_2) \tag{2.6.11}$$

则称随机过程 $X(t)$ 和 $Y(t)$ 互不相关。

由此可见,如果两个随机过程是相互独立的,而且它们的二阶矩都存在,则它们必定互不相关。反之,则不一定成立。但是,对于正态随机过程,不相关性和独立性是完全一致的。

对于两个宽平稳随机过程,如果它们的互相关函数满足

$$R_{XY}(t_1,t_2)=E[X(t_1)Y(t_2)]=R_{XY}(\tau),\tau=t_2-t_1 \tag{2.6.12}$$

则称随机过程 $X(t)$ 和 $Y(t)$ 为联合宽平稳随机过程。

2. 联合宽平稳随机过程的性质

【性质 1】 一般情况下,互相关函数非奇非偶,即 $R_{XY}(\tau)=R_{YX}(-\tau)$。

证:根据互相关函数定义,有

$$R_{XY}(\tau)=E[X(t)Y(t+\tau)]=E[Y(t+\tau)X(t)]=R_{YX}(-\tau)$$

证毕。

同理,可得

$$C_{XY}(\tau)=C_{YX}(-\tau)$$

【性质 2】 互相关函数的幅度平方满足

$$|R_{XY}(\tau)|^2\leqslant R_X(0)R_Y(0)$$

$$|C_{XY}(\tau)|^2\leqslant C_X(0)C_Y(0)=\sigma_X^2\sigma_Y^2$$

【性质 3】 互相关函数和互协方差函数的幅度满足

$$|R_{XY}(\tau)|\leqslant\frac{1}{2}[R_X(0)+R_Y(0)]$$

$$|C_{XY}(\tau)|\leqslant\frac{1}{2}[C_X(0)+C_Y(0)]=\frac{1}{2}[\sigma_X^2+\sigma_Y^2]$$

上述【性质 2】与【性质 3】均可通过将不等式 $E\{[Y(t+\tau)+\lambda X(t)]^2\}\geqslant 0$($\lambda$ 为任意实数)展开求得。

【例 2.10】 设两个平稳随机过程 $X(t)=\cos(t+\Phi)$ 和 $Y(t)=\sin(t+\Phi)$,其中 Φ 是在$(0,2\pi)$上均匀分布的随机变量。试问这两个过程是否平稳相依?它们是否正交、不相关、统计独立?说明之。

解:因为平稳随机过程 $X(t)$ 和 $Y(t)$ 的互相关函数为

$$\begin{aligned}R_{XY}(t,t+\tau)&=E[X(t)Y(t+\tau)]\\&=E[\cos(t+\Phi)\sin(t+\tau+\Phi)]\end{aligned}$$

$$=\frac{1}{2}E[\sin(2t+\tau+2\Phi)+\sin\tau]$$

$$=\frac{1}{2}\sin\tau$$

$$=R_{XY}(\tau)$$

故这两个过程是平稳相依的。

由于 $R_{XY}(t,t+\tau)=\frac{1}{2}\sin\tau$，它仅在 $\tau=n\pi(n=0,\pm1,\pm2,\cdots)$ 时等于零，这时，$X(t)$、$Y(t)$ 的取值(随机变量)才是正交的。而对于其他 τ 值，都不能满足条件式(2.6.8)，故过程 $X(t)$ 和 $Y(t)$ 互不正交。

又因为 $X(t)$ 和 $Y(t)$ 的均值分别为

$$m_X(t)=E[X(t)]=E[\cos(t+\Phi)]=0$$

$$m_Y(t+\tau)=E[Y(t+\tau+\Phi)]=0$$

故得到互协方差函数

$$C_{XY}(t,t+\tau)=R_{XY}(t,t+\tau)-m_X(t)m_Y(t+\tau)$$

$$=R_{XY}(t,t+\tau)$$

$$=R_{XY}(\tau)$$

即

$$C_{XY}(\tau)=\frac{1}{2}\sin\tau$$

由于 $C_{XY}(t)$ 仅在 $\tau=n\pi(n=0,\pm1,\pm2,\cdots)$ 等于零，此时，随机过程 $X(t)$、$Y(t)$ 的状态(随机变量)才是不相关的；而在 $\tau\neq n\pi$ 时，$C_{XY}(t)\neq0$，故从整体来看，随机过程 $X(t)$ 和 $Y(t)$ 是相关的，因而，它们是统计不独立的。

2.7　典型的平稳随机过程

2.7.1　正态随机过程

概率论中的中心极限定理已经证明，大量独立的、均匀微小的随机变量之和都近似地服从正态(高斯)分布。在电子系统中常见的电阻热噪声、电子管(或晶体管)的散弹噪声、大气和宇宙噪声以及云雨杂波和地物杂波都是或近似是正态随机过程。正态随机过程具有一些特性，便于数学分析，因而常用作噪声的理论模型，它是随机过程理论中的一个重要研究对象。下面仅对实正态随机过程讨论，其结果可以很方便地推广到复正态随机过程。

1. 正态随机过程

如果一个实随机过程 $X(t)$ 的任意 n 个时刻 $t_1,t_2,\cdots,t_n$ 状态的联合概率密度都可用 n 维正态分布概率密度表示，即

$$f_X(x_1,x_2,\cdots,x_n;t_1,t_2,\cdots,t_n)=\frac{1}{(2\pi)^{n/2}\mid \boldsymbol{C}\mid^{1/2}}\exp\left[-\frac{(\boldsymbol{x}-\boldsymbol{m}_X)^T\boldsymbol{C}^{-1}(\boldsymbol{x}-\boldsymbol{m}_X)}{2}\right] \tag{2.7.1}$$

表示。式中，$\boldsymbol{m}_X$ 是 n 维均值向量，$\boldsymbol{C}$ 是 n 维协方差矩阵

$$\boldsymbol{C}=\begin{bmatrix} C_{11} & C_{12} & \cdots & C_{1n} \\ C_{21} & C_{22} & \cdots & C_{2n} \\ \vdots & \vdots & & \vdots \\ C_{n1} & C_{n2} & \cdots & C_{nn} \end{bmatrix}$$

$$C_{ij}=C_X(t_i,t_j)=E[(X_i-m_X(t_i))(X_j-m_X(t_j))]$$

则称 $X(t)$ 为正态随机过程(高斯随机过程)，简称正态过程。

式(2.7.1)表明：正态随机过程的 n 维概率密度只取决于它的均值和协方差，因此它是二阶矩过程的一个重要子类。

2. 平稳正态随机过程

如果正态随机过程 $X(t)$ 满足

$$m_X(t_i)=m_X \tag{2.7.2}$$

$$R_X(t_i,t_j)=R_X(\tau_{j-i}),\tau_{j-i}=t_j-t_i(i,j=1,2,\cdots,n) \tag{2.7.3}$$

则称此正态过程为宽平稳正态随机过程。其 n 维概率密度为

$$f_X(x_1,x_2,\cdots,x_n;\tau_1,\tau_2,\cdots,\tau_{n-1})$$

$$=\frac{1}{(2\pi)^{n/2}R^{1/2}\sigma_X^n}\exp\left[-\frac{1}{2R\sigma_X^2}\sum_{i=1}^{n}\sum_{j=1}^{n}R_{ij}(x_i-m_X)(x_j-m_X)\right] \tag{2.7.4}$$

式中，R 是由相关系数 r_{ij} 构成的行列式，即

$$R=\begin{vmatrix} r_{11} & r_{12} & \cdots & r_{1n} \\ r_{21} & r_{22} & \cdots & r_{2n} \\ \vdots & \vdots & & \vdots \\ r_{n1} & r_{n2} & \cdots & r_{nn} \end{vmatrix}=\begin{vmatrix} 1 & r_{12} & \cdots & r_{1n} \\ r_{21} & 1 & & \\ \vdots & \vdots & & \vdots \\ r_{n1} & r_{n2} & \cdots & 1 \end{vmatrix}$$

R_{ij} 为行列式中元素 r_{ij} 的代数余子式。由式(2.7.4)可知，此时 $X(t)$ 的概率密度仅取决于时间差值 $\tau_1,\tau_2,\cdots,\tau_{n-1}$，而与计时起点无关，所以 $X(t)$ 也是严平稳的。也就是说，对于正态过程而言，宽平稳和严平稳是等价的。

与式(2.7.4)相应，可得平稳正态过程 $X(t)$ 的 n 维特征函数为

$$\Phi_X(\omega_1,\omega_2,\cdots,\omega_n;\tau_1,\tau_2,\cdots,\tau_{n-1})=\exp\left[jm\sum_{i=1}^{n}\omega_i-\frac{1}{2}\sum_{i=1}^{n}\sum_{j=1}^{n}C_X(\tau_{j-i})\omega_i\omega_j\right] \tag{2.7.5}$$

式中，$C_X(\tau_{j-i})=r(\tau_{j-i})\sigma_X^2$ 为随机变量 X_j、X_i 的协方差函数。

在式(2.7.4)中分别令 $n=1$ 和 $n=2$ 可得到平稳正态过程的一维和二维概率密度,即

$$f_X(x)=\frac{1}{\sqrt{2\pi}\sigma_X}\cdot\exp\left[-\frac{(x-m_X)^2}{2\sigma_X^2}\right] \tag{2.7.6}$$

$$f_X(x_1,x_2;\tau)$$
$$=\frac{1}{(2\pi)\sigma_X^2\sqrt{1-r^2(\tau)}}\cdot\exp\left[-\frac{(x_1-m_X)^2-2r(\tau)(x_1-m_X)(x_2-m_X)+(x_2-m_X)^2}{2\sigma_X^2(1-r^2(\tau))}\right] \tag{2.7.7}$$

同理,在式(2.7.5)中分别令 $n=1$ 和 $n=2$,可得到平稳正态过程的一维和二维特征函数

$$\Phi_X(\omega)=\exp(jm_X\omega-\frac{1}{2}\sigma_X^2\omega^2) \tag{2.7.8}$$

$$\Phi_X(\omega_1,\omega_2;\tau)=\exp\{jm_X(\omega_1+\omega_2)-\frac{1}{2}\sigma_X^2[\omega_1^2+\omega_2^2+2r(\tau)\omega_1\omega_2]\} \tag{2.7.9}$$

3. 正态随机过程的性质

正态随机过程具有许多重要性质,使它具有许多数学上的优点。下面介绍几个主要性质:

【性质 1】　正态随机过程完全由它的均值和协方差函数(相关函数)决定。

该性质可由定义得知。

【性质 2】　如果对正态随机过程在 n 个不同时刻 $t_1,t_2,\cdots,t_n$ 采样,所得一组随机变量 X_1、X_2、…、X_n 为两两互不相关,即 $C_{ik}=C_X(t_i,t_k)=E[(X_i-m_i)(X_k-m_k)]=0(i\neq k)$ 时,则这些随机变量也是相互独立。

证:此时,式(2.7.1)成为

$$f_X(x_1,x_2,\cdots,x_n;t_1,t_2,\cdots t_n)$$
$$=\frac{1}{(2\pi)^{n/2}\sigma_1\sigma_2\cdots\sigma_n}\exp\left[-\frac{1}{2}\sum_{i=1}^{n}\frac{(x_i-m_i)^2}{\sigma_i^2}\right]$$
$$=\prod_{i=1}^{n}\frac{1}{\sqrt{2\pi}\sigma_i}\exp\left[-\frac{(x_i-m_i)^2}{2\sigma_i^2}\right]$$
$$=f_X(x_1;t_1)f_X(x_2;t_2)\cdots f_X(x_n;t_n)$$

可见,在 $C_{ik}=0(i\neq k)$ 的条件下,n 维正态概率密度等于 n 个一维正态概率密度的连乘积。所以,对于一个正态过程来说,不相关与独立是等价的。

证毕。

【性质 3】　正态随机过程与确定信号之和的概率密度仍然服从正态分布。

证:

设随机信号 $Y(t)=X(t)+s(t)$,其中 $X(t)$ 为随机噪声,$s(t)$ 为确定信号。

另外,由于 $s(t)$ 为确定信号,故其概率密度可表示为 $\delta[y-s(t)]$。利用分布律卷积公式,可得到 $Y(t)$ 的一维概率密度为

$$f_Y(y;t)=\int_{-\infty}^{\infty}f_X(x;t)\delta[y-s(t)-x]\mathrm{d}x=f_X(y-s(t);t)$$

式中，$f_X(x;t)$ 为噪声的一维概率密度，所以它为正态分布时，随机信号 $Y(t)$ 的一维概率密度也是正态的。

同理，随机信号 $Y(t)$ 的二维概率密度为

$$f_Y(y_1,y_2;t_1,t_2)=f_X(y_1-s(t_1),y_2-s(t_2);t_1,t_2)$$

依此类推，可得随机信号 $Y(t)$ 的 n 维概率密度为

$$f_Y(y_1,y_2,\cdots,y_n;t_1,t_2,\cdots,t_n)=f_X(y_1-s(t_1),y_2-s(t_2),\cdots,y_n-s(t_n);t_1,t_2,\cdots,t_n)$$

该式表明，若 $X(t)$ 为一正态过程，则随机信号 $Y(t)$ 也为正态过程。

证毕。

【性质 4】 若$\boldsymbol{X}^{(k)}=[X_1^{(k)},X_2^{(k)},\cdots,X_n^{(k)}]^T$ 为 n 维正态随机变量，且$\boldsymbol{X}^{(k)}$ 均方收敛于 $\boldsymbol{X}=[X_1,X_2,\cdots,X_n]^T$，即对每个 i，有

$$\lim_{k\to\infty}E[|X_i^{(k)}-X_i|^2]=0\quad(0\leqslant i\leqslant n)\tag{2.7.10}$$

则 $\boldsymbol{X}$ 为正态分布的随机向量。

证：若 $\boldsymbol{X}^{(k)}$、$\boldsymbol{X}$ 的均值向量和协方差矩阵分别记为

$$E[\boldsymbol{X}^{(k)}]=\boldsymbol{m}^{(k)}=[m_1^{(k)}\quad m_2^{(k)}\quad\cdots\quad m_n^{(k)}]^T$$

$$E[\boldsymbol{X}]=\boldsymbol{m}=[m_1\quad m_2\quad\cdots\quad m_n]^T$$

$$E[(\boldsymbol{X}^{(k)}-\boldsymbol{m}^{(k)})(\boldsymbol{X}^{(k)}-\boldsymbol{m}^{(k)})^T]=C^{(k)}$$

$$E[(\boldsymbol{X}-\boldsymbol{m})(\boldsymbol{X}-\boldsymbol{m})^T]=\boldsymbol{C}$$

因为 $\boldsymbol{X}^{(k)}$ 均方收敛于 $\boldsymbol{X}$，故

$$\lim_{k\to\infty}m_i^{(k)}=\lim_{k\to\infty}E[X_i^{(k)}]=E[\lim_{k\to\infty}X_i^{(k)}]=E[X_i]=m_i,\quad 1\leqslant i\leqslant n$$

$$\lim_{k\to\infty}\sigma_{ij}^{(k)}=\sigma_{ij},\quad 1\leqslant i,j\leqslant n$$

若以 $\Phi_K(\omega_1,\omega_2,\cdots,\omega_n)$ 和 $\Phi(\omega_1,\omega_2,\cdots,\omega_n)$ 分别代表 $\boldsymbol{X}^{(k)}$ 和 $\boldsymbol{X}$ 的 n 维特征函数，由于 $\boldsymbol{X}^{(k)}$ 为 n 维正态分布的随机变量，故

$$\Phi_k(\omega_1,\omega_2,\cdots,\omega_n)=\exp\left[j\boldsymbol{\omega}^T\boldsymbol{m}^{(k)}-\frac{1}{2}\boldsymbol{\omega}^T\boldsymbol{C}^{(k)}\boldsymbol{\omega}\right]$$

又由上述两极限表示式可得

$$\begin{aligned}&\lim_{k\to\infty}\Phi_k(\omega_1,\omega_2,\cdots,\omega_n)\\&=\exp\left[j\boldsymbol{\omega}^T(\lim_{k\to\infty}\boldsymbol{m}^{(k)})-\frac{1}{2}\boldsymbol{\omega}^T(\lim_{k\to\infty}\boldsymbol{C}^{(k)})\boldsymbol{\omega}\right]\\&=\exp\left[j\boldsymbol{\omega}^T\boldsymbol{m}-\frac{1}{2}\boldsymbol{\omega}^T\boldsymbol{C}\boldsymbol{\omega}\right]\end{aligned}$$

根据 $\boldsymbol{X}^{(k)}$ 均方收敛于 $\boldsymbol{X}$，因此，$\Phi_k(\omega_1,\omega_2,\cdots,\omega_n)$ 收敛于 $\Phi(\omega_1,\omega_2,\cdots,\omega_n)$，即

$$\Phi(\omega_1,\omega_2,\cdots,\omega_n)=\lim_{k\to\infty}\Phi_k(\omega_1,\omega_2,\cdots,\omega_n)=\exp\left[j\boldsymbol{\omega}^T\boldsymbol{m}-\frac{1}{2}\boldsymbol{\omega}^T\boldsymbol{C}\boldsymbol{\omega}\right]$$

所以，$\boldsymbol{X}$ 也是 n 维正态分布的随机矢量。

证毕。

【性质 5】 若正态随机过程 $\{X(t),t\in T\}$ 在 T 上是均方可微的，则其导数 $\{X'(t),t\in T\}$ 也是正态过程。

证：对任意的 $t_1,t_2,\cdots,t_n\in T$ 及 Δt，使 $t_1+\Delta t,t_2+\Delta t,\cdots,t_n+\Delta t\in T$，利用多维正态随机变量对线性变换的不变性，可得

$$\left[\frac{X(t_1+\Delta t)-X(t_1)}{\Delta t},\frac{X(t_2+\Delta t)-X(t_2)}{\Delta t},\cdots,\frac{X(t_n+\Delta t)-X(t_n)}{\Delta t}\right]^T$$

所组成的 n 维随机向量也是 n 维正态分布的随机向量。

由于 $X(t)$ 在 T 上均方可微，故对于每个 t_i 而言，$\dfrac{X(t_i+\Delta t)-X(t_i)}{\Delta t}$ 均方收敛于 $X'(t)$，$1\leqslant i\leqslant n$。因此，$[X'(t_1),X'(t_2),\cdots,X'(t_n)]^T$ 是 n 维正态分布的随机向量，即 $X'(t)(t\in T)$ 是一正态随机过程。

【例 2.11】 设有随机过程 $X(t)=A\cos\omega_0 t+B\sin\omega_0 t$。其中 A 与 B 是两个相互独立的正态随机变量，且有：$E(A)=E(B)=0$、$E(A^2)=E(B^2)=\sigma^2$；而 ω_0 为常数，求此随机过程 $X(t)$ 的一、二维概率密度。

解：在任意时刻 t_i 对随机过程 $X(t)$ 进行采样，得到的 $X(t_i)$ 是个随机变量，因为它是正态随机变量 A 与 B 的线性组合，故 $X(t_i)$ 也是正态分布的。从而可知，$X(t)$ 是一正态过程。为了确定正态过程 $X(t)$ 的概率密度，只要求出 $X(t)$ 的均值和协方差函数即可。

$$E[X(t)]=E[A\cos\omega_0 t+B\sin\omega_0 t]=E[A]\cos\omega_0 t+E[B]\sin\omega_0 t=0=m_X$$

$$\begin{aligned}R_X(t,t+\tau)&=E[X(t)X(t+\tau)]\\&=E\{(A\cos\omega_0 t+B\sin\omega_0 t)\cdot[A\cos\omega_0(t+\tau)+B\sin\omega_0(t+\tau)]\}\\&=E[A^2]\cos\omega_0 t\cos\omega_0(t+\tau)+E[B^2]\sin\omega_0 t\sin\omega_0(t+\tau)\\&\quad+E[AB]\cos\omega_0 t\sin\omega_0(t+\tau)+E[AB]\sin\omega_0 t\cos\omega_0(t+\tau)\end{aligned}$$

因为随机变量 A 与 B 统计独立，所以有

$$E[AB]=E[A]\cdot E[B]=0$$

这时

$$\begin{aligned}R_X(t,t+\tau)&=E[A^2]\cos\omega_0 t\cos\omega_0(t+\tau)+E[B^2]\sin\omega_0 t\sin\omega_0(t+\tau)\\&=\sigma^2\cos\omega_0\tau=R_X(\tau)\end{aligned}$$

这样，便可求得 $X(t)$ 的均方值、方差为

$$R_X(0)=\sigma^2<\infty$$

$$\sigma_X^2 = R_X(0) - m_X^2 = \sigma^2$$

由上面分析可知，正态过程 $X(t)$ 是平稳的，其均值为零、方差为 σ^2，它的一维概率密度与 t 无关，即

$$f_X(x) = \frac{1}{\sqrt{2\pi}\,\sigma} e^{-x^2/2\sigma^2}$$

为了确定平稳正态过程 $X(t)$ 的二维概率密度，只需求出随机变量 $X(t_1)$ 与 $X(t_2)$ 的相关系数 $r_X(\tau)$，这里令 $t_1 = t, t_2 = t + \tau$，容易求得

$$r_X(\tau) = \frac{C_X(\tau)}{\sigma_X^2} = \frac{R_X(\tau) - m_X^2}{\sigma_X^2} = \frac{R_X(\tau)}{\sigma^2} = \cos\omega_0\tau$$

参看式(2.7.7)，便可得随机过程 $X(t)$ 的二维概率密度，即

$$f_X(x_1, x_2; \tau) = \frac{1}{2\pi\sigma^2\sqrt{1-\cos^2\omega_0\tau}} \times \exp\left(-\frac{x_1^2 - 2x_1x_2\cos\omega_0\tau + x_2^2}{2\sigma^2(1-\cos^2\omega_0\tau)}\right)$$

2.7.2 泊松过程

在日常生活及工程技术领域中，常常需要考虑这样一类问题，即研究在一定时间间隔[0，t]内某随机事件出现次数的统计规律。例如：在公用事业中，在某个固定的时间间隔[0，t]内，到某商店去的顾客数，通过某交叉路口的电车、汽车数，某船舶甲板“上浪”次数，某电话总机接到的呼唤次数，在电子技术中的散粒噪声和脉冲噪声，数字通讯中已编码信号的误码个数等等。所有这些问题，我们通常都可用泊松过程来模拟，进而解决之。

1. 泊松过程的一般概念

为了给出泊松过程的概念，下面先介绍独立增量过程的定义。

定义 2.5　如果随机过程 $X(t)(t \in T)$，对应于时间 t 的任意 n 个数值 $0 \leqslant t_0 \leqslant t_1 \leqslant \cdots \leqslant t_N$，过程增量 $X(t_1) - X(t_0)$、$X(t_2) - X(t_1)$、…、$X(t_N) - X(t_{N-1})$ 是互为统计独立的随机变量，则称 $X(t)$ 为独立增量过程，又称为可加过程。

定义 2.6　设随机过程 $X(t), t \in [t_0, \infty)(t_0 \geqslant 0)$，其状态只取非负整数值，若满足下列三个条件：

① $P\{X(t_0) = 0\} = 1$；

② $X(t)$ 为均匀独立增量过程；

③ 对任意时刻 $t_1, t_2 \in [t_0, \infty), t_1 < t_2$，相应的随机变量的增量 $X(t_2) - X(t_1)$ 服从数学期望为 $\lambda(t_2 - t_1)$ 的泊松分布，即对于 $k = 0, 1, 2, \cdots$，有

$$P_k(t_1, t_2) = P\{X(t_1, t_2) = k\} = \frac{[\lambda(t_2 - t_1)]^k}{k!} e^{-\lambda(t_2 - t_1)} \tag{2.7.11}$$

式中，$X(t_1, t_2) = X(t_2) - X(t_1)$，则称 $X(t)$ 为泊松过程(均匀情况)。

2. 泊松过程的统计特性

对于给定的时刻 t_1 和 t_2，且 $t_1 < t_2$，式(2.7.11) 可改写成

$$P_k(t_1, t_2) = P\{X(t_2) - X(t_1) = k\} = \frac{[\lambda(t_2 - t_1)]^k}{k!} e^{-\lambda(t_2 - t_1)} \tag{2.7.12}$$

下面，先来讨论服从泊松分布的随机变量$[X(t_1)-X(t_2)]$及$[X(t_3)-X(t_4)]$的数学期望、方差和相关函数等统计量。

(1) 数学期望

令 $t_2-t_1=t, t_1=0$，因此，均值

$$E[X(t)]=E[X(t)-X(0)]=\sum_{k=0}^{\infty}kP_k(0,t)=\sum_{k=0}^{\infty}k\frac{(\lambda t)^k}{k!}e^{-\lambda t}$$

$$=e^{-\lambda t}\lambda t\sum_{k=0}^{\infty}\frac{(\lambda t)^{k-1}}{(k-1)!}=\lambda t e^{-\lambda t}e^{\lambda t}=\lambda t \tag{2.7.13}$$

(2) 均方值和方差

$$E[X^2(t)]=E\{[X(t)-X(0)]^2\}$$

$$=\sum_{k=0}^{\infty}k^2\frac{(\lambda t)^k}{k!}e^{-\lambda t}=\sum_{k=0}^{\infty}(k^2-k+k)\frac{(\lambda t)^k}{k!}e^{-\lambda t}$$

$$=\sum_{k=0}^{\infty}k(k-1)\frac{(\lambda t)^k}{k!}e^{-\lambda t}+\sum_{k=0}^{\infty}k\frac{(\lambda t)^k}{k!}e^{-\lambda t}$$

$$=\lambda^2t^2+\lambda t \tag{2.7.14}$$

$$D[X(t)]=E[X^2(t)]-E^2[X(t)]=\lambda t \tag{2.7.15}$$

(3) 自相关函数

设 $t_2>t_1$，把$[0,t_2)$区间分成两个不交叠的区间$[0,t_1)$和$[t_1,t_2)$，有

$$R_X(t_1,t_2)=E[X(t_1)X(t_2)]$$

$$=E\{[X(t_1)-X(0)][X(t_2)-X(t_1)+X(t_1)]\} \tag{2.7.16}$$

根据定义，我们知道 $X(0)=0$，区间$[0,t_1)$与区间$[t_1,t_2)$上事件出现的次数是互相独立的，所以上式成立。又由于

$$E[X(t_2)-X(t_1)]=\sum_{k=0}^{\infty}kP_k(t_1,t_2)=\sum_{k=0}^{\infty}k\frac{[\lambda(t_2-t_1)]^k}{k!}e^{-\lambda(t_2-t_1)}=\lambda(t_2-t_1) \tag{2.7.17}$$

将该式与式(2.7.12)和式(2.7.13)代入式(2.7.15)得

$$R_X(t_1,t_2)=\lambda^2t_1(t_2-t_1)+\lambda^2t_1^2+\lambda t_1=\lambda^2t_1t_2+\lambda t_1\quad(t_2>t_1) \tag{2.7.18}$$

同理

$$R_X(t_1,t_2)=\lambda^2t_1t_2+\lambda t_2\quad(t_1>t_2) \tag{2.7.19}$$

当 $t_1=t_2$ 时

$$R_X(t_1,t_2)=E[X^2(t)]=\lambda^2t^2+\lambda t \tag{2.7.20}$$

【例 2.12】　通过某十字路口的车流是一泊松过程。设 1 分钟内没有车辆通过的概率为

0.2,求2分钟内有多于一辆车通过的概率。

解:以 $X(t)$ 表示在区间 $[0,t)$ 内通过的车辆数,设 $\{X(t),t>0\}$ 是泊松过程,则

$$P(X(t)=k)=\frac{(\lambda t)^k}{k!},k=0,1,2,\cdots,$$

故

$$P(X(1)=0)=e^{-\lambda}=0.2\Rightarrow\lambda=-\ln 0.2$$

$$P(X(2)>1)=1-P(X(2)\leqslant 1)=1-P(X(2)=0)-P(X(2)=1)$$

$$=1-e^{-2\lambda}-2\lambda e^{-2\lambda}=1-(0.2)^2+2\ln 0.2\cdot(0.2)^2=0.83$$

2.7.3 马尔可夫过程

马尔可夫过程是具有以下特性的随机过程:当随机过程在时刻 t_k 所处的状态为已知的条件下,过程在时刻 t(这里 $t>t_k$)处的状态,只与随机过程在 t_k 时刻的状态有关,而与随机过程在 t_k 时刻以前所处的状态无关。这种特性称为无后效性或马尔可夫性。

马尔可夫过程按照其状态和时间参数是连续还是离散,可分为:(1) 时间离散、状态离散的马尔可夫过程,常被称作为马尔可夫链;(2) 时间离散、状态连续的马尔可夫过程,常被称作为马尔可夫序列;(3) 时间和状态都连续的马尔可夫过程,一般称作马尔可夫过程。

下面,仅讨论马尔可夫链。

1. 马尔可夫链

设随机过程 $X(t)$,在每一时刻 $t_n(n=1,2,\cdots)$,$X_n=X(t_n)$ 可以处在状态 a_1、a_2、…、a_N 之一,而且只在 t_1、t_2、…、t_n、… 可列个时刻发生状态转移(或者说改变其状态)。在这种情况下,若过程在 t_{m+k} 时刻变成任一状态 $a_i(i=1,2,\cdots,N)$ 的概率,只与该过程在 t_m 时刻的状态有关,而与 t_m 以前时刻所处的状态无关,用公式可表示为

$$P\{X_{m+k}=a_{i_{m+k}}\mid X_m=a_{i_m},X_{m-1}=a_{i_{m-1}},\cdots,X_1=a_{i_1}\}=P\{X_{m+k}=a_{i_{m+k}}\mid X_m=a_{i_m}\}\tag{2.7.21}$$

则称此随机过程为马尔可夫链,简称马氏链。

2. 马氏链的转移概率及其矩阵

我们往往以 $p_{ij}(m,m+k)$ 来表示马氏链在 t_m 时刻出现 $X_m=a_i$ 条件下,在 t_{m+k} 时刻出现 $X_{m+k}=a_j$ 的条件概率,即

$$p_{ij}(m,m+k)=P\{X_{m+k}=a_j\mid X_m=a_i\}\tag{2.7.22}$$

式中,$i,j=1,2,\cdots,N$;m,k 都是正整数。

并称作转移概率。该式表明,$p_{ij}(m,m+k)$ 不仅与 i,j 和 k,而且与 m 有关。如果 $p_{ij}(m,m+k)$ 与 m 无关,则称这个马氏链是齐次的。这里我们只讨论齐次马氏链,并且习惯上常把"齐次"二字省去。

(1) 一步转移概率

当转移概率 $p_{ij}(m,m+k)$ 的 k 为1时,我们可以用 p_{ij} 来表示马氏链由状态 a_i 经过一次转

移到达状态 a_j 的转移概率，即

$$p_{ij}(1)=p_{ij}(m,m+1)=P\{X_{m+1}=a_j \mid X_m=a_i\}=p_{ij} \tag{2.7.23}$$

并称之为一步转移概率。

(2) 转移概率矩阵及其性质

所有的一步转移概率 p_{ij} 所构成矩阵

$$\boldsymbol{P}=\begin{bmatrix} p_{11} & p_{12} & \cdots & p_{1N} \\ p_{21} & p_{22} & \cdots & p_{2N} \\ \vdots & \vdots & \vdots & \vdots \\ p_{N1} & p_{N2} & \cdots & p_{NN} \end{bmatrix} \tag{2.7.24}$$

称之为马氏链的一步转移概率矩阵，简称转移概率矩阵。这个矩阵具有以下两个性质：

$$0 \leqslant p_{ij} \leqslant 1 \tag{2.7.25}$$

$$\sum_{j=1}^{N} p_{ij}=1 \tag{2.7.26}$$

我们称任一具有这两个性质的矩阵为随机矩阵。可见，这是一个每行元素和为 1 的非负元素矩阵。

(3) n 步(即高阶)转移概率及其矩阵

当式(2.7.22)的 $k=n$ 时，马氏链的 n 步转移概率 $p_{ij}(n)$ 定义为

$$p_{ij}(n)=p_{ij}(m,m+n)=P\{X_{m+n}=a_j \mid X_m=a_i\} \tag{2.7.27}$$

该式表明，马氏链在时刻 t_m 时，X_m 的状态为 a_i 的条件下，经过 $n(\geqslant 1)$ 步转移到达状态 a_j 的概率。对应的 n 步转移概率矩阵 $\boldsymbol{P}(n)$ 为

$$\boldsymbol{P}(n)=\begin{bmatrix} p_{11}(n) & p_{12}(n) & \cdots & p_{1N}(n) \\ p_{21}(n) & p_{22}(n) & \cdots & p_{2N}(n) \\ \vdots & \vdots & \vdots & \vdots \\ p_{N1}(n) & p_{N2}(n) & \cdots & p_{NN}(n) \end{bmatrix} \tag{2.7.28}$$

它也是随机矩阵。显然，具有如下性质：

$$0 \leqslant p_{ij}(n) \leqslant 1 \tag{2.7.29}$$

$$\sum_{j=1}^{N} p_{ij}(n)=1 \tag{2.7.30}$$

当 $n=1$ 时，$p_{ij}(n)$ 就是一步转移概率

$$p_{ij}(n)=p_{ij}(1)=p_{ij}=p_{ij}(m,m+1)$$

通常还规定

$$p_{ij}(0)=p_{ij}(m,m)=\delta_{ij}=\begin{cases}1 & i=j\\ 0 & i\neq j\end{cases}$$

(4) 对于 $n=k+l$ 步转移概率，有如下卡普曼－柯尔莫哥洛夫方程的离散形式

$$p_{ij}(n)=p_{ij}(l+k)=\sum_{r=1}^{N}p_{ir}(l)p_{rj}(k) \tag{2.7.31}$$

此式表明：马氏链从状态 a_i 经过 n 步转移到达状态 a_j 这一过程，可以等效成先由状态 a_i 经过 $l(n>l>0)$ 步转移到达某状态 $a_r(r=1,2,\cdots,N)$，再由状态 a_r 经过 $k(l+k=n)$ 步转移到达状态 a_j。下面给出卡普曼－柯尔莫哥洛夫方程的证明。

证：

$$p_{ij}(l+k)=P\{X_{m+l+k}=a_j \mid X_m=a_i\}$$

$$=\frac{P\{X_{m+l+k}=a_j,X_m=a_i\}}{P\{X_m=a_i\}}$$

$$=\sum_r\frac{P\{X_m=a_i,X_{m+l+k}=a_j,X_{m+l}=a_r\}}{P\{X_m=a_i,X_{m+l}=a_r\}}\cdot\frac{P\{X_m=a_i,X_{m+l}=a_r\}}{P\{X_m=a_i\}}$$

$$=\sum_r P\{X_{m+l+k}=a_j \mid X_m=a_i,X_{m+l}=a_r\}P\{X_{m+l}=a_r \mid X_m=a_i\}$$

利用无后效应与齐次性，$\sum_r$ 号下的第一个因子等于

$$P(X_{m+l+k}=a_j \mid X_{m+l}=a_r)=p_{rj}(k)$$

第二个因子等于 $p_{rj}(l)$，因此

$$p_{ij}(l+k)=\sum_r p_{ir}(l)p_{rj}(k)$$

证毕。

式(2.7.30) 的矩阵形式为

$$\boldsymbol{P}(n)=\boldsymbol{P}(l+k)=\boldsymbol{P}(l)\cdot\boldsymbol{P}(k) \tag{2.7.32}$$

当 $n=2$ 时，有

$$\boldsymbol{P}(2)=\boldsymbol{P}(1)\cdot\boldsymbol{P}(1)=[\boldsymbol{P}(1)]^2=\boldsymbol{P}^2 \tag{2.7.33}$$

当 $n=3$ 时，有

$$\boldsymbol{P}(3)=\boldsymbol{P}(1)\cdot\boldsymbol{P}(2)=\boldsymbol{P}(1)\cdot\boldsymbol{P}(1)\cdot\boldsymbol{P}(1)=[\boldsymbol{P}(1)]^3=\boldsymbol{P}^3 \tag{2.7.34}$$

当 n 为任意整数时，有

$$\boldsymbol{P}(n)=[\boldsymbol{P}(1)]^n=\boldsymbol{P}^n \tag{2.7.35}$$

此外，可直接由式(2.7.31)，令 $l=1$，得到一个有用公式

$$p_{ij}(k+1)=\sum_r p_{ir}p_{rj}(k)=\sum_r p_{ir}(k)p_{rj} \tag{2.7.36}$$

式中，p_{ir}，p_{rj} 皆为一步转移概率。

由以上可见,一步转移概率构成的转移概率矩阵 $\boldsymbol{P}$ 完全决定了马氏链状态转移过程的概率法则。这就是说,在已知 $X_m=a_i$ 条件下,$X_{m+n}=a_j$ 的条件概率可由一步转移概率矩阵求出。

如果马氏链 $X(t)$ 在初始时刻($t_0=0$)$X_0=X(0)$ 的状态为 a_i,则称

$$p_i=P(X_0=a_i) \tag{2.7.37}$$

为初始概率,称 $\{p_i\}=(p_0,p_1,p_2,\cdots)$ 为初始分布。显然有

$$p_i\geqslant 0;\ \sum_i p_i=1 \tag{2.7.38}$$

将任意时刻 t_n 马氏链处于状态为 a_i 的概率称为绝对概率或绝对分布。这样,一个马氏链的概率法则就完全被 $\{p_i\}$ 及 $\boldsymbol{P}$ 所决定。此外,不难证明,马氏链的有限维分布可表示为

$$\begin{aligned}&P\{X_0=a_{i_0},X_1=a_{i_1}\cdots X_n=a_{i_n}\}\\&=P\{X_n=a_{i_n}\mid X_{n-1}=a_{i_{n-1}}\}\cdots P\{X_1=a_{i_1}\mid X_0=a_{i0}\}P\{X_0=a_{i_0}\}\\&=p_{i_0}p_{i_0i_1}p_{i_1i_2}\cdots p_{i_{n-1}i_n}\end{aligned} \tag{2.7.39}$$

3. 遍历性

若齐次马尔可夫链对一切 i、j 存在不依赖于 i 的极限

$$\lim_{n\to\infty}p_{ij}(n)=p_j \tag{2.7.40}$$

则称该马氏链具有遍历性。这里 $p_{ij}(n)$ 是此链的 n 步转移概率。

遍历性问题是马氏链理论中的一个重要问题,问题的中心是确定在怎样的条件下,转移概率 $p_{ij}(n)$ 在 $n\to\infty$时,趋于一个与初始状态无关的极限 p_j,也就是说过程不论从哪一个状态 a_i 出发,当转移步数 n 足够大时,来到状态 a_j 的概率都趋于 p_j,并且 p_j 是一个概率分布 $\{p_j\}$。从物理上我们可以理解为:系统经过一段时间后将走到平衡状态,此后系统的宏观状态不再随时间而变化。从数学上可以证明这个极限分布是一个平稳分布。

马氏链的遍历性问题已经彻底解决,但我们这里只介绍一下平稳分布的概念,并由一个定理给出马氏链具备遍历性的充分条件以及求 p_j 的方法。

(1) 平稳分布

一个概率分布 $\{p_j\}$(即满足 $p_j\geqslant 0$ 和 $\sum_{j=0}^{\infty}p_j=1$,p_j 表示出现状态 a_j 的概率),如有

$$p_j=\sum_{i=0}^{\infty}p_ip_{ij} \tag{2.7.41}$$

则称它为马氏链的平稳分布。

对于平稳分布,有

$$p_j=\sum_{i=0}^{\infty}p_ip_{ij}=\sum_i\left(\sum_k p_kp_{ki}\right)p_{ij}=\sum_k p_k\left(\sum_i p_{ki}p_{ij}\right)=\sum_k p_kp_{kj}(2)=\cdots=\sum_{i=0}^{\infty}p_ip_{ij}(n)$$

如果马尔可夫链的初始分布

$$P\{X_0=a_i\}=p_i$$

是平稳分布，则对任意 n，X_n 的分布也是平稳分布，而且正好就是 p_j，事实上有

$$P\{X_n = a_j\} = \sum_i P\{X_0 = a_i\} P\{X_n = a_j \mid X_0 = a_i\} = \sum_i p_i p_{ij}(n) = p_j$$

平稳分布的直观意义是：概率分布不随转移而引起变化。

(2) 有限状态的马氏链具有遍历性的充分条件

对有限马氏链，如果存在正整数 k，使

$$p_{ij}(k) > 0 (\text{对一切状态 } i,j = 0,1,2,\cdots,N) \tag{2.7.42}$$

则此链是遍历的；且 $\{p_j\} = (p_1, p_2, \cdots, p_N)$ 是以下方程组

$$p_j = \sum_{i=1}^{N} p_i p_{ij} (j = 1,2,\cdots,N) \tag{2.7.43}$$

的满足条件

$$p_j > 0, \sum_{j=1}^{N} p_j = 1 \tag{2.7.44}$$

的唯一解。

【例 2.13】 设有三个状态{1,2,3}的马氏链，其一步转移概率矩阵为

$$\boldsymbol{P} = \begin{bmatrix} \frac{1}{2} & \frac{1}{4} & \frac{1}{4} \\ \frac{1}{3} & \frac{1}{3} & \frac{1}{3} \\ \frac{1}{4} & \frac{1}{2} & \frac{1}{4} \end{bmatrix}$$

试问何时此链具有遍历性？并求出极限分布的各个概率。

解：

(1) 显然，$m=1$ 时，有 $\boldsymbol{P}(1)=\boldsymbol{P}$，因 $\boldsymbol{P}$ 中所有元素均大于零，所以式(2.7.43)即可满足。所以，$m=1$ 时，该链具有遍历性，即

$$\lim_{n\to\infty} p_{ij}(n) = p_j, i,j = 1,2,3$$

(2) 求 p_j 在 $j=1,2,3$ 时由式(2.7.43)、(2.7.44)可列出方程组

$$p_1 = p_1 p_{11} + p_2 p_{21} + p_3 p_{31}$$

$$p_2 = p_1 p_{12} + p_2 p_{22} + p_3 p_{32}$$

$$p_3 = p_1 p_{13} + p_2 p_{23} + p_3 p_{33}$$

$$p_1 + p_2 + p_3 = 1$$

由题设条件解上述方程组，得到

$$p_1 = \frac{16}{43}, p_2 = \frac{15}{43}, p_3 = \frac{12}{43}$$

【例 2.14】　验证转移概率矩阵为 $\boldsymbol{P}=\begin{bmatrix}1 & 0\\0 & 1\end{bmatrix}$ 的马氏链，其遍历性是否成立。

解：由于

$$\boldsymbol{P}(1)=\boldsymbol{P}=\begin{bmatrix}1 & 0\\0 & 1\end{bmatrix}$$

$$\boldsymbol{P}(n)=[\boldsymbol{P}(1)]^n=\boldsymbol{P}(1)=\begin{bmatrix}1 & 0\\0 & 1\end{bmatrix}$$

于是不满足式(2.7.42) 所要求的条件，故该马氏链遍历性不成立。

2.8　随机过程的仿真实验

在实际的通信系统中，承载着信息的信号在从信源传送到信宿的过程中，信道噪声、干扰和衰落等随机现象是不可避免地存在的，会对信号的传输产生影响。要想在波形级精确地仿真通信系统，首先要对这些随机现象建立准确的模型，即计算机仿真产生采样后的随机信号。随机信号产生算法的基本构建模块是随机数产生器。在仿真环境下，所有的随机过程(随机信号) 必须用随机变量序列来表示。许多适用于仿真程序开发的程序设计语言，如 MATLAB，都将随机数发生器包含在其函数库中。本节主要介绍常用随机数发生器的原理。

严格来讲，随机数产生器所产生的并不是真正的随机序列，而是在观察(仿真) 区间上"呈现随机性" 的序列，以此来近似仿真程序中的随机过程的样本函数。所谓"呈现随机性" 指的是产生序列在仿真区间上具有某些特性，能对具体应用中的随机过程建立准确模型并达到要求的精度，称这种序列为"伪随机序列"。这样命名是因为尽管它们是确定的，但在具体应用中会呈现随机性。模型所要求的精度取决于具体的应用。

【实验 2.1】　均匀分布随机变量的产生仿真

1. 实验原理

均匀分布的随机变量序列是最基本的序列。均匀分布的随机变量很容易转换成具有给定概率密度函数(pdf) 的随机变量，因此要产生一个具有特定 pdf 的随机变量，首先要产生一个在[0,1) 区间均匀分布的随机变量。通常，先产生一列介于 0 和 M 之间的数(整数)，然后将序列中每个元素除以 M。实现均匀分布随机数发生器最常用的方法是线性同余(Linear Congruence)。

线性同余发生器(Linear Congruence Generator，LCG) 定义为

$$x_{i+1}=[ax_i+c]\bmod(m)$$

式中，a 和 c 分别称作乘子和增量，m 称作模数。这是一个确定性的序列算法，能依次产生连续的 x 值。x 的初始值记为 x_0，称作线性同余发生器的种子数(Seed Number)。

如果 x_0、a、c 和 m 都是整数，则 LCG 产生的所有数都为整数。由于对$[ax_i+c]$ 进行 mod(m) 运算，x_{i+1} 的值至多会产生 m 个不同的整数，一旦 x_j 的值等于 $x_i(i<j)$，输出序列就会出现重复，呈现周期性。线性同余发生器输出的一个理想特性是，它应具备很长的周期，从而使在序列重复前，输出序列能产生最多数目的整数。对于给定的 m 值，当周期最大时，称线

性同余发生器是全周期的。此外，具体仿真程序的应用对LCG会提出其他的要求。LCG可以采用多种不同的形式，在这里只介绍最常用的算法。

2. 仿真实例

最通用的同余算法就是 $c \neq 0$ 的混合同余算法。之所以称为混合算法，是因为在求解 x_{i+1} 时用到乘法和加法。混合同余算法具有以下的形式：

$$x_{i+1} = [ax_i + c] \bmod (m)$$

$c \neq 0$ 时，发生器的最大周期为 m。当且仅当满足以下特性时才能达到这个最大周期：

(1) 增量 c 与 m 互质；

(2) $a-1$ 是 p 的倍数，这里 p 表示模数 m 的任意一个素因子；

(3) 如果 m 是 4 的倍数，则 $a-1$ 是 4 的倍数。

例如，判断 LCG：$x_{i+1} = [241x_i + 1323] \bmod (5000)$ 是否为全周期发生器的程序为

```
% ****参数设置部分    ****
Seed = input('输入种子');                 % 设置同余发生器的种子数
a = 241;c = 1323;m = 5000;                % 设置同余发生器的系数
% 计算输出序列 ix
n = 1;ix = rem((seed * a + c),m);         % 计算序列 ix 的第一个取值 x1
while((ix ~= seed)&(n,m + 2))
  n = n + 1;                              % 统计输出序列的个数
  ix = rem((ix * a + c),m);
end
% 判断是否为全周期发生器
if(n > m)
  disp('输出序列出现周期性');
else
  text = ['周期是',num2str(n,15),'.']
disp(text);
end
%End of scrept file.
```

实验结果

执行程序，得到的输出结果为：周期是 5000。可以看到，它的周期是最大周期，此 LCG 为全周期发生器。

【实验 2.2】 具有给定分布随机变量的产生仿真

1. 实验原理

有多种方法可将一个均匀分布的随机变量映射成一个具有非均匀 pdf 的目标随机变量。如果目标随机变量的概率分布函数(CDF) 具有闭合形式，可以采用一种叫做逆变换法的简单方法。

逆变换法可以将一个不相关的均匀分布的随机变量序列 y 变换为一个具有给定概率分布函数 $F_X(x)$ 的不相关的(独立的) 序列 X。如图 2.6 所示，这个变换使用了一个无记忆的非线

性器。

图 2.6　逆变换法的简单方法

由于非线性器是无记忆的，在输入序列不相关时，它能保证输出序列也是不相关的。当然，根据维纳一辛钦定理，不相关随机数序列的功率谱密度是常数（白色过程）。对于逆变化法，简单地设定

$$y = F_X(x)$$

并求解 x 得

$$X = F_X^{-1}(y)$$

使用逆变换法时要求已知分布函数 $F_X(x)$ 为闭合形式。

很容易看出，逆变换法能产生具有所需分布函数的随机变量。根据分布函数的定义

$$F_X(x) = P\{X \leqslant x\}$$

可知，分布函数 $F_X(x)$ 是自变量 x 的一个非减函数。

令 $X = F_X^{-1}(y)$，考虑到 $F_X(x)$ 单调，所以有

$$F_X(x) = P\{F^{-1}(y) \leqslant x\} = P\{y \leqslant F_X(x)\} = F_X(x)$$

即得到要求的结果。

2. 仿真实例

当一个均匀分布的随机变量变换成具有单边指数分布的随机变量 pdf 为

$$f_X(x) = \frac{\alpha}{2}\exp(-\alpha x)u(x), \quad \alpha > 0$$

式中，$u(x)$ 为单位阶跃函数，则随机变量 X 的 CDF 为

$$F_X(x) = \int_{-\infty}^{x} \frac{\alpha}{2}\exp(-\alpha x)u(x)\mathrm{d}x = \int_{0}^{x} \frac{\alpha}{2}\exp(-\alpha x)\mathrm{d}x = \frac{1-\exp(-\alpha x)}{2}$$

令分布函数与均匀随机变量相等，有

$$\frac{1-\exp(-\alpha x)}{2} = y$$

求解 x，得

$$\exp(-\alpha x) = 1 - 2y$$

式中，要保证 $1-2y>0$，而 y 是均匀分布在[0,1]的随机变量。由于随机变量 $1-2y$ 与 $2y$ 等价（它们具有相同的 pdf），可得

$$x = -\frac{1}{\alpha}\ln(2y)$$

算法程序

该算法的程序如下：

```
% *****参数设置 ************
n=input('输入样本点个数');                 % 设置随机变量样本点个数
a=5;% 设置随机变量 X 的 pdf 参数
u=rand(1,n);                              % 产生在(0,1) 内均匀分布的随机变量 U
x_exp=-log(2*u)/a;                        % 产生指数分布的随机变量 X
[N_sample,x]=hist(x_exp,20);              % 产生随机变量 X 的直方图的参数
subplot(2,1,1)
bar(x,N_sample,1)                         % 随机变量 X 分布的直方图
ylabel('样本个数')
xlabel('变量 x')
px=a/2*exp(-a*x);                         % 计算随机变量 X 的理论 pdf
P_hist=N_sample/n;                        % 计算随机变量 X 从直方图得到的 CDF
del_x=x(2)-x(1);
P_hist=N_sample/n/del_x;                  % 计算随机变量 X 从直方图得到的 pdf
subplot(2,1,2)
plot(x,px,'k',x,P_hist,'ok')
ylabel('概率密度')
xlabel('变量 x')
legend('期望的 pdf','仿真得到的 pdf',1).
```

运行程序后,输入输出结果,如图 2.7 所示,上图为直方图;下图用来比较理论上的和使用 200 个样本所得的实验值。

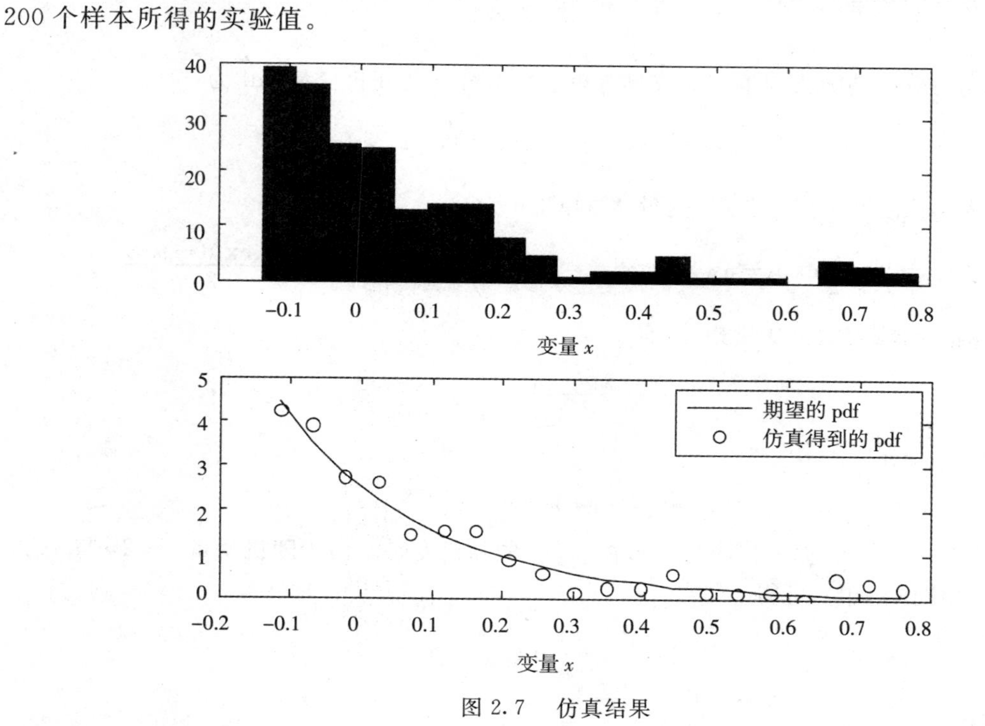

图 2.7 仿真结果

可以看出,实验值与理论值不太吻合。该例题是用逆变换法来产生连续随机变量,同样,

逆变换法也适用于离散随机变量。

【实验 2.3】　不相关高斯随机变量的产生仿真

1. 实验原理

在通信系统仿真中，高斯随机变量是最重要也是最常遇到的随机变量。高斯噪声发生器是一个基本的构建模块。目前，已研究出了多种产生高斯随机变量的方法。这里只介绍由瑞利随机变量产生高斯随机变量的方法。设均值为零、方差为 σ^2 的高斯随机变量 X 的概率分布函数(CDF) 为

$$F_X(x)=\int_{-\infty}^{x}\frac{1}{\sqrt{2\pi}\,\sigma}\exp(-\frac{y^2}{2\sigma^2})\mathrm{d}y=1-Q(\frac{x}{\sigma})$$

式中，$Q(x)$ 是高斯 Q 函数，且

$$Q(x)=\frac{1}{\sqrt{2\pi}}\int_{x}^{\infty}\exp(-y^2/2)\mathrm{d}y$$

由于高斯函数 Q 不能写成闭合形式，所以无法使用逆变换法。下面介绍用瑞利随机变量产生高斯随机变量的方法。

设瑞利随机变量为 R，其概率分布函数为

$$F_R(r)=\begin{cases}0, & r<0\\ 1-\mathrm{e}^{-r^2/(2\sigma^2)}, & r\geqslant 0\end{cases}$$

显然，CDF 具有闭合形式。使用逆变换法，有均匀随机变量 A 产生瑞利随机变量 r，有

$$F_R(r)=1-\mathrm{e}^{-r^2/(2\sigma^2)}=A$$

式中，A 是在$[0,1)$ 内均匀分布的随机变量。由上式可得

$$R=\sqrt{2\sigma^2\ln\frac{1}{1-A}}$$

设有两个独立的高斯随机变量 X 和 Y，它们具有相同的方差 σ^2，且均值均为零。通过如下变换：

$$X=R\cos\Theta,Y=R\sin\Theta$$

与瑞利随机变量 R 关联。式中，Θ 是在$(0,2\pi)$ 内均匀分布的随机变量，定义

$$\Theta=2\pi B$$

式中，B 是在$[0,1)$ 内均匀分布的随机变量，则可得到两个独立的高斯分布随机变量 X 和 Y

$$X=\sqrt{2\sigma^2\ln\frac{1}{1-A}}\cos2\pi B,Y=\sqrt{2\sigma^2\ln\frac{1}{1-A}}\sin2\pi B$$

由一对均匀分布的随机变量 A 和 B 产生。

2. 仿真程序

实现上述产生高斯分布随机变量方法的 MATLAB 程序如下。

```
Sgma=input('input sgma>')              % 设置标准差:方差的算术平方根
```

```
m=input('input m >');                      % 设置均值
A=rand(1);                                 % 产生均匀分布的随机变量 A
B=rand(1);                                 % 产生均匀分布的随机变量 B
R=sgma*(sqrt(2*log(1/(1-A))));
X=m+R*cos(2*pi*B);                         % 产生高斯分布的随机变量 X
Y=m+R*sin(2*pi*B);                         % 产生高斯分布的随机变量 Y
%End of script file
```

习 题

2.1 两个半随机二进过程定义为

$$X(t)=A \text{ 或 } -A,(n-1)T<t<nT \qquad n=0,\pm 1,\pm 2,\cdots$$

式中,值 A 与 $-A$ 等概率出现,T 为一正常数,$n=0,\pm 1,\pm 2,\cdots$,试求:

(1) 画出典型的样本函数图形;

(2) 将此过程归类;

(3) 该过程是否确定性过程?

2.2 离散随机过程的样本函数皆为常数,即

$$P\{K=k\}=P_k(0,t)=\frac{(\lambda t)^k}{k!}e^{-\lambda t},X(t)=C=\text{可变常数}$$

式中,C 为一随机变量,其可能值为 $C_1=1,C_2=2$ 及 $C_3=3$,且他们分别以概率 0.6,0.3 及 0.1 出现。试求:

(1) $X(t)$ 是否是确定过程?

(2) 求在任意时刻 t,$X(t)$ 的一维概率密度。

2.3 设随机过程 $X(t)=Vt$,其中 V 是在(0,1)是均匀分布的随机变量,求过程 $X(t)$ 的均值和自相关函数。

2.4 设随机过程 $X(t)=At+Bt^2$,式中 A,B 为两个互不相关的随机变量,且有 $E[A]=4,E[B]=7,D[A]=0.1,D[B]=2$。求过程 $X(t)$ 的均值、自相关函数、自协方差函数和方差。

2.5 随机过程 $X(t)$ 的数学期望 $E[X(t)]=t^2+4$,求随机过程 $Y(t)=tX(t)+t^2$ 的数学期望。

2.6 信号 $X(t)=V\cos 3t$,V 是均值为 1、方差为 1 的随机变量。设随机信号

$$Y(t)=\frac{1}{t}\int_0^t X(\lambda)d\lambda$$

求 $Y(t)$ 的均值、相关函数、协方差函数和方差。

2.7 随机过程 $X(t)$、$Y(t)$ 都是平稳过程,$X(t)=A(t)\cos t,Y(t)=B(t)\sin t$。其中 $A(t)$,$B(t)$ 为相互独立、各自平稳的随机过程,且他们的均值均为 0,自相关函数相等。试证明这两个过程之和 $Z(t)=X(t)+Y(t)$ 是宽平稳的。

2.8 设随机信号 $X(t)=a\sin(\omega_0 t+\Phi)$,式中 a,ω_0 均为正的常数;Φ 为正态随机变量,其概率密度为

$$f_{\Phi}(\varphi)=\frac{1}{\sqrt{2\pi}}\mathrm{e}^{-\varphi^2/2}$$

试讨论 $X(t)$ 的平稳性。

2.9　已知随机过程 $X(t)=A\cos\omega_0 t+B\sin\omega_0 t$，式中 ω_0 为常数，而 A 与 B 是具有不同概率密度，但有相同方差 σ^2，且均值为零的不相关的随机变量。证明 $X(t)$ 是宽平稳而不是严平稳的随机过程。

2.10　已知两个随机过程

$$X(t)=A\cos t-B\sin t, Y(t)=B\cos t+A\sin t$$

式中 A,B 是均值为 0、方差为 5 的不相关的两个随机变量。试证过程 $X(t)$、$Y(t)$ 各自平稳、而且是联合平稳的；并求出它们的互相关系数。

2.11　设随机信号 $X(t)=a\cos(t+\Phi)$，式中 a 可以是也可以不是随机变量，Φ 是在 $(0,2\pi)$ 上均匀分布的随机变量；并且 a 为随机变量时，它与 Φ 统计独立。求：(1) 时间自相关函数和统计自相关函数；(2) a 具备什么条件时两种自相关函数相等。

2.12　设随机过程 $X(t)=A\sin t+B\cos t$，式中 A、B 均为零均值的随机变量。试证：$X(t)$ 的均值具有遍历性，而方差无遍历性。

2.13　设随机过程 $X(t)=A\cos(Qt+\Phi)$，式中 A、Q 和 Φ 为统计独立的随机变量；而且，A 的均值为2、方差为 4，Φ 在 $(-\pi,\pi)$ 上均匀分布，Q 在 $(-5,5)$ 上均匀分布。试问过程 $X(t)$ 是否平稳？是否遍历？并求出 $X(t)$ 的自相关函数。

2.14　设 $X(t)$ 是雷达的发射信号，遇目标后返回接收机的微弱信号是 $aX(t-\tau_1)$，$a\ll 1$，τ_1 是信号返回时间，由于接收到的信号总是伴有噪声的，记噪声为 $N(t)$，故接收机接收到的全信号为

$$Y(t)=aX(t-\tau_1)+N(t)$$

(1) 若信号 $X(t)$、$N(t)$ 各自平稳且联合平稳，求互相关函数 $R_{XY}(t_1,t_2)$。

(2) 在 (1) 条件下，假如 $N(t)$ 的均值为零，且与 $N(t)$ 是互相独立的，求 $R_{XY}(t_1,t_2)$（这是利用互相关函数从全信号中检测小信号的相关接收法）。

2.15　设复随机过程为

$$Z(t)=V\mathrm{e}^{\mathrm{j}\omega_0 t}$$

式中，ω_0 为正常数，V 为实随机变量，求复随机过程 $Z(t)$ 的自相关函数。

2.16　设复随机过程

$$Z(t)=\mathrm{e}^{j(\omega_0 t+\Phi)}$$

式中，ω_0 为正常数，Φ 是在 $(0,2\pi)$ 上均匀分布的随机变量。试求 $E[Z^*(t)Z(t+\tau)]$ 和 $E[Z(t)Z(t+\tau)]$。

2.17　设复随机过程

$$Z(t)=\sum_{i=1}^{n}A_i\mathrm{e}^{\mathrm{j}\omega_i t}$$

式中，$A_i(i=1,2\cdots,n)$ 为 n 个相互独立的实随机变量，且 $A_i\sim N(0,\sigma_i^2)$，求 $\{Z(t),t=0\}$ 的均值函数和相关函数。

2.18　令 $X(n)$ 和 $Y(n)$ 为不相关的随机信号，试证：如果

$$Z(n)=X(n)+Y(n),\text{则 } m_Z=m_X+m_Y \quad \text{及} \quad \sigma_Z^2=\sigma_X^2+\sigma_Y^2$$

2.19　有两个各自且联合平稳的随机序列 $X(n)$ 和 $Y(n)$，它的均值分别是 m_X 和 m_Y，方差分别是 σ_X^2 和 σ_Y^2，试证明

$$|R_{XY}(m)|\leqslant[R_X(0)R_Y(0)]^{1/2},|C_{XY}(m)|\leqslant[C_X(0)C_Y(0)]^{1/2}$$

$$|R_X(m)|\leqslant R_X(0),|C_X(m)|\leqslant C_X(0)$$

[提示：可利用不等式 $E[(\frac{X_n}{(E[X_n])^{1/2}}\pm\frac{Y_{m+n}}{(E[Y_{m+n}])^{1/2}})]\geqslant 0$]

2.20　若正态随机过程 $X(t)$ 的自相关函数

(1)$R_X(\tau)=6\mathrm{e}^{-|\tau|/2}$

(2)$R_X(\tau)=6\dfrac{\sin\pi\tau}{\pi\tau}$

试确定随机变量 $X(t),X(t+1),X(t+2),X(t+3)$ 的协方差矩阵。

2.21　天气预报问题。如果明日是否有雨仅与今日的天气(是否有雨)有关，而与过去的天气无关。并设今日有雨且明日有雨的概率为0.7，今日无雨而明日有雨的概率为0.4。另外，假定把“有雨”称作“1”状态天气，而把“无雨”称作“2”状态天气，则本问题属于一个两状态的马尔可夫链。试求：今日有雨而后日(第二日)无雨，今日有雨而第三日也有雨，今日无雨而第四日也无雨的概率各是多少？

2.22　设(齐次)马尔可夫链的一步转移概率矩阵为

$$\boldsymbol{P}=\begin{bmatrix}1/2 & 1/3 & 1/6\\ 1/3 & 1/3 & 1/3\\ 1/3 & 1/2 & 1/6\end{bmatrix}$$

试问：(1) 此链共有几个状态？是否遍历？求它的二步转移概率矩阵。

(2) $\lim\limits_{n\to\infty}p_{ij}(n)=p_j$ 是否存在？并求之。

2.23　随机电报信号 $X(t)$(其样本函数如图2.8所示)满足下述条件：

(1) 在任何时刻 t，$X(t)$ 只能取0或1两个状态。而且，取值为0的概率为1/2，取值为1的概率也是1/2，即

$$P\{X(t)=0\}=1/2,P\{X(t)=1\}=1/2$$

(2) 每个状态的持续时间是随机的，若在间隔 $(0,t)$ 内波形变化的次数 K 服从泊松分布，即

$$P\{K=k\}=P_k(0,t)=\frac{(\lambda t)^k}{k!}\mathrm{e}^{-\lambda t}$$

式中，λ 为单位时间那波形的平均变化次数。

(3) $X(t)$ 取任何值与随机变量 K 互为统计独立。

试求随机电报信号 $X(t)$ 的均值、自相关函数、自协方差函数。

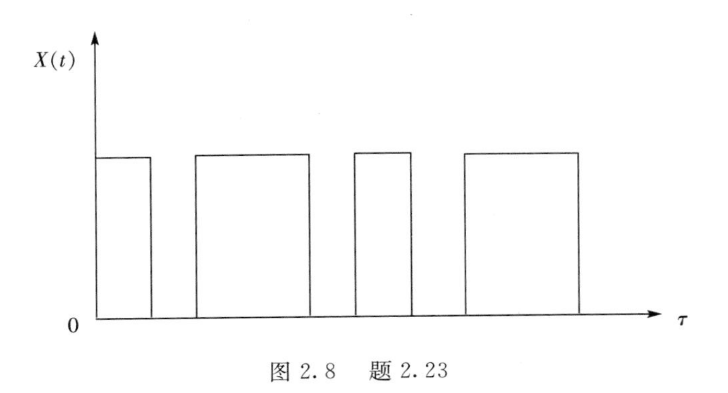

图 2.8　题 2.23

第3章 随机过程的频域分析

在信号与系统、信号处理、通信理论以及其他许多领域的理论和实际应用中，广泛用到了傅里叶变换这一数学工具。一方面，由于确定性信号的频谱、线性系统的频率响应等具有鲜明的物理意义；另一方面，在时域上计算确定信号通过线性系统必须采用运算量很大的卷积积分，转换到频域分析时，可变换成简单的乘积运算，从而使运算量大大降低。尤其是滤波器设计与分析工作，离开了傅里叶变换更是无法进行。因此，傅里叶变换是确定性信号分析和线性系统的分析与综合的重要工具。

从频域分析方法的重要性和有效性考虑，自然会提出这样的问题：随机过程能否进行傅里叶变换？随机过程是否也存在某种谱特性？回答是肯定的。傅里叶变换及频域分析方法，对随机信号而言，同样是重要且有效的。不过，在随机信号的情况下，必须进行某种处理后，才能应用傅里叶变换这个工具。因为一般随机过程的样本函数不满足傅里叶变换的绝对可积条件，即

$$\int_{-\infty}^{+\infty} |x(t)| \mathrm{d}t \to \infty$$

本章将指出，对随机过程的频域分析不能直接对样本函数进行分析，而只能对其矩函数进行频域分析，进而讨论平稳随机过程的频域特性。

3.1 随机过程的功率谱密度

3.1.1 傅里叶变换与功率谱

1. 频谱密度和能量谱密度的概念

我们首先对信号的频谱、能量谱密度及能量的概念作一个简单回顾。

对于确定性信号，时域分析和频域分析之间存在着确定性的关系：周期信号可以表示成傅里叶级数，非周期信号则可能存在傅里叶变换。设确定性信号 $s(t)$ 是时间 t 的非周期实函数，它的傅里叶变换，即频谱密度为

$$S(\omega)=\int_{-\infty}^{+\infty} s(t)\mathrm{e}^{-\mathrm{j}\omega t}\mathrm{d}t \tag{3.1.1}$$

频谱密度简称为频谱。其存在条件为

$$\int_{-\infty}^{+\infty} |s(t)| \mathrm{d}t < \infty \tag{3.1.2}$$

信号 $s(t)$ 通过傅里叶逆变换可以用频谱表示为

$$s(t)=\frac{1}{2\pi}\int_{-\infty}^{+\infty} S(\omega)\mathrm{e}^{\mathrm{j}\omega t}\mathrm{d}\omega \tag{3.1.3}$$

信号的总能量可以表示为

$$\begin{aligned}E&=\int_{-\infty}^{+\infty}s^2(t)\mathrm{d}t=\int_{-\infty}^{+\infty}s(t)\left[\frac{1}{2\pi}\int_{-\infty}^{+\infty}S(\omega)\mathrm{e}^{\mathrm{j}\omega t}\mathrm{d}\omega\right]\mathrm{d}t\\&=\frac{1}{2\pi}\int_{-\infty}^{+\infty}S(\omega)\left[\int_{-\infty}^{+\infty}s(t)\mathrm{e}^{\mathrm{j}\omega t}\mathrm{d}t\right]\mathrm{d}\omega\\&=\frac{1}{2\pi}\int_{-\infty}^{+\infty}S(\omega)S^*(\omega)\mathrm{d}\omega\\&=\frac{1}{2\pi}\int_{-\infty}^{+\infty}|S(\omega)|^2\mathrm{d}\omega\end{aligned}\tag{3.1.4}$$

上述推导得出的结论称为Parseval定理，时域的总能量应等于频域的总能量，即

$$E=\int_{-\infty}^{+\infty}s^2(t)\mathrm{d}t=\frac{1}{2\pi}\int_{-\infty}^{+\infty}|S(\omega)|^2\mathrm{d}\omega\tag{3.1.5}$$

式中，等式左边表示信号在时间$(-\infty,\infty)$上的总能量，等于$|S(\omega)|^2$在整个频域上的积分，$|S(\omega)|^2$称为$s(t)$的能量谱密度，代表单位频带内信号分量的能量。

能量谱密度存在的条件是

$$\int_{-\infty}^{+\infty}s^2(t)\mathrm{d}t<\infty\tag{3.1.6}$$

即信号总的能量必须有限，故$s(t)$又称为有限能量信号。

我们要研究的随机过程，一般不满足式(3.1.2)或式(3.1.6)，也就是说许多重要的时间函数总是能量无限的，不满足傅里叶变换存在的条件。在实际中，随机过程的各个样本函数，尽管总能量无限，其平均功率却是有限的，即满足

$$P=\lim_{T\to\infty}\frac{1}{2T}\int_{-T}^{+T}|x(t)|^2\mathrm{d}t<\infty\tag{3.1.7}$$

因此，对随机过程而言，研究它的频谱是没有意义的，只能研究其功率随频率的分布，这样就引入了功率谱密度的概念。

2. 随机过程的功率谱密度

设随机过程$X(t)$的样本函数为$x_i(t)$，$x_i(t)$一般不满足式(3.1.2)的绝对可积条件，必须对样本函数做某些限制，例如：可以定义一个截断函数，如图3.1所示。对样本函数$x_i(t)$任意截取$2T$长的一段，记为$x_{Ti}(t)$，$x_{Ti}(t)$表示为

$$x_{Ti}(t)=\begin{cases}x_i(t) & |t|<T\\0 & |t|\geqslant T\end{cases}\tag{3.1.8}$$

显然，$x_{Ti}(t)$的傅里叶变换是存在的，于是有

$$X_{Ti}(\omega)=\int_{-\infty}^{+\infty}x_{Ti}(t)\mathrm{e}^{-\mathrm{j}\omega t}\mathrm{d}t=\int_{-T}^{+T}x_{Ti}(t)\mathrm{e}^{-\mathrm{j}\omega t}\mathrm{d}t=\int_{-T}^{+T}x_i(t)\mathrm{e}^{-\mathrm{j}\omega t}\mathrm{d}t\tag{3.1.9}$$

$$x_{Ti}(t)=\frac{1}{2\pi}\int_{-\infty}^{+\infty}X_{Ti}(\omega)\mathrm{e}^{\mathrm{j}\omega t}\mathrm{d}\omega\tag{3.1.10}$$

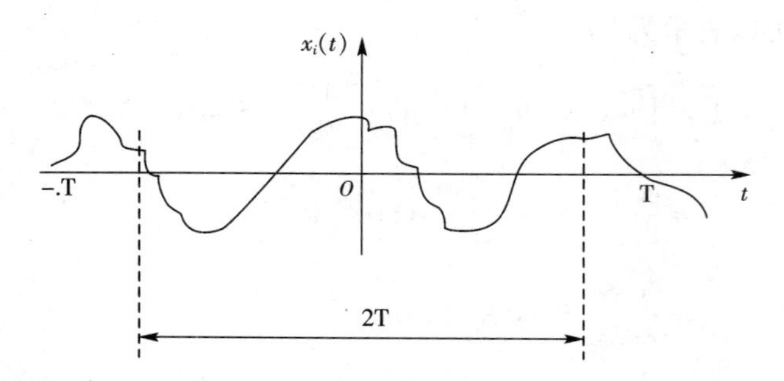

图 3.1 随机过程样本函数及其截断函数

我们讨论的是实随机过程，$x_i(t)$ 是实函数，其平均功率为

$$\begin{aligned}P_i &= \lim_{T\to\infty}\frac{1}{2T}\int_{-T}^{+T}x_i^2(t)\,\mathrm{d}t = \lim_{T\to\infty}\frac{1}{2T}\int_{-T}^{+T}x_{Ti}^2(t)\,\mathrm{d}t \\ &= \lim_{T\to\infty}\frac{1}{2T}\int_{-T}^{+T}x_{Ti}(t)\left[\frac{1}{2\pi}\int_{-\infty}^{+\infty}X_{Ti}(\omega)\mathrm{e}^{\mathrm{j}\omega t}\,\mathrm{d}\omega\right]\mathrm{d}t \\ &= \lim_{T\to\infty}\frac{1}{2T}\int_{-T}^{+T}\frac{1}{2\pi}X_{Ti}(\omega)\left[\int_{-T}^{+T}x_{Ti}(t)\mathrm{e}^{\mathrm{j}\omega t}\,\mathrm{d}t\right]\mathrm{d}\omega \\ &= \lim_{T\to\infty}\frac{1}{2T}\int_{-T}^{+T}\frac{1}{2\pi}\mid X_{Ti}(\omega)\mid^2\mathrm{d}\omega \\ &= \frac{1}{2\pi}\int_{-\infty}^{+\infty}\lim_{T\to\infty}\frac{1}{2T}\mid X_{Ti}(\omega)\mid^2\mathrm{d}\omega \end{aligned} \tag{3.1.11}$$

记

$$G_i(\omega) = \lim_{T\to\infty}\frac{1}{2T}\mid X_{Ti}(\omega)\mid^2 \tag{3.1.12}$$

则

$$P_i = \frac{1}{2\pi}\int_{-\infty}^{+\infty}G_i(\omega)\,\mathrm{d}\omega \tag{3.1.13}$$

P_i 是样本函数 $x_i(t)$ 的平均功率，而 $G_i(\omega)$ 在整个频域上积分刚好等于平均功率，故 $G_i(\omega)$ 可看作是 $x_i(t)$ 的功率谱密度。

$x_i(t)$ 是随机过程 $X(t)$ 的一个样本函数，不同的试验结果对应于不同的样本函数，相应地 P_i 与 $G_i(\omega)$ 也随着 $x_i(t)$ 的不同而不同。可见，样本函数的平均功率和功率谱密度也是随机的。对于所有的样本函数，即对应于随机过程，令

$$X_T(\omega,\xi) = \int_{-T}^{+T}X(t,\xi)\mathrm{e}^{-\mathrm{j}\omega t}\,\mathrm{d}t \tag{3.1.14}$$

相应地，平均功率为

$$P(\xi) = \frac{1}{2\pi}\int_{-\infty}^{+\infty}\lim_{T\to\infty}\frac{1}{2T}\mid X_T(\omega,\xi)\mid^2\mathrm{d}\omega \tag{3.1.15}$$

上式两边取数学期望，则

$$P=E[P(\xi)]=\frac{1}{2\pi}\int_{-\infty}^{+\infty}E[\lim_{T\to\infty}\frac{1}{2T}\mid X_T(\omega,\xi)\mid^2]\mathrm{d}\omega=\frac{1}{2\pi}\int_{-\infty}^{+\infty}G_X(\omega)\mathrm{d}\omega \tag{3.1.16}$$

式中

$$G_X(\omega)=E[\lim_{T\to\infty}\frac{1}{2T}\mid X_T(\omega,\xi)\mid^2] \tag{3.1.17}$$

这时，P 和 $G_X(\omega)$ 都是确定的，与随机过程 $X(t,\xi)$ 简写为 $X(t)$ 一样，在 $X_T(\omega,\xi)$ 中也省略 ξ，则随机过程的功率谱密度定义为

$$G_X(\omega)=E[\lim_{T\to\infty}\frac{1}{2T}\mid X_T(\omega)\mid^2] \tag{3.1.18}$$

式中

$$X_T(\omega)=\int_{-T}^{+T}X(t)\mathrm{e}^{-\mathrm{j}\omega t}\mathrm{d}t \tag{3.1.19}$$

随机过程的功率谱密度描述了随机过程 $X(t)$ 的平均功率在各个不同频率上的分布状况，表示了单位频带内信号的频谱分量消耗在单位电阻上的平均功率的统计平均值，显然是频谱密度的量纲，故定义为功率谱密度(Power Spectrum Density，简写为 PSD)。功率谱密度也简称为功率谱。

若 $X(t)$ 为平稳随机过程，均方值 $E[X^2(t)]=R_X(0)$ 为常数，则平均功率可表示为

$$P=R_X(0)=E[X^2(t)]=\frac{1}{2\pi}\int_{-\infty}^{+\infty}G_X(\omega)\mathrm{d}\omega \tag{3.1.20}$$

该式说明平稳随机过程的平均功率等于该过程的均方值，它可以由随机过程的功率谱密度在全频域上的积分得到。

若 $X(t)$ 为各态历经过程，则任一样本函数 $X_i(t)$ 的功率谱密度和随机过程 $X(t)$ 的功率谱密度以概率 1 相等。

功率谱密度 $G_X(\omega)$ 是从频率角度描述随机过程 $X(t)$ 统计规律的重要数字特征。但 $G_X(\omega)$ 仅仅表示了 $X(t)$ 的平均功率按频率分布的情况，没有包含随机过程 $X(t)$ 的任何相位信息。

3.1.2　功率谱密度与自相关函数之间的关系

1. 维纳 — 辛钦定理

众所周知，确定信号 $s(t)$ 与它的频谱 $S(\omega)$ 在时域和频域之间构成一对傅里叶变换对。可以证明，实平稳随机信号的自相关函数与其功率谱密度之间也构成一对傅里叶变换对。下面就来推导这一关系式。

由功率谱密度的推导可知

$$G_X(\omega)=\lim_{T\to\infty}\frac{1}{2T}E[\mid X_T(\omega)\mid^2]=\lim_{T\to\infty}\frac{1}{2T}E[X_T(\omega)X_T^*(\omega)] \tag{3.1.21}$$

将(3.1.19)式截断函数的频谱代入上式,则实过程 $X(t)$ 的功率谱密度表示为

$$\begin{aligned}G_X(\omega) &= \lim_{T\to\infty}\frac{1}{2T}E\left[\int_{-T}^{T}X(t_1)e^{-j\omega t_1}\mathrm{d}t_1\cdot\int_{-T}^{T}X(t_2)e^{j\omega t_2}\mathrm{d}t_2\right]\\ &= \lim_{T\to\infty}\frac{1}{2T}\int_{-T}^{T}\int_{-T}^{T}E[X(t_1)X(t_2)]e^{-j\omega(t_1-t_2)}\mathrm{d}t_1\mathrm{d}t_2 \\ &= \lim_{T\to\infty}\frac{1}{2T}\int_{-T}^{T}\int_{-T}^{T}R_X(t_1-t_2)e^{-j\omega(t_2-t_1)}\mathrm{d}t_1\mathrm{d}t_2\end{aligned} \tag{3.1.22}$$

对于平稳随机过程,自相关函数只与时间差 t_1-t_2 有关。令 $\tau=t_1-t_2$,并将积分变量由 t_1,t_2 变换到 τ,t_2,积分区域由图 3.2 中的正方形变为平行四边形。上式可写为

$$\begin{aligned}G_X(\omega) &= \lim_{T\to\infty}\frac{1}{2T}\int_{-T}^{T}\int_{-T}^{T}R_X(t_1-t_2)\mathrm{e}^{-j\omega(t_2-t_1)}\mathrm{d}t_1\mathrm{d}t_2\\ &= \lim_{T\to\infty}\frac{1}{2T}\left\{\int_{-2T}^{0}R_X(\tau)\mathrm{e}^{-j\omega\tau}\left[\int_{-T-\tau}^{T}\mathrm{d}t_2\right]\mathrm{d}\tau+\int_{0}^{2T}R_X(\tau)\mathrm{e}^{-j\omega\tau}\left[\int_{-T}^{T-\tau}\mathrm{d}t_2\right]\mathrm{d}\tau\right.\\ &= \lim_{T\to\infty}\frac{1}{2T}\left\{\int_{-2T}^{0}(2T+\tau)R_X(\tau)\mathrm{e}^{-j\omega\tau}\mathrm{d}\tau+\int_{0}^{+2T}(2T-\tau)R_X(\tau)\mathrm{e}^{-j\omega\tau}\mathrm{d}\tau\right\}\\ &= \lim_{T\to\infty}\frac{1}{2T}\left\{\int_{-2T}^{2T}(2T-|\tau|)R_X(\tau)\mathrm{e}^{-j\omega\tau}\mathrm{d}\tau\right\}\\ &= \int_{-\infty}^{\infty}R_X(\tau)e^{-j\omega\tau}\mathrm{d}\tau\end{aligned} \tag{3.1.23}$$

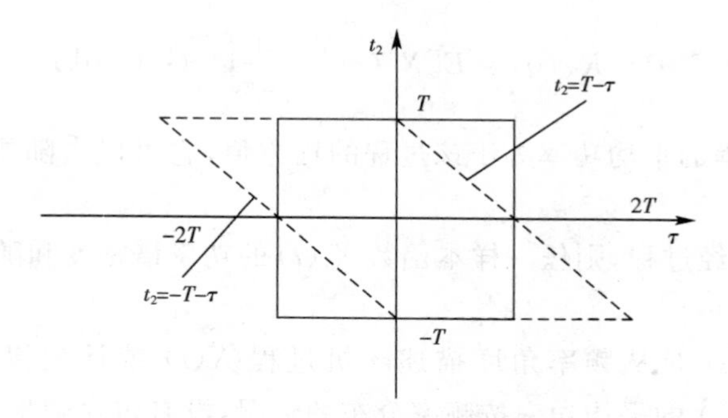

图 3.2 积分区域变换

由此可知,自相关函数和功率谱密度为一对傅里叶变换对,因此,由傅里叶反变换可求得自相关函数

$$R_X(\tau)=\frac{1}{2\pi}\int_{-\infty}^{\infty}G_X(\omega)\mathrm{e}^{j\omega\tau}\mathrm{d}\omega \tag{3.1.24}$$

所以实平稳过程的自相关函数与其功率谱密度之间是一对傅里叶变换关系,即

$$R_X(\tau)\underset{F^{-1}}{\overset{F}{\rightleftharpoons}}G_X(\omega) \tag{3.1.25}$$

这一关系就是著名的维纳－辛钦定理,或称为维纳－辛钦公式。它给出了实平稳过程的

时域特性和频域特性之间的联系。式(3.1.24)和(3.1.25)存在的条件是 $\tau R_X(\tau)$ 和 $G_X(\omega)$ 绝对可积，即

$$\int_{-\infty}^{\infty} |\tau R_X(\tau)| \mathrm{d}\tau < \infty \tag{3.1.26}$$

$$\int_{-\infty}^{\infty} G_X(\omega) \mathrm{d}\omega < \infty \tag{3.1.27}$$

它们要求 $X(t)$ 的数学期望为零，平均功率有限。由式(3.1.21)知，功率谱密度非负，式(3.1.27)中略去绝对值计算。

由于平稳过程的自相关函数和功率谱密度皆为偶函数，维纳－辛钦定理可表示为

$$\begin{cases} G_X(\omega) = 2\int_{0}^{\infty} R_X(\tau)\cos(\omega\tau)\mathrm{d}\tau \\ R_X(\tau) = \dfrac{1}{\pi}\int_{0}^{\infty} G_X(\omega)\cos(\omega\tau)\mathrm{d}\omega \end{cases} \tag{3.1.28}$$

2. 维纳－辛钦定理的推广

应该指出，以上讨论的维纳－辛钦定理是在随机过程的 $\tau R_X(\tau)$ 满足绝对可积的条件下推出的。它要求随机过程的均值为零，且 $R_X(\tau)$ 中不能含有周期分量。而实际中含有直流分量和周期分量的随机过程很多，而任何直流分量和周期分量在频域上都表现为某些频率点上出现强度无限的离散谱线，绝对可积的条件限制了定理的应用。

通过借助冲激函数 $\delta(t)$，就可以不受此条件的限制。即将直流分量与周期分量在各个频率点上的无限值用一个 δ 函数来表示，借助 δ 函数的傅里叶变换，就可以将维纳－辛钦公式推广到含有直流或周期成分的平稳过程中来。

δ 函数的时域和频域傅里叶变换为

$$\begin{cases} \delta(\tau) \Leftrightarrow 1 \\ \dfrac{1}{2\pi} \Leftrightarrow \delta(\omega) \end{cases} \tag{3.1.29}$$

周期函数的傅里叶变换对为

$$\begin{cases} \cos(\omega_0\tau) \Leftrightarrow \pi[\delta(\omega-\omega_0)+\delta(\omega+\omega_0)] \\ \sin(\omega_0\tau) \Leftrightarrow j\pi[\delta(\omega+\omega_0)-\delta(\omega-\omega_0)] \end{cases} \tag{3.1.30}$$

δ 函数与连续函数 $s(t)$ 的乘积公式为

$$\begin{cases} s(t)\delta(t-\tau) = s(\tau)\delta(t-\tau) \\ s(t)\delta(t) = s(0)\delta(t) \end{cases} \tag{3.1.31}$$

3. 随机序列的功率谱密度

对于平稳随机序列 $X(n)$，如果它的自相关函数满足

$$\sum_{m=-\infty}^{+\infty} | R_X(m) | < \infty \tag{3.1.32}$$

那么，它的功率谱密度定义为自相关函数 $R_X(m)$ 的离散傅里叶变换

$$G_X(e^{j\omega})=\sum_{m=-\infty}^{+\infty}R_X(m)e^{-jm\omega} \tag{3.1.33}$$

对于功率有限的平稳随机序列，它的自相关函数可以用功率谱密度表示为

$$R_X(m)=\frac{1}{2\pi}\int_{-\pi}^{\pi}G_X(e^{j\omega})e^{jm\omega}d\omega \tag{3.1.34}$$

为了表示简单起见，把 $G_X(e^{j\omega})$ 简记为 $G_X(\omega)$。很显然，功率谱密度 $G_X(\omega)$ 是周期为 2π 的周期函数。

当 $m=0$ 时，则

$$R_X(0)=E[X^2(n)]=\frac{1}{2\pi}\int_{-\pi}^{\pi}G_X(\omega)d\omega \tag{3.1.35}$$

平稳随机序列的功率谱通常也用 z 变换表示，即

$$G_X(z)=\sum_{m=-\infty}^{+\infty}R_X(m)z^{-m} \tag{3.1.36}$$

由于自相关函数为偶函数，所以

$$G_X(z)=G_X(z^{-1}) \tag{3.1.37}$$

自相关函数 z 变换的收敛域是一个包含单位圆的环形区域，即收敛域为

$$a<|z|<\frac{1}{a},0<a<1 \tag{3.1.38}$$

很显然

$$G_X(\omega)=G_X(z)|_{z}=e^{-j\omega} \tag{3.1.39}$$

自相关函数也可用功率谱的 z 反变换表示为

$$R_X(m)=\frac{1}{2\pi j}\oint_C G_X(z)z^{m-1}dz \tag{3.1.40}$$

式中，C 是收敛域内包含 z 平面原点逆时针的闭合围线。

【例 3.1】 已知正弦随相过程 $X(t)=A\cos(\omega_0 t+\Phi)$，其中 A、ω_0 为实常数，Φ 为随机相位，服从$(0,2\pi)$上的均匀分布。可证其为平稳随机过程，且自相关函数为

$$R_X(\tau)=\frac{A^2}{2}\cos(\omega_0\tau)$$

求 $X(t)$ 的功率谱密度 $G_X(\omega)$ 和其平均功率。

解：$R_X(\omega)$ 含有周期分量，引入 δ 函数可得

$$G_X(\omega)=\frac{A^2}{4}\int_{-\infty}^{\infty}(e^{j\omega_0\tau}+e^{-j\omega_0\tau})e^{-j\omega\tau}d\tau=\frac{A^2\pi}{2}[\delta(\omega-\omega_0)+\delta(\omega+\omega_0)]$$

表示 $X(t)$ 的功率谱密度为在 $\pm\omega_0$ 处的 δ 函数，功率集中在 $\pm\omega_0$ 处，如图 3.3 所示。

随机过程的平均功率为该过程的均方值，即

$$P=E[X^2(t)]=R_X(0)=\frac{1}{2\pi}\int_{-\infty}^{\infty}G_X(\omega)\mathrm{d}\omega=E[A^2\cos^2(\omega_0 t+\theta)]$$

$$=E[\frac{A^2}{2}+\frac{A^2}{2}\cos(2\omega_0 t+2\theta)]$$

$$=\frac{A^2}{2}+\frac{A^2}{2}\int_0^{2\pi}\frac{1}{2\pi}\cos(2\omega_0 t+2\theta)\mathrm{d}\theta=\frac{A^2}{2}$$

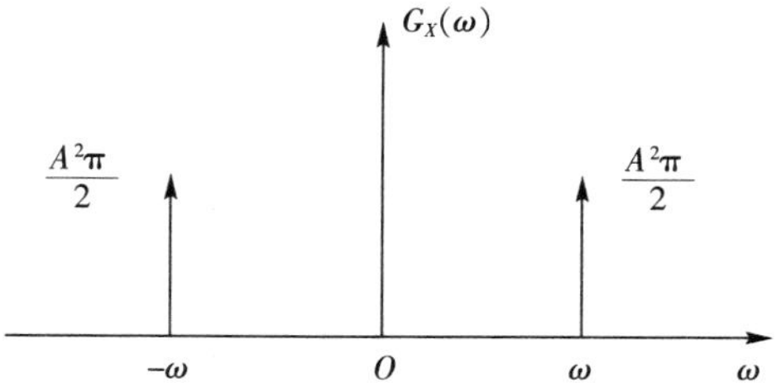

图 3.3　例 3.1 图

易见，本例中，$E[X^2(t)]=\frac{A^2}{2}$ 为常数，与时间无关。如果和时间有关，则还应对 $E[X^2(t)]$ 求时间平均，即平均功率应该为：

$$P=\lim_{T\to\infty}\frac{1}{2T}\int_{-T}^{T}E[X^2(t)]\mathrm{d}t。$$

【例 3.2】　已知平稳随机过程的功率谱为

$$G_X(\omega)=\frac{\omega^2+4}{\omega^4+10\omega^2+9}$$

求自相关函数。

解法 1：采用分式展开法然后再利用常见的傅里叶变换对求解

$$G_X(\omega)=\frac{\omega^2+4}{(\omega^2+9)(\omega^2+1)}=\frac{1}{8}(\frac{3}{\omega^2+1}+\frac{5}{\omega^2+9})=\frac{1}{8}(\frac{3}{2}\cdot\frac{2\cdot 1}{\omega^2+1}+\frac{5}{6}\cdot\frac{2\cdot 3}{\omega^2+3})$$

利用如下关系：

$$e^{-\alpha|\tau|}\leftrightarrow\frac{2\alpha}{\omega^2+\alpha^2}$$

可得

$$R_X(\tau)=\frac{1}{48}(9e^{-|\tau|}+5e^{-3|\tau|})$$

解法 2：利用 MATLAB 的符号计算功能求傅里叶反变换。计算程序为

```
syms w t;
Fw = (w^2 + 4)/(w^4 + 10 * w^2 + 9);
ft = ifourier(Fw,w,t);
pretty(ft);
```

运行结果为：

```
 5/48 exp(- 3 t) Heaviside(t) + 5/48 exp(3 t) Heaviside(- t)
  + 3/16 exp(- t) Heaviside(t) + 3/16 exp(t) Heaviside(- t)
```

其中 Heaviside(t) 为单位阶跃函数，将上面的结果整理得到自相关函数为

$$R_X(\tau)=\frac{1}{48}(9e^{-|\tau|}+5e^{-3|\tau|})$$

【例 3.3】　已知某随机过程 $X(t)$ 的样本函数可用傅里叶级数表示为

$$X(t)=\frac{a_0}{2}+\sum_{n=1}^{\infty}[a_n\cos n\,\omega_0(t+t_0)+b_n\sin n\,\omega_0(t+t_0)]$$

式中，t_0 是在一个周期内均匀分布的随机变量；a_n，b_n 是常数。试写出 $X(t)$ 的功率谱密度表达式。

解：既然随机过程的功率谱密度是其自相关函数的傅里叶变换，故先求其自相关函数。由于题意中并没说明该过程是否平稳，因此，在求自相关函数时，要保留变量 t。

$$\begin{aligned}
R_X(t,t+\tau)&=E[X(t)X(t+\tau)]\\
&=E\left[\left\{\frac{a_0}{2}+\sum_{n=1}^{\infty}[a_n\cos n\,\omega_0(t+t_0)+b_n\sin n\,\omega_0(t+t_0)]\right\}\right.\\
&\quad\left.\times\left\{\frac{a_0}{2}+\sum_{n=1}^{\infty}[a_n\cos n\,\omega_0(t+t_0+\tau)+b_n\sin n\,\omega_0(t+t_0+\tau)]\right\}\right]\\
&=\frac{a_0^2}{4}+\frac{a_0}{2}E\left[\sum_{n=1}^{\infty}[a_n\cos n\,\omega_0(t+t_0)+b_n\sin n\,\omega_0(t+t_0)]\right]\\
&\quad+\frac{a_0}{2}E\left[\sum_{n=1}^{\infty}[a_n\cos n\,\omega_0(t+t_0+\tau)+b_n\sin n\,\omega_0(t+t_0+\tau)]\right]\\
&\quad+\sum_{m=1}^{\infty}\sum_{n=1}^{\infty}\big[E[a_na_m\cos n\,\omega_0(t+t_0)\cos m\omega_0(t+t_0+\tau)]\\
&\quad+E[a_nb_m\cos n\,\omega_0(t+t_0)\sin m\omega_0(t+t_0+\tau)]\\
&\quad+E[a_mb_n\sin n\,\omega_0(t+t_0)\cos m\omega_0(t+t_0+\tau)]\\
&\quad+E[b_nb_m\sin n\,\omega_0(t+t_0)\sin m\omega_0(t+t_0+\tau)]\big]
\end{aligned}$$

共 9 项。

第一项为常数，第二至第五项求统计平均（在一个周期内积分），结果为零。

再观察二次求和项的第一项：

$$E[a_na_m\cos n\,\omega_0(t+t_0)\cos m\omega_0(t+t_0+\tau)]=\begin{cases}0 & m\neq n\\ \dfrac{a_ma_n}{2}\cos n\,\omega_0\tau & m=n\end{cases}$$

类似地，第二项为：$\begin{cases}0 & m\neq n\\ \dfrac{a_ma_n}{2}\sin n\,\omega_0\tau & m=n\end{cases}$

第三项为：$\begin{cases}0 & m\neq n\\ -\dfrac{a_ma_n}{2}\sin n\,\omega_0\tau & m=n\end{cases}$

第四项为：$\begin{cases} 0 & m \neq n \\ \dfrac{b_n^2}{2}\sin n\omega_0\tau & m = n \end{cases}$

$$\therefore R_X(\tau) = \frac{a_0^2}{4} + \sum_{n=1}^{\infty} \frac{a_n + b_n}{2} \cos n\omega_0\tau$$

可见，该随机过程虽然表达式较复杂，但仍是平稳随机过程。

$$\therefore G_X(\omega) = \frac{a_0^2}{2}\pi\delta(\omega) + \sum_{n=1}^{\infty} \frac{\pi(a_n + b_n)}{2}[\delta(\omega + \omega_0) + \delta(\omega - \omega_0)]$$

【例 3.4】 已知某随机过程 $X(t)$ 的自相关函数为

$$R_X(\tau) = \begin{cases} 1 - |\tau| & |\tau| \leqslant 1 \\ 0 & |\tau| > 1 \end{cases}$$

试写出 $X(t)$ 的功率谱密度表达式。

解：虽然题目中并没有直接说明随机过程 $X(t)$ 为平稳过程，但其自相关函数的表达式中仅出现了时间参数 τ，可以判断出该过程为平稳过程。因此，求功率谱密度只需要直接对自相关函数求傅里叶变换即可，即：

$$G_X(\omega) = \int_{-1}^{1} (1 - |\tau|) e^{-j\omega\tau} d\tau = \frac{\sin^2\left(\frac{\omega}{2}\right)^2}{\left(\frac{\omega}{2}\right)^2}$$

4. 物理功率谱密度

前面定义的随机过程功率谱密度分布在 $(-\infty, \infty)$ 整个频率范围之内，故常称它为“双边谱”密度。实际应用中 $\omega < 0$ 的负频率并不存在，公式中的负频率纯粹只有数学上的意义和运算的方便。因此有时也采用另一种仅在 $\omega \geqslant 0$ 正频率范围内分布的功率谱密度，定义为“物理功率谱密度”，记作 $F_X(\omega)$，又称“单边谱”密度，如图 3.4 所示。

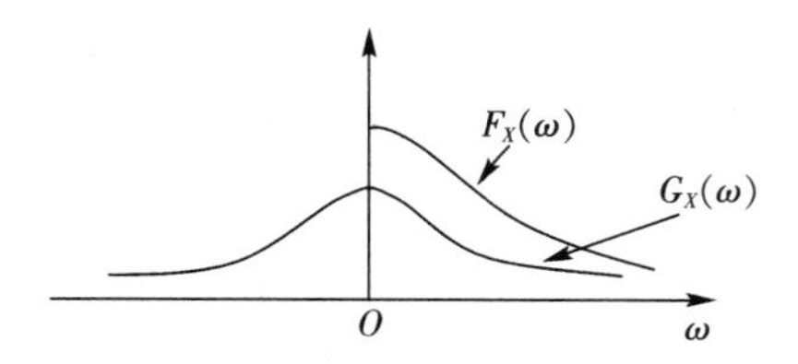

图 3.4　物理功率谱密度

$F_X(\omega)$ 与 $G_X(\omega)$ 的关系如下：

$$F_X(\omega) = 2G_X(\omega)U(\omega) = \begin{cases} 2G_X(\omega), & \omega \geqslant 0 \\ 0, & \omega < 0 \end{cases} \tag{3.1.41}$$

其中阶跃函数

$$U(\omega)=\begin{cases}1, & \omega \geqslant 0 \\ 0, & \omega < 0\end{cases} \tag{3.1.42}$$

若用物理功率谱密度 $F_X(\omega)$ 表示平稳随机过程的自相关函数及平均功率，则

$$R_X(\tau)=\frac{1}{2\pi}\int_0^{\infty} F_X(\omega)\cos(\omega\tau)\mathrm{d}\omega \tag{3.1.43}$$

$$P=R_X(0)=\frac{1}{2\pi}\int_0^{\infty} F_X(\omega)\mathrm{d}\omega \tag{3.1.44}$$

本书中讨论的功率谱密度，若不加说明，皆指"双边谱"密度(功率谱密度)。

3.1.3 功率谱密度的性质

1. 随机过程功率谱密度的性质

【性质 1】 $G_X(\omega)$ 非负，满足

$$G_X(\omega) \geqslant 0 \tag{3.1.45}$$

根据式(3.1.18)功率谱密度的定义，其中的 $|X_T(\omega)|^2$ 非负，故其数学期望值非负。

【性质 2】 $G_X(\omega)$ 是 ω 的实函数，满足

$$G_X^*(\omega)=G_X(\omega) \tag{3.1.46}$$

考虑到 $|X_T(\omega)|^2$ 是实函数，故其数学期望必为实函数。

【性质 3】 $G_X(\omega)$ 是 ω 的偶函数，满足

$$G_X(\omega)=G_X(-\omega) \tag{3.1.47}$$

证：对于实随机过程 $X(t)$ 截断函数的频谱有

$$X_T(\omega)=X_T^*(-\omega) \Rightarrow X_T^*(\omega)=X_T(-\omega) \tag{3.1.48}$$

代入式(3.1.18)有

$$\begin{aligned} G_X(\omega) &= \lim_{T\to\infty}\frac{1}{2T}E[|X_T(\omega)|^2]=\lim_{T\to\infty}\frac{1}{2T}E[X_T^*(\omega)X_T(\omega)] \\ &= \lim_{T\to\infty}\frac{1}{2T}E[X_T(-\omega)X_T^*(-\omega)]=G_X(-\omega) \end{aligned} \tag{3.1.49}$$

【性质 4】 平稳随机过程的 $G_X(\omega)$ 可积，满足

$$\int_{-\infty}^{\infty} G_X(\omega)\mathrm{d}\omega < \infty \tag{3.1.50}$$

证：由式(3.1.20)知，平稳过程的平均功率为

$$P=E[X^2(t)]=\frac{1}{2\pi}\int_{-\infty}^{+\infty} G_X(\omega)\mathrm{d}\omega \tag{3.1.51}$$

平稳过程的均方值有限，满足 $E[X^2(t)]<\infty$，得证。

【性质 5】　平稳随机过程的 $G_X(\omega)$ 可以表示为有理函数形式

$$G_X(\omega)=G_0^2\frac{\omega^{2m}+a_{2m-2}\omega^{2m-2}+\cdots+a_0}{\omega^{2n}+b_{2n-2}\omega^{2n-2}+\cdots+b_0} \tag{3.1.52}$$

由上面五点性质知，式中，$G_0>0$，要求平均功率有限，必须满足 $n>m$，且有理式的分母无实数根。由于 $G_X(\omega)$ 是实函数，即 $G_X^*(\omega)=G_X(\omega)$，综合以上特性，具有有理谱的功率谱可以分解为

$$G_X(\omega)=G_0\frac{(j\omega+\alpha_1)\cdots(j\omega+\alpha_M)}{(j\omega+\beta_1)\cdots(j\omega+\beta_N)}\cdot G_0\frac{(-j\omega+\alpha_1)\cdots(-j\omega+\alpha_M)}{(-j\omega+\beta_1)\cdots(-j\omega+\beta_N)}=G_X^+(\omega)G_X^-(\omega) \tag{3.1.53}$$

式中

$$G_X^+(\omega)=c_0\frac{(j\omega+\alpha_1)\cdots(j\omega+\alpha_M)}{(j\omega+\beta_1)\cdots(j\omega+\beta_N)} \tag{3.1.54}$$

$$G_X^-(\omega)=c_0\frac{(-j\omega+\alpha_1)\cdots(-j\omega+\alpha_M)}{(-j\omega+\beta_1)\cdots(-j\omega+\beta_N)} \tag{3.1.55}$$

并且$[G_X^-(\omega)]^*=G_X^+(\omega)$。如果用拉普拉斯变换（简称拉氏变换）表示，则

$$G_X(s)=G_X^+(s)G_X^-(s) \tag{3.1.56}$$

式中

$$G_X^+(s)=c_0\frac{(s+\alpha_1)\cdots(s+\alpha_M)}{(s+\beta_1)\cdots(s+\beta_N)} \tag{3.1.57}$$

$$G_X^-(s)=c_0\frac{(-s+\alpha_1)\cdots(-s+\alpha_M)}{(-s+\beta_1)\cdots(-s+\beta_N)} \tag{3.1.58}$$

α_k，β_k 分别表示功率谱在复平面的零点和极点，$G_X^+(\omega)$ 表示所有零极点在复平面的左半平面的那一部分，$G_X^-(\omega)$ 表示所有零极点在复平面的右半平面的那一部分。

2. 平稳随机序列功率谱密度的性质

【性质 1】　功率谱密度是实的偶函数，即

$$G_X(\omega)=G_X(-\omega),G_X^*(\omega)=G_X(\omega) \tag{3.1.59}$$

由于自相关函数是偶函数，对于用 z 变换表示的功率谱满足

$$G_X(\omega)=G_X(z^{-1}) \tag{3.1.60}$$

【性质 2】　功率谱密度是非负的函数，即

$$G_X(\omega)\geqslant 0 \tag{3.1.61}$$

【性质 3】　如果随机序列的功率谱具有有理谱的形式，那么，功率谱可以进行谱分解

$$G_X(z)=G_X^+(z)G_X^-(z) \tag{3.1.62}$$

式中，$G_X^+(z)$ 表示功率谱中所有零极点在单位圆内的那一部分，而 $G_X^-(z)$ 表示功率谱中所有零

极点在单位圆外的那一部分，且

$$G_X^+(z^{-1})=G_X^-(z),G_X^-(z^{-1})=G_X^+(z) \tag{3.1.63}$$

根据以上性质，功率谱中 z 和 z^{-1} 总是成对出现的，即 $G_X(z)$ 可表示为 $G_X(z+z^{-1})$。由于 $G_X(z+z^{-1})|_{z=e^{j\omega}}=G_X(2\cos\omega)$，所以，用离散傅里叶变换表示的功率谱是 $\cos\omega$ 的函数，即功率谱可表示为 $G_X(\cos\omega)$。

3.1.4 白噪声与白序列

1. 白噪声的定义及特性

一个均值为零，功率谱密度在整个频率轴上为非零常数，即

$$G_N(\omega)=N_0/2,-\infty<\omega<\infty \tag{3.1.64}$$

的平稳随机过程 $N(t)$，被称为白噪声过程或简称白噪声。式中，N_0 为正实常数。

写成单边谱的形式是

$$F_N(\omega)=\begin{cases}N_0 & 0<\omega<\infty\\ 0 & -\infty<\omega<0\end{cases} \tag{3.1.65}$$

利用傅里叶反变换，可求出白噪声的自相关函数，即

$$R_N(\tau)=\frac{1}{2\pi}\int_{-\infty}^{\infty}\frac{N_0}{2}e^{j\omega\tau}d\tau=\frac{N_0}{2}\delta(\tau) \tag{3.1.66}$$

白噪声的“白”字是由光学中的“白光”借用来的，白光在它的频谱上包含了所有可见光的频率成分。白噪声的相关系数 $r_N(\tau)$ 为

$$r_N(\tau)=\frac{C_N(\tau)}{C_N(0)}=\frac{R_N(\tau)-R_N(\infty)}{R_N(0)-R_N(\infty)}=\frac{R_N(\tau)}{R_N(0)}=\begin{cases}1 & \tau=0\\ 0 & \tau\neq 0\end{cases} \tag{3.1.67}$$

这表明白噪声在任何两个时刻(不管这两个时刻多么邻近)的状态都是不相关的，即白噪声随时间的起伏变化极快，且白噪声过程的功率谱极宽。这样定义的白噪声，只是理想化的模型，实际不可能存在。因为它的平均功率为无限大，即

$$\frac{1}{2\pi}\int_{-\infty}^{\infty}G_N(\omega)d\omega=\frac{N_0}{4\pi}\int_{-\infty}^{\infty}d\omega=\infty$$

而在自然界和工程应用中，实际上存在的随机过程其平均功率都总是有限的，同时实际随机过程在非常邻近的两个时刻的状态总是存在一定的相关性，也就是说其自相关函数不可能是一个严格的 δ 函数。尽管如此，由于白噪声在数学处理上具有简单方便的优点，所以在实际应用中占有非常重要的地位。实际上，当我们研究的随机过程，在比有用频带宽得多的范围内具有均匀的功率谱密度时，就可以作为白噪声来处理，而不会有太大的误差。电子设备中的起伏过程许多都可以作为白噪声来处理。例如电子管、半导体的散弹噪声和电阻热噪声在相当宽的频率范围内都具有均匀的功率谱密度，一般就作为白噪声。其他许多干扰过程，只要它的功率谱密度比电子系统的通频带宽得多，而其功率谱密度又在系统通带及其附近分布比较均

匀，都可以作为白噪声来处理。

热噪声是通信和雷达等专业中经常遇到的一种白噪声，指的是电路中由于各电子的热运动（布朗运动）而产生的随机起伏电压和电流，约翰逊（Johnson）和奈奎斯特（Nyquist）从实验和理论两方面研究和证明了阻值为 R 的电阻两端噪声电压 N_U 的均方值为

$$E[N_U^2(t)]=4kTR\Delta f \tag{3.1.68}$$

式中，T 为绝对温度；$k=1.38\times10^{-23}J/K$ 是玻尔兹曼（Boltzmann）常数；Δf 是带宽。其功率谱密度为

$$G_{N_U}(f)=\frac{E[N_U^2(f)]}{2\Delta f}=2kTR \tag{3.1.69}$$

与频率无关，即具有平坦的功率谱，而且 $E[N_U(t)]=0$，因而可以看成是白噪声。

2. 白序列（伪随机序列）

与连续的白噪声过程相对应的随机序列是白序列。我们知道白噪声过程仅仅是一种理想化的近似，但是白序列却不受此限制而实际存在。设随机序列 X_n，它的自相关函数满足

$$R_X(k)=\begin{cases}\sigma_X^2 & k=0\\ 0 & k\neq 0\end{cases} \tag{3.1.70}$$

或

$$R_X(k)=\sigma_X^2\delta(k) \tag{3.1.71}$$

式中，$\delta(k)$ 是单位冲激序列，定义为

$$\delta(k)=\begin{cases}1 & k=0\\ 0 & k\neq 0\end{cases} \tag{3.1.72}$$

容易证明，白序列的功率谱为

$$G_Z(\omega)=\sigma_Z^2\quad -\infty<\omega<\infty \tag{3.1.73}$$

白序列可以由白噪声过程等间隔地抽样得到，但更简单的方法是通过计算机软件，由函数产生。例如使用MATLAB中的函数rand，可以产生(0,1)区间均匀分布的、均值为零、方差为1的白噪声序列；用randn就可以产生高斯分布的白噪声序列，如果要改变分布的均值或方差，则要作相应的修改。

严格说来，由计算机产生的序列是一种近似的白序列，即它存在一定的周期性，只不过周期非常大而已（典型值为10^6 个样本），因而一般称这种随机序列为伪随机序列或伪随机数。

3. 限带白噪声

若噪声在一个有限的频带上有非零的常数功率谱，而在频带外为零，则被称为限带白噪声。例如某随机过程的功率谱密度为

$$G_N(\omega)=\begin{cases}\dfrac{\pi W}{\Omega} & -\Omega<\omega<\Omega\\ 0 & \text{其他}\end{cases} \tag{3.1.74}$$

求其傅里叶反变换，得其自相关函数为

$$R_N(\tau)=W\frac{\sin\Omega\tau}{\Omega\tau} \tag{3.1.75}$$

常数 W 是噪声功率；Ω 是低通的截止频率。限带白噪声也可以是带通的，如

$$G_N(\omega)=\begin{cases}\dfrac{\pi W}{\Omega} & \omega_0-\Omega<|\omega|<\omega_0+\Omega\\ 0 & \text{其他}\end{cases} \tag{3.1.76}$$

求其傅里叶反变换，得其自相关函数为

$$R_N(\tau)=W\frac{\sin(\Omega\tau/2)}{\Omega\tau/2}\cos\omega_0\tau \tag{3.1.77}$$

除此之外，我们定义任意的非白噪声为有色噪声(或色噪声，Colored Noise)。

3.2 多维(联合)平稳随机过程的互功率谱

上一章中已经建立了两个实随机过程互相关函数的概念，下面将单个实随机过程功率谱的概念以及相应的分析方法推广到两个随机过程中去。

3.2.1 互功率谱密度

仿照单实平稳过程功率谱密度推导所用的方法，对两个平稳的随机过程 $X(t)$ 和 $Y(t)$，定义 $X(t)$ 和 $Y(t)$ 的样本函数 $x_i(t)$ 和 $y_i(t)$ 的两个截断函数 $x_{Ti}(t)$ 和 $y_{Ti}(t)$ 分别为

$$x_{Ti}(t)=\begin{cases}x_i(t) & |t|<T\\ 0 & |t|\geqslant T\end{cases},\quad y_{Ti}(t)=\begin{cases}y_i(t) & |t|<T\\ 0 & |t|\geqslant T\end{cases} \tag{3.2.1}$$

因为截断函数 $x_{Ti}(t)$ 和 $y_{Ti}(t)$ 都满足绝对可积的条件，他们的傅里叶变换分别是 $X_{Ti}(\omega)$ 和 $Y_{Ti}(\omega)$，根据式(3.1.11)的推导，两个随机过程样本函数 $x_i(t)$ 和 $y_i(t)$ 的互平均功率为

$$P_i=\lim_{T\to\infty}\frac{1}{2T}\int_{-T}^{T}x_{Ti}(t)y_{Ti}(t)\mathrm{d}t=\lim_{T\to\infty}\frac{1}{2\pi}\int_{-\infty}^{\infty}\frac{1}{2T}X^*(\omega)Y_{Ti}(\omega)\mathrm{d}\omega \tag{3.2.2}$$

相对于所有试验结果的互平均功率是一个随机变量，因此，统计平均后的互平均功率是个确定值 P_{XY}，即

$$P_{XY}=\lim_{T\to\infty}\frac{1}{2T}\int_{-T}^{T}E[X(t)Y(t)]\mathrm{d}t=\lim_{T\to\infty}\frac{1}{2T}\int_{-T}^{T}R_{XY}(t,t)\mathrm{d}t$$

$$=\frac{1}{2\pi}\int_{-\infty}^{\infty}\lim_{T\to\infty}\frac{1}{2T}E[X_T^*(\omega)Y_T(\omega)]\mathrm{d}\omega \tag{3.2.3}$$

仿照功率谱密度的定义，定义两个随机过程 $X(t)$ 和 $Y(t)$ 的互功率谱密度为

$$G_{XY}(\omega)=\lim_{T\to\infty}\frac{1}{2T}\quad E[X_T^*(\omega)Y_T(\omega)] \tag{3.2.4}$$

则互平均功率为

$$P_{XY}=\frac{1}{2\pi}\int_{-\infty}^{\infty}G_{XY}(\omega)\mathrm{d}\omega \tag{3.2.5}$$

同理可得，$X(t)$、$Y(t)$ 的另一个互功率谱密度为

$$G_{YX}(\omega)=\lim_{T\to\infty}\frac{1}{2T}\quad E[Y_T^*(\omega)X_T(\omega)] \tag{3.2.6}$$

$X(t)$、$Y(t)$ 的另一个互平均功率为

$$P_{YX}=\frac{1}{2\pi}\int_{-\infty}^{\infty}G_{YX}(\omega)\mathrm{d}\omega \tag{3.2.7}$$

比较可得两个互功率谱密度之间的关系为

$$G_{XY}(\omega)=G_{YX}^*(\omega) \tag{3.2.8}$$

注意：$G_{XY}(\omega)$ 和 $G_{YX}(\omega)$ 的定义是不完全相同的，不要混淆。互功率谱密度也可以简称为互功率谱或互谱密度。

3.2.2　互功率谱密度与互相关函数的关系

如同单个实平稳随机过程自相关函数与其功率谱密度之间的关系一样，两个实平稳随机过程互相关函数与互功率谱密度之间也存在着类似的关系。对于两个实随机过程 $X(t)$、$Y(t)$，其互功率谱密度 $G_{XY}(\omega)$ 与其互相关函数 $<R_{XY}(t,t+\tau)>_t$ 之间的关系为

$$G_{XY}(\omega)=\int_{-\infty}^{\infty}<R_{XY}(t,t+\tau)>_t \mathrm{e}^{-\mathrm{j}\omega\tau}\mathrm{d}\tau \tag{3.2.9}$$

即

$$<R_{XY}(t,t+\tau)>_t \underset{F^{-1}}{\overset{F}{\rightleftharpoons}} G_{XY}(\omega) \tag{3.2.10}$$

若 $X(t)$、$Y(t)$ 联合平稳，则有

$$R_{XY}(\tau)\underset{F^{-1}}{\overset{F}{\rightleftharpoons}} G_{XY}(\omega) \tag{3.2.11}$$

即两个联合平稳的实随机过程，它们的互功率谱密度与互相关函数为一对傅里叶变换对

$$\begin{cases} G_{XY}(\omega)=\int_{-\infty}^{\infty}R_{XY}(\tau)\mathrm{e}^{-\mathrm{j}\omega\tau}\mathrm{d}\tau \\ R_{XY}(\tau)=\frac{1}{2\pi}\int_{-\infty}^{\infty}G_{XY}(\omega)\mathrm{e}^{\mathrm{j}\omega\tau}\mathrm{d}\omega \end{cases} \tag{3.2.12}$$

3.2.3 互功率谱密度的性质

两个随机过程的互功率谱密度与单个随机过程的功率谱密度不同，它不再是频率 ω 的非负、实的、偶函数。下面列出互功率谱密度的若干性质。

【性质 1】 $G_{XY}(\omega)$ 非偶函数，满足

$$G_{XY}(\omega)=G_{YX}^{*}(\omega)=G_{YX}(-\omega) \tag{3.2.13}$$

【性质 2】 $G_{XY}(\omega)$ 的实部为 ω 的偶函数，即

$$\begin{cases}\mathrm{Re}\left[G_{XY}(\omega)\right]=\mathrm{Re}\left[G_{XY}(-\omega)\right]\\ \mathrm{Re}\left[G_{YX}(\omega)\right]=\mathrm{Re}\left[G_{YX}(-\omega)\right]\end{cases} \tag{3.2.14}$$

式中 Re [·] 表示实部。

【性质 3】 $G_{XY}(\omega)$ 的虚部为 ω 的奇函数，即

$$\begin{cases}\mathrm{Im}\left[G_{XY}(\omega)\right]=-\mathrm{Im}\left[G_{XY}(-\omega)\right]\\ \mathrm{Im}\left[G_{YX}(\omega)\right]=-\mathrm{Im}\left[G_{YX}(-\omega)\right]\end{cases} \tag{3.2.15}$$

【性质 4】 若 $X(t)$，$Y(t)$ 正交，则有

$$G_{XY}(\omega)=G_{YX}(\omega)=0 \tag{3.2.16}$$

【性质 5】 若 $X(t)$、$Y(t)$ 不相关，且分别具有常数均值 m_X 和 m_Y，则

$$\begin{cases}R_{XY}(t,t+\tau)=m_X m_Y\\ G_{XY}(\omega)=G_{YX}(\omega)=2\pi m_X m_Y\delta\end{cases} \tag{3.2.17}$$

【性质 6】 互相关函数和互谱密度满足

$$\begin{cases}< R_{XY}(t,t+\tau) >_t \Leftrightarrow G_{XY}(\omega)\\ < R_{YX}(t,t+\tau) >_t \Leftrightarrow G_{YX}(\omega)\end{cases} \tag{3.2.18}$$

互功率谱从频域上描述了两个随机过程的互相关特性。

【例 3.5】 设两个随机过程 $X(t)$，$Y(t)$ 联合平稳，其互相关函数

$$R_{XY}(\tau)=\begin{cases}9e^{-3\tau}, & \tau\geqslant 0\\ 0, \tau<0\end{cases}$$

求互谱密度 $G_{XY}(\omega)$ 和 $G_{YX}(\omega)$。

解：由联合平稳过程互相关函数和互谱密度的傅里叶变换对关系，可得

$$G_{XY}(\omega)=\int_{-\infty}^{\infty}R_{XY}(\tau)\mathrm{e}^{-\mathrm{j}\omega\tau}\mathrm{d}\tau=\int_{-\infty}^{\infty}9e^{-3\tau}\mathrm{e}^{-\mathrm{j}\omega\tau}\mathrm{d}\tau=9\int_{-\infty}^{\infty}e^{-(3+j\omega)\tau}\mathrm{d}\tau=\frac{9}{3+j\omega}$$

可见，$G_{XY}(\omega)$ 是 ω 的复函数。根据互谱密度的性质 1，可得

$$G_{YX}(\omega)=G_{XY}^{*}(\omega)=\frac{9}{3-\mathrm{j}\omega}$$

3.2.4　复随机过程的功率谱密度

若复随机过程 $Z(t)$ 是平稳的，则仿照实随机过程的功率谱密度的定义，将复随机过程的功率谱密度定义为

$$G_Z(\omega)=\int_{-\infty}^{\infty}R_Z(\tau)\mathrm{e}^{-\mathrm{j}\omega\tau}\mathrm{d}\tau \tag{3.2.19}$$

由傅里叶反变换可得

$$R_Z(\tau)=\frac{1}{2\pi}\int_{-\infty}^{\infty}G_Z(\omega)\mathrm{e}^{\mathrm{j}\omega\tau}\mathrm{d}\omega \tag{3.2.20}$$

若复随机过程 $Z_i(t)$ 和 $Z_k(t)$ 联合平稳，则它们的互功率谱密度为

$$G_{Z_iZ_k}(\omega)=\int_{-\infty}^{\infty}R_{Z_iZ_k}(\tau)\mathrm{e}^{-\mathrm{j}\omega\tau}\mathrm{d}\tau \tag{3.2.21}$$

由傅里叶反变换，可得

$$R_{Z_iZ_k}(\tau)=\frac{1}{2\pi}\int_{-\infty}^{\infty}G_{Z_iZ_k}(\omega)\mathrm{e}^{\mathrm{j}\omega\tau}\mathrm{d}\omega \tag{3.2.22}$$

3.3　随机过程频域特性的仿真实验

信号的频谱分析是研究信号特性的重要手段之一，对于确定性信号，可以用傅里叶变换来考察信号的频谱特性，而对于广义平稳随机信号而言，相应的方法是对其进行功率谱分析。

功率谱密度函数反映了随机信号各频率成分的功率分布情况，是随机信号处理中应用很广的技术。实际应用的平稳信号通常是有限长的。因此，只能从有限的信号中去估计信号的真实功率谱，这就是功率谱估计的问题。本节仅介绍谱估计的经典方法及 MATLAB 仿真实例。

1. Blackman-Tukey(BT 法)

此方法的理论基础是维纳－辛钦定理。1958 年，布克曼(Blackman)和图基(Tukey)给出了用维纳相关法从抽样数据序列得到功率谱的实现方法。即先由 $x_N(n)$ 估计出自相关函数 $\hat{R}_X(m)$，然后对 $\hat{R}_X(m)$ 作傅里叶变换得到 $x_N(n)$ 的功率谱，记之为 $\hat{G}_X(\omega)$，并以此作为对

$G_X(\omega)$ 的估计，即

$$\hat{G}_X(\omega)=\sum_{m=-M}^{M}\hat{R}_X(m)e^{-j\omega m},\ |M|\leqslant N-1 \tag{3.3.1}$$

因为由这种方法求出的功率谱是通过自相关函数间接得到的，所以称为间接法，又称自相关法或 BT 法。当 M 较小时，上式的计算量不是很大。因此，该方法是在 FFT 问世之前（即周期图被广泛应用之前）常用的谱估计方法。

【实验 3.1】 $x(n)=\exp(j\pi n-j\pi)+\exp(j1.4\pi n-j0.7\pi)+v(n)$ 为一复正弦加白噪声随机过程，其中 $v(n)$ 为零均值高斯白噪声。要求：① 产生仿真数据，② 估计自相关函数，③ 估计经典功率谱。

MATLAB 程序如下：

```
%产生仿真数据 N=1000 点,x(1),x(2)...x(N)
clc;
v=randn(1,1000);
n=1:1000;
xn=exp(j*pi*n-j*pi)+exp(j*1.4*pi*n-j*0.7*pi)+v;
plot(n,real(xn));
xlabel('时间序列');
ylabel('x(n)');
title('x(n)=exp(j*pi*n-j*pi)+exp(j*1.4*n-j*0.7*pi)+v(n)');
%xcorr,求自相关函数
m=-500:500;
[r,lag]=xcorr(xn,500,'biased');
figure;
stem(m,real(r));
xlabel('时延');
ylabel('自相关');
%blackman Tukey 功率谱估计
k=0:1000;
w=(pi/500)*k;
M=k/500;
X=r*(exp(-j*pi/500)).^(m'*k);
magX=abs(X);
figure;
plot(M,10*log10(magX));
xlabel('角频率');
ylabel('功率谱(dB)');
title('BT 谱估计');
```

仿真结果

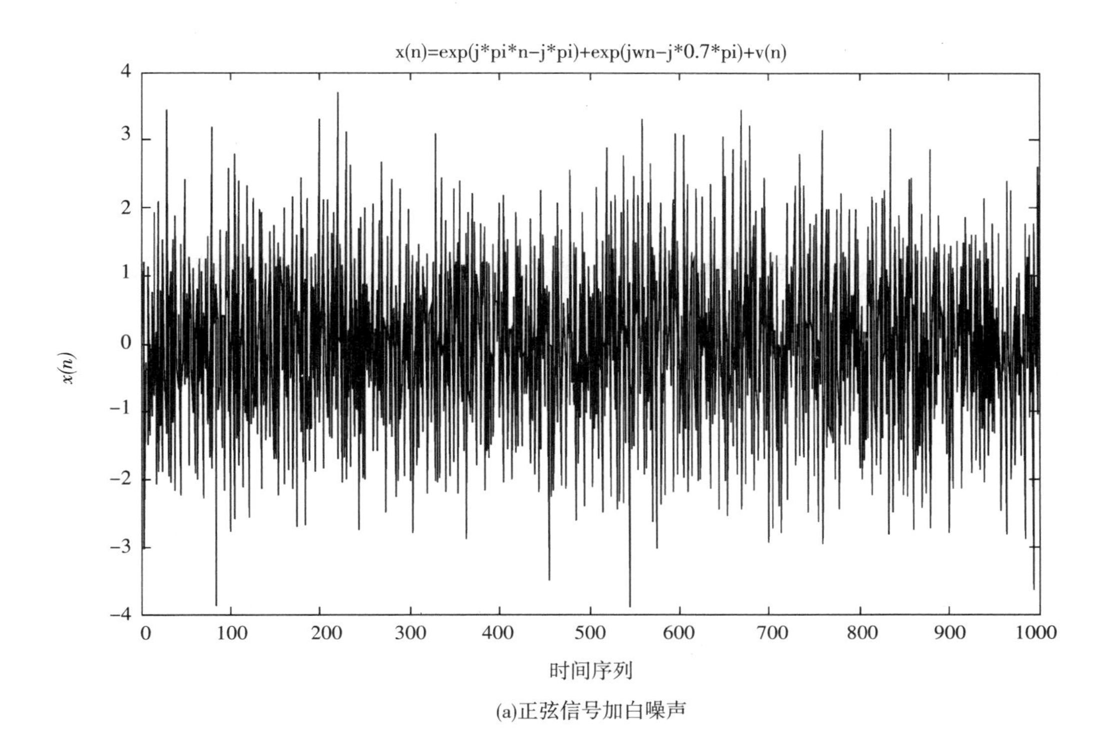

(a)正弦信号加白噪声

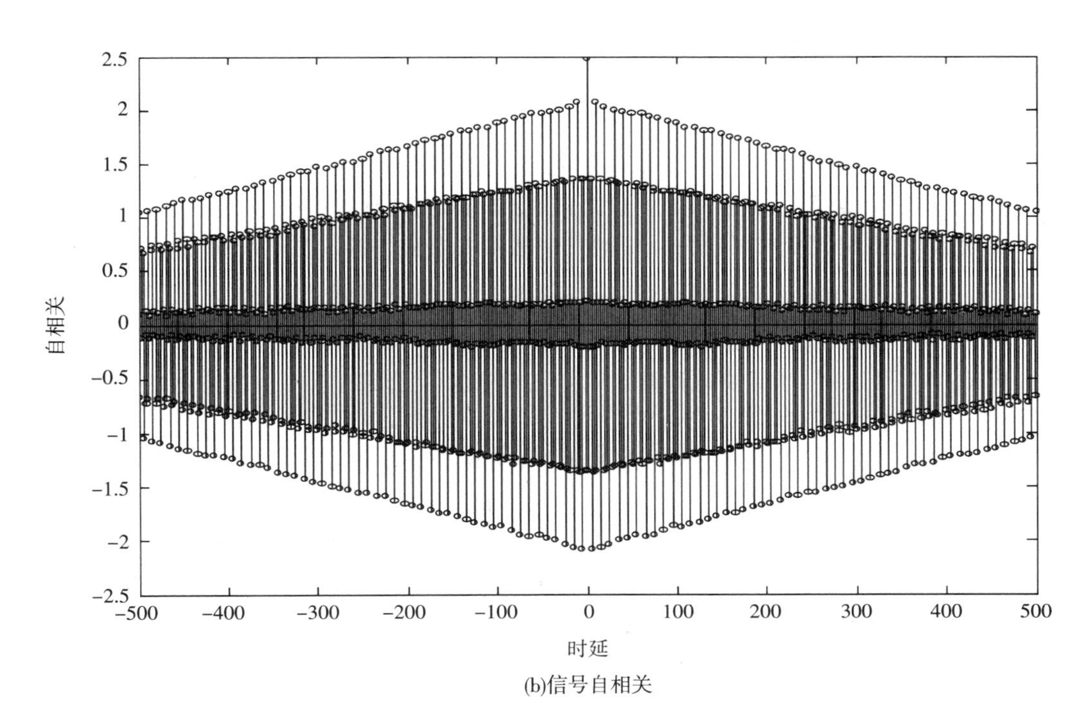

(b)信号自相关

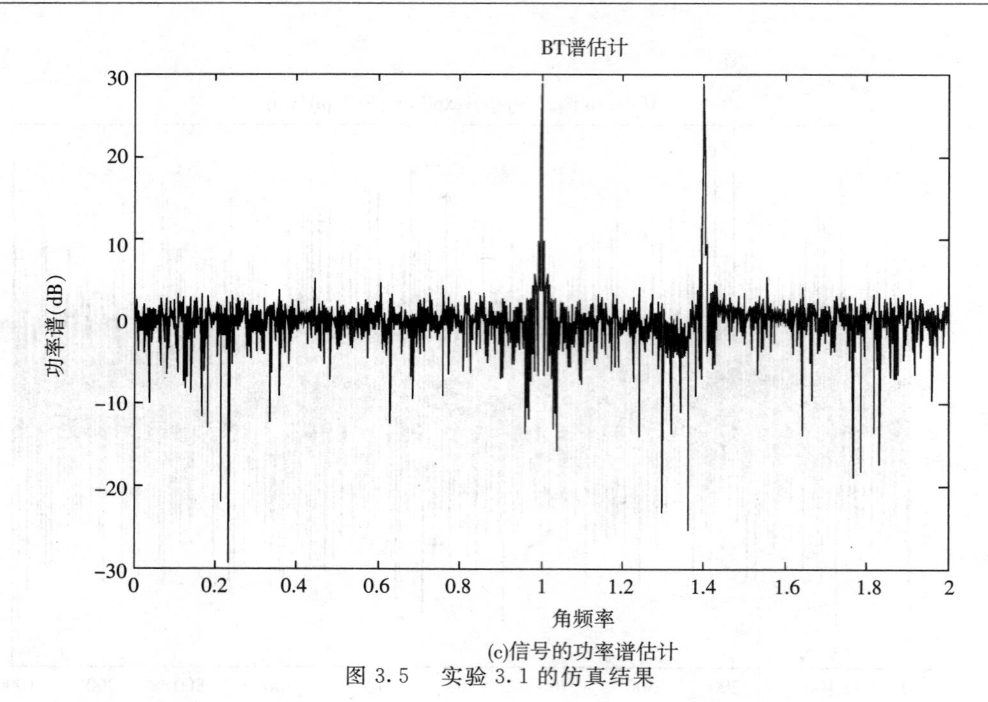

(c)信号的功率谱估计

图 3.5 实验 3.1 的仿真结果

2. 周期图法

周期图法又称直接法,它是把随机信号 $x(n)$ 的 N 点观察数据 $x_N(n)$ 视为一能量有限信号,直接作 $x_N(n)$ 的傅里叶变换,得 $X_N(\omega)$,然后再取其幅值的平方,并除以 N,作为对 $x(n)$ 真实的功率谱 $G_X(\omega)$ 的估计。以 $\hat{G}_X(\omega)$ 表示用周期图法估计出的功率谱,则

$$\hat{G}_X(\omega)=\frac{1}{N}\mid X_N(\omega)\mid^2 \tag{3.3.2}$$

周期图这一概念是由舒斯特于 1899 年首先提出的。因为它是直接由傅里叶变换得到的,所以人们习惯上称之为直接法。在 FFT 问世之前,由于该方法的计算量过大而无法运用。自 1965 年 FFT 出现后,此方法就变成了谱估计中的一个常用的方法。将 ω 在单位圆上等间隔取值,得

$$\hat{G}_X(k)=\frac{1}{N}\mid X_N(k)\mid^2 \tag{3.3.3}$$

由于 $X_N(k)$ 可以用 FFT 快速计算,所以 $\hat{G}_X(k)$ 也可方便地求出。由前面的讨论可知,上述谱估计的方法包含了下述假设及步骤:

(1) 把平稳随机信号 $X(n)$ 视为各态遍历的,用其一个样本 $x(n)$ 来代替 $X(n)$,并且仅利用 $x(n)$ 的 N 个观察值 $x_N(n)$ 来估计 $x(n)$ 的功率谱 $G_X(\omega)$。

(2) 从记录到的一个连续信号 $x(t)$ 到估计出 $G_X(k)$,还包括了对 $x(t)$ 的离散化(A/D)、必要的预处理(如除去均值、除去信号的趋势项、滤波)等。

BT 法和周期图法所得到的各种功率谱估计都是应用了经典的傅里叶分析法,故称为经典谱估计法。这两种谱估计法亦称为线性谱估计法,这是因为它们对所得到的数据序列只进行线性运算。BT 法与周期图法本质上是一样的。它们都是将有限长的数据段作为无限长的抽样序列给予开窗截断的结果,BT 法可以看做是对周期图法的一种改进。经典谱估计有一个主要弱点,就是会在频域发生“泄漏”,即功率谱主瓣内的能量泄漏到旁瓣内。这样,弱信号的主

瓣很容易被强信号的旁瓣淹没或畸变，造成谱的模糊或失真。此外，窗函数的选择及观测数据的长度，对谱估计的质量也有很大的影响。

【实验 3.2】 分别用周期图法和 BT 法估计两个频率点的余弦信号加白噪声序列的功率谱。$x(t)=\cos(2\pi f_1 t)+\cos(2\pi f_2 t)+N(t)$，其中 $f_1=300\text{Hz}$，$f_2=320\text{Hz}$，$N(t)\sim N(0,1)$ 为标准正态分布的白噪声；采样频率为 1kHz，采样总时长 0.3s。

MATLAB 程序如下：

```
clc;
% 周期图法
%301 个数据点
t=0:0.001:0.3;
x=cos(2*pi*t*300)+cos(2*pi*t*320)+randn(size(t));
subplot(2,2,1)
plot(0:300,x)
xlabel('时间序列')
ylabel('x(t)')
title('余弦信号加高斯白噪声')
grid;
% 没有加窗的周期图谱估计
subplot(2,2,2)
periodogram(x,[],512,1000);
xlabel('频率(Hz)')
ylabel('功率谱(dB)')
title('周期图谱估计')
% 加窗的周期图谱估计
subplot(2,2,3)
window=hann(301);
periodogram(x,window,512,1000);
xlabel('频率(Hz)')
ylabel('功率谱(dB)')
title('汉宁周期图谱估计')
% 相关函数法
R=xcorr(x)/15000;
Pw=fft(R);
subplot(2,2,4);
f=(0:length(Pw)-1)*1000/length(Pw);
plot(f,10*log10(abs(Pw)));
title('BT 功率谱估计')
xlabel('频率(Hz)')
ylabel('功率谱(dB)')
```

```
axis([0 500 -500]);
grid
```

仿真结果：

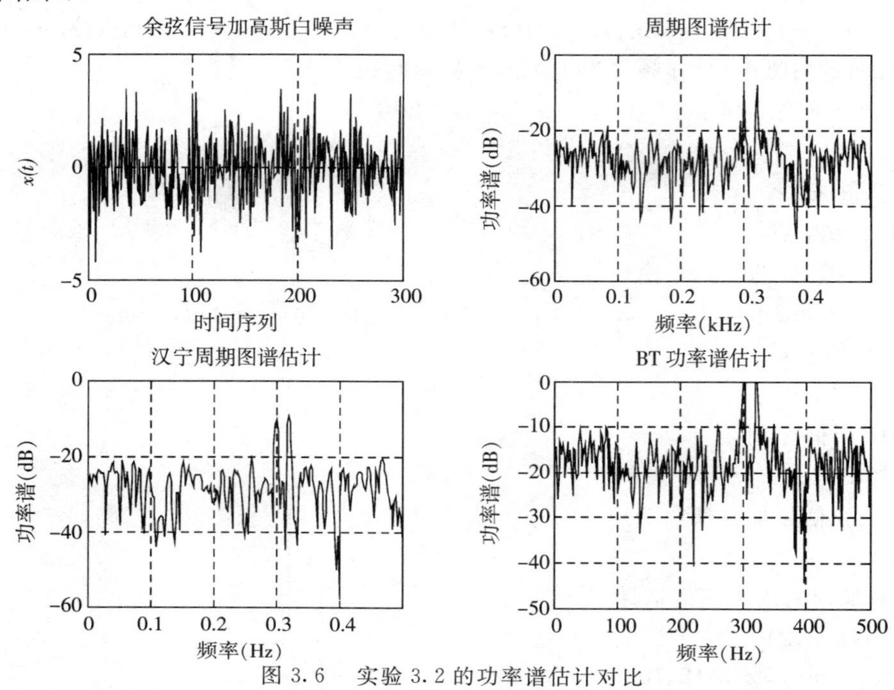

图 3.6 实验 3.2 的功率谱估计对比

【实验 3.3】 求受白噪声干扰的正弦信号和白噪声信号的自相关并比较。

$x(t)=\cos(2\pi f_1 t)+0.6*N(t)$，其中，$f_1=10\text{Hz}$，$N(t)\sim N(0,1)$ 为标准正态分布的白噪声；采样频率为 500Hz，采样总时长 1s。

```
clear
N=1000;
n=0:N-1;
Fs=500;
t=n/Fs;
Lag=100;
x=sin(2*pi*10*t)+0.6*randn(1,length(t));
[c,lags]=xcorr(x,Lag,'unbiased');
% 受白噪声干扰的正弦信号
subplot(2,2,1);
plot(t,x)
xlabel('时间')
ylabel('x(t)')
title('原信号 x')
grid;
% 受白噪声干扰的正弦信号的自相关
```

```
subplot(2,2,2);
plot(lags/Fs,c);
xlabel('时延');
ylabel('自相关')
title('自相关');
grid;
x1=randn(1,length(x));
[c,lags]=xcorr(x1,Lag,'unbiased');
% 高斯白噪声信号
subplot(2,2,3);
plot(t,x1)
xlabel('t');
ylabel('x1(t)')
title('高斯白噪声');
grid;
% 白噪声信号的自相关
subplot(2,2,4);
plot(lags/Fs,c);
xlabel('时延');
ylabel('自相关')
title('自相关');
grid;
```

仿真结果：

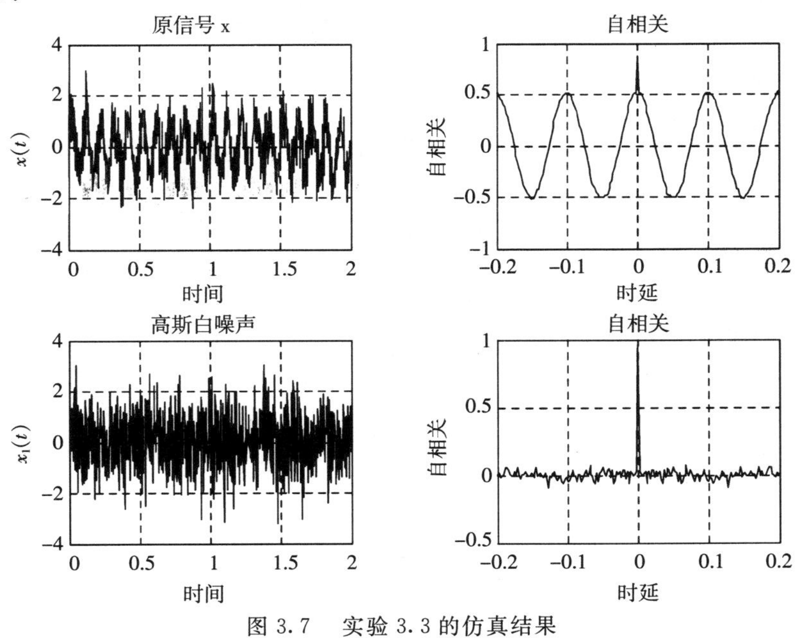

图 3.7　实验 3.3 的仿真结果

【实验 3.4】 两周期信号

$$x_1(t)=\sin(2\pi ft),\quad x_2(t)=0.5\sin(2\pi ft+180^0),$$

式中：$f=10H_Z$，求互相关函数 $R_{x_1x_2}(\tau)$。

matlab 程序如下：

```
clear
N=1000;
n=0:N-1;
Fs=500;
t=n/Fs;
Lag=200;
x=sin(2*pi*10*t);
y=0.5*sin(2*pi*10*t+pi);
[c,lags]=xcorr(x,y,Lag,'unbiased');
% 周期信号 x1(t)
subplot(3,1,1);
plot(t,x,'r')
xlabel('时间');
ylabel('x1(t)');
grid;
title('原信号');
% 周期信号 x2(t)
subplot(3,1,2)
plot(t,y,'b')
xlabel('时间');
ylabel('x2(t)');
title('原信号');
grid;
% 互相关函数
subplot(3,1,3);
plot(lags/Fs,c,'black');
xlabel('时延');
ylabel('互相关')
grid
```

仿真结果：

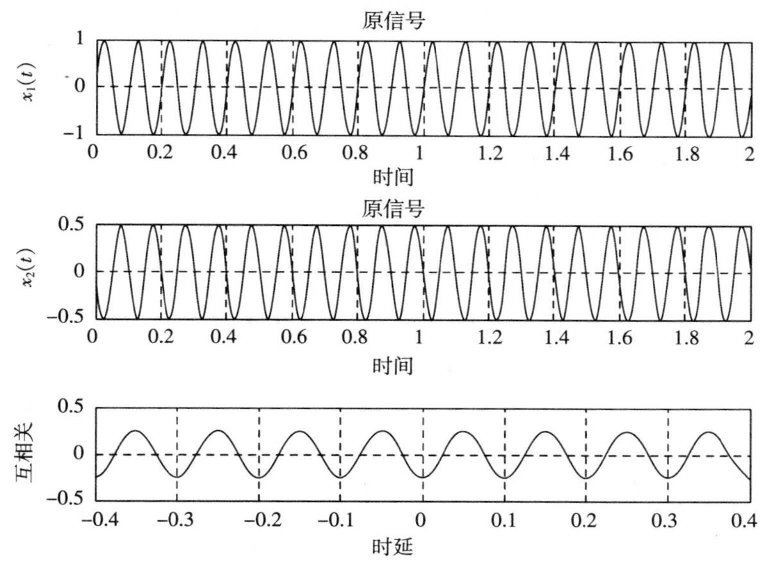

图 3.8　实验 3.4 的结果比较

习　题

3.1　以下有理函数是否为功率谱密度的正确表达式？为什么？

(1) $\dfrac{\omega^2}{\omega^6+3\omega^2+3}$；　(2) $\exp\left[-(\omega-1)^2\right]$；

(3) $\dfrac{\omega^2}{\omega^4-1}-\delta(\omega)$；　(4) $\dfrac{\omega^4}{1+\omega^2+j\omega^6}$。

3.2　对 3.1 题中的正确功率谱密度表达式，计算出自相关函数和均方值。

3.3　求正弦随相信号 $X(t)=\cos(\omega_0 t+\varphi)$ 的功率谱密度。式中，ω_0 为常数，φ 为 $(0,2\pi)$ 上均匀分布的随机变量。

3.4　求 $Y(t)=X(t)\cos(\omega_0 t+\varphi)$ 的自相关函数及功率谱密度。式中，$X(t)$ 为平稳随机过程，φ 为 $(0,2\pi)$ 上均匀分布的随机变量，ω_0 为常数，$X(t)$ 与 φ 互相独立。

3.5　已知平稳随机过程的功率谱密度为

$$G_X(\omega)=\frac{\omega^2}{\omega^4+3\omega^2+2}$$

求平稳随机过程 $X(t)$ 的均方值。

3.6　已知平稳随机过程 $X(t)$ 的自相关函数为 $R_X(\tau)=e^{-\alpha|\tau|}$，求 $X(t)$ 的功率谱密度 $G_X(\omega)$，并作图。

3.7　已知平稳随机过程 $X(t)$ 的自相关函数为 $R_X(\tau)=e^{-\alpha|\tau|}\cos\omega_0\tau$，求 $X(t)$ 的功率谱密度 $G_X(\omega)$，并作图。

3.8　已知平稳随机过程 $X(t)$ 的自相关函数为

$$R_X(\tau)=\begin{cases}1-\dfrac{|\tau|}{T}, & -T\leqslant\tau\leqslant T\\ 0, & \text{其他}\end{cases}$$

求 $X(t)$ 的功率谱密度 $G_X(\omega)$，并画图。

3.9　设 $X(t)$ 为平稳随机过程，求用 $X(t)$ 的功率谱表示的下式 $Y(t)$ 的功率谱密度

$$Y(t)=A+BX(t)$$

式中，A 和 B 为实常数。

3.10　求自相关函数为 $R_X(\tau)=p\cos^4(\omega_0\tau)$ 的随机过程的功率谱密度，并求其平均功率。式中 p,ω_0 为常数。

3.11　已知平稳随机过程 $X(t)$ 的功率谱密度为

$$G_X(\omega)=\begin{cases}1, & |\omega|\leqslant\omega_0\\ 0, & \text{其他}\end{cases}$$

求 $X(t)$ 的自相关函数 $R_X(\tau)$，并作图。

3.12　已知平稳随机过程 $X(t)$ 的自相关函数为

$$R_X(\tau)=4e^{-|\tau|}\cos\pi\tau+\cos 2\pi\tau$$

求 $X(t)$ 的功率谱密度 $G_X(\omega)$。

3.13　已知平稳随机过程 $X(t)$ 的自相关函数为

$$R_X(\tau)=a\cos^4\omega_0\tau$$

式中，a,ω_0 皆为正常数，求 $X(t)$ 的功率谱密度和平均功率。

3.14　已知平稳随机过程 $X(t)$ 的功率谱密度为

$$G_X(\omega)=\begin{cases}8\delta(\omega)+20\times\left(1-\dfrac{|\omega|}{10}\right), & |\omega|\leqslant\omega_0\\ 0, & \text{其他}\end{cases}$$

求 $X(t)$ 的自相关函数 $R_X(\tau)$。

3.15　设平稳随机过程是实过程，求证该过程的自相关函数与功率谱密度都是偶函数。

3.16　已知平稳随机过程 $X(t)$ 在频率 $f=0$ 时的功率谱密度为零，证明 $X(t)$ 的自相关函数满足

$$\int_{-\infty}^{\infty}R_X(\tau)\mathrm{d}\tau=0$$

3.17　若系统的输入过程 $X(t)$ 为平稳随机过程，系统的输出为平稳随机过程 $Y(t)=X(t)+X(t-\tau)$，证明 $Y(t)$ 的功率谱密度为 $G_Y(\omega)=2G_X(\omega)(1+\cos\omega\tau)$。

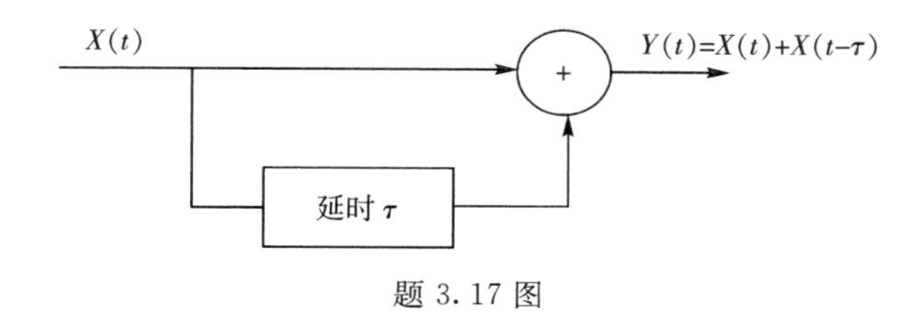

题3.17图

3.18　已知平稳随机过程

$$X(t)=\sum_{i=1}^{N}a_iY_i(t)$$

式中，a_i 是一组常实数，而随机过程 $Y_i(t)$ 皆为平稳过程且相互正交。证明：

$$G_X(\omega)=\sum_{i=1}^{N}a_i^2G_{Yi}(\omega)$$

3.19　设平稳随机过程 $X(t)=a\cos(\omega t+\varphi)$，式中，$a$ 为常数，φ 是在 $(0,2\pi)$ 上均匀分布的随机变量，ω 也是随机变量，并 $p(\omega)=p(-\omega)$，φ 与 ω 相互独立。求证 $X(t)$ 的功率谱密度为 $G_X(\omega)=a^2\pi p(\omega)$。

3.20　随机过程为

$$W(t)=AX(t)+BY(t)$$

式中，A 和 B 为实常数，$X(t)$ 和 $Y(t)$ 是宽联合平稳过程。

(1) 求 $W(t)$ 的功率谱密度 $G_W(\omega)$。

(2) 如果 $X(t)$ 和 $Y(t)$ 不相关，求 $G_W(\omega)$。

(3) 求互谱密度 $G_{XW}(\omega)$ 和 $G_{YW}(\omega)$。

3.21　若随机过程 $X(t)$ 为平稳过程，$Y(t)=X(t)\cos(\omega_0t+\varphi)$，式中，$X(t)$ 与 φ 相互独立，φ 为 $(0,2\pi)$ 上均匀分布的随机变量，ω_0 为常量。

(1) 求证 $Y(t)$ 为宽平稳随机过程，

(2) 若用 $W(t)=X(t)\cos[(\omega_0+\delta)t+\varphi]$ 表示随机过程 $Y(t)$ 的频率按 δ 差拍。求证 $W(t)$ 也是宽平稳随机过程。

(3) 求证上述两个过程之和 $W(t)+Y(t)$ 不是一个平稳过程。

3.22　设随机过程 $X(t)$ 和 $Y(t)$ 联合平稳，求证

$$\mathrm{Re}[G_{XY}(\omega)]=\mathrm{Re}[G_{YX}(\omega)];\mathrm{Im}[G_{XY}(\omega)]=-\mathrm{Im}[G_{YX}(\omega)]$$

3.23　设 $X(t)$ 和 $Y(t)$ 是两个不相关的平稳随机过程，均值 m_x，m_y 都不为零，定义 $Z(t)=X(t)+Y(t)$，求互谱密度 $G_{XY}(\omega)$ 及 $G_{XZ}(\omega)$。

3.24　已知平稳随机过程 $X(t)$ 和 $Y(t)$ 相互独立，功率谱密度分别为

$$G_X(\omega)=\frac{16}{\omega^2+16},G_Y(\omega)=\frac{\omega^2}{\omega^2+16}$$

令新的随机过程

$$\begin{cases} Z(t)=X(t)+Y(t) \\ V(t)=X(t)-Y(t) \end{cases}$$

① 证明 $X(t)$ 和 $Y(t)$ 联合平稳。② 求 $Z(t)$ 的功率谱密度 $G_Z(\omega)$。③ 求 $X(t)$ 和 $Y(t)$ 的互谱密度 $G_{XY}(\omega)$。④ 求 $X(t)$ 和 $Z(t)$ 的互相关函数 $R_{XZ}(\tau)$。⑤ 求 $V(t)$ 和 $Z(t)$ 的自相关函数 $R_{VZ}(\tau)$。

3.25　已知可微平稳随机过程 $X(t)$ 的功率谱密度为

$$G_X(\omega)=\frac{4}{\omega^2+1}$$

① 证明过程 $X(t)$ 和导数 $Y(t)=X'(t)$ 联合平稳。② 求互相关函数 $R_{XY}(\tau)$ 和互谱密度 $G_{XY}(\omega)$。

3.26　已知可微平稳过程 $X(t)$ 的自相关函数为 $R_X(\tau)=2\exp[-\tau^2]$，其导数为 $Y(t)=X'(t)$。求互谱密度 $G_{XY}(\omega)$ 和功率谱密度 $G_Y(\omega)$。

3.27　已知随机过程 $W(t)=X(t)\cos\omega_0 t+Y(t)\sin\omega_0 t$ 式中，随机过程 $X(t)$，$Y(t)$ 联合平稳，ω_0 为常数。① 讨论 $X(t)$，$Y(t)$ 及其均值和自相关函数在什么条件下，才能使随机过程 $W(t)$ 宽平稳。② 利用 ① 的结论，用功率谱密度 $G_X(\omega)$，$G_Y(\omega)$，$G_{XY}(\omega)$ 表示 $W(t)$ 的功率谱密度 $G_W(\omega)$。③ 若 $X(t)$，$Y(t)$ 互不相关，求 $W(t)$ 的功率谱密度 $G_W(\omega)$。

3.28　已知平稳随机过程 $X(t)$，$Y(t)$ 互不相关，它们的均值 m_X，m_Y 皆不为零。令新的随机过程 $Z(t)=X(t)+Y(t)$，求互谱密度 $G_{XY}(\omega)$ 和 $G_{XZ}(\omega)$。

3.29　已知可微平稳随机过程 $X(t)$ 的功率谱密度为

$$G_X(\omega)=\frac{4\alpha^2\beta}{(\alpha^2+\omega^2)^2}$$

其中 α，β 皆为正实常数，求随机过程 $X(t)$ 和其导数 $Y(t)=X'(t)$ 的互谱密度 $G_{XY}(\omega)$。

3.30　已知随机过程 $X(t)$，$Y(t)$ 为

$$\begin{cases} X(t)=a\cos(\omega_0 t+\theta) \\ Y(t)=A(t)\cos(\omega_0 t+\theta) \end{cases}$$

式中 a，ω_0 为实正常数，$A(t)$ 是具有恒定均值 m_A 的随机过程，θ 为与 $A(t)$ 独立的随机变量。

(1) 运用互谱密度的定义式

$$G_{XY}(\omega)=\lim_{T\to\infty}\frac{1}{2T}E[X_T^*(\omega)Y_T(\omega)]$$

证明：无论随机变量 θ 的概率密度形式如何，总有

$$G_{XY}(\omega)=\frac{\pi a m_A}{2}[\delta(\omega-\omega_0)+\delta(\omega+\omega_0)]$$

(2) 证明：$X(t)$、$Y(t)$ 的互相关函数为

$$R_{XY}(t,t+\tau)=\frac{a m_A}{2}\{\cos\omega_0\tau+E[\cos(2\theta)]\cos(2\omega_0 t+\omega_0\tau)$$

$$-E[\sin(2\theta)]\sin(2\omega_0 t+\omega_0\tau)$$

(3) 求互相关函数 $R_{XY}(t,t+\tau)$ 的时间平均 $<R_{XY}(t,t+\tau)>_t$。

第4章　窄带随机过程

窄带信号是中心频率 ω_0 远大于谱宽 $\Delta\omega$，即 $\omega_0 \gg \Delta\omega$ 的随机信号；窄带系统的频率响应被限制在中心频率 ω_0 附近一个比较窄的范围内，而中心频率 ω_0 又离零频足够远。窄带信号的实例很多，例如微波脉冲雷达，工作频率约在 1000MHz 以上，而它的带宽一般都在几兆赫兹以下。又如语言信号本身仅有近 3.4kHz 的带宽，即采用 PCM 数字编码也只有 64kbps 的码速率，若再压缩编码，则仅有 2.4kbps 或 1.2kbps 甚至更低的码速率。为了在无线电波或光缆设备中进行传输，需要将它调制到兆赫以上量级的载波上进行传输。工作在这些系统发射机和接收机中的高频放大器，为了与窄带信号相匹配，通常都是具有上述特点的窄带系统。

同样，如果一个随机过程的功率谱密度，只分布在高频载波 ω_0 附近一个窄频范围 $\Delta\omega$ 内，在此范围之外全为零，且满足 $\omega_0 \gg \Delta\omega$ 时，则称之为窄带随机过程。窄带随机过程在信息传输系统，特别是接收机中，是经常遇到的随机信号。当窄带系统（接收机）的输入噪声（如热噪声）的功率分布在足够宽的频带（相对于接收机带宽）上时，系统的输出即为窄带随机过程。

本章将讨论随机信号的复信号表示，描述窄带随机过程的物理模型和数学模型，讨论分析窄带信号和系统的重要工具 — 希尔伯特变换，分析窄带随机过程的统计特性及其一些重要性质。最后，讨论窄带随机过程经包络检波器和平方律检波器后统计特性的变化。

4.1　随机信号的复信号表示

实际信号都是时间的实值函数，这种表示方法比较直观明了；但是某些情况下，信号用复数形式表示在推导和运算上更方便。

4.1.1　窄带随机信号的复信号表示

先以简单的余弦信号为例，设有实信号

$$s(t) = a\cos(\omega_0 t + \varphi) = a\cos\varphi(t) \tag{4.1.1}$$

式中，$\varphi(t) = \omega_0 t + \varphi$，$a_0$，$\omega_0$ 和 φ 均为常数。其复数表示形式为

$$\tilde{s}(t) = a\mathrm{e}^{\mathrm{j}\varphi(t)} = a\mathrm{e}^{\mathrm{j}\varphi}\mathrm{e}^{\mathrm{j}\omega_0 t} = \tilde{a}\mathrm{e}^{\mathrm{j}\omega_0 t} \tag{4.1.2}$$

式中，$\tilde{a} = a\mathrm{e}^{\mathrm{j}\varphi}$ 称为复包络。

也可把复信号 $\tilde{s}(t)$ 写是成另一种形式，即

$$\tilde{s}(t) = s(t) + j\hat{s}(t) \tag{4.1.3}$$

式中，$s(t)$ 和 $\hat{s}(t)$ 都是实函数，并分别为

$$\begin{cases} s(t) = a\cos(\omega_0 t + \varphi) \\ \hat{s}(t) = a\sin(\omega_0 t + \varphi) \end{cases} \tag{4.1.4}$$

上式表明，$s(t)$ 和 $\hat{s}(t)$ 的相位差为 90°，是正交函数。$\tilde{s}(t)$ 的振幅和相角分别为

$$\begin{cases}|\tilde{s}(t)|=a=[s^2(t)+\hat{s}^2(t)]^{\frac{1}{2}}\\ \varphi(t)=\arctan\dfrac{\hat{s}(t)}{s(t)}\end{cases}\tag{4.1.5}$$

下面讨论实、复信号频谱发生的变化。对式(4.1.4)作傅里叶变换，得 $s(t)$ 和 $\hat{s}(t)$ 的频谱分别为

$$\begin{cases}S(\omega)=\pi\bar{a}\delta(\omega-\omega_0)+\pi\bar{a}^*\delta(\omega+\omega_0)\\ \hat{S}(\omega)=-\mathrm{j}\pi\bar{a}\delta(\omega-\omega_0)+j\pi\bar{a}^*\delta(\omega+\omega_0)\end{cases}\tag{4.1.6}$$

式中，$\bar{a}^*$ 为 $\bar{a}$ 的复共轭。根据式(4.1.3)，$\tilde{s}(t)$ 的频谱为

$$\tilde{S}(\omega)=S(\omega)+j\hat{S}(\omega)=2\pi\bar{a}\delta(\omega-\omega_0)\tag{4.1.7}$$

式(4.1.6)和式(4.1.7)表明，实信号 $s(t)$ 和 $\hat{s}(t)$ 的频谱分布于正负频域中；而复信号 $\tilde{s}(t)$ 的频谱，由于 $S(\omega)$ 和 $j\hat{S}(\omega)$ 在复频域中正负号相反而被抵消，在正频域中正负号相同而被叠加。

现在讨论窄带机随信号的复信号表示及其频谱的变化。一般窄带随机信号可表示为

$$s(t)=a(t)\cos[\omega_0 t+\varphi(t)]\tag{4.1.8}$$

式中，$a(t)$ 和 $\varphi(t)$ 分别表示振幅调制信号和相位调制信号，相对于中心频率 ω_0 而言，它们都是低频的缓变信号。

仿照式(4.1.1)的方法，将式(4.1.8)的实窄带随机信号表示成相应的复信号，即

$$\tilde{s}(t)=a(t)\mathrm{e}^{\mathrm{j}[\omega_0 t+\varphi(t)]}=\bar{a}(t)\mathrm{e}^{\mathrm{j}\omega_0 t}=s(t)+j\hat{s}(t)\tag{4.1.9}$$

式中，$\bar{a}(t)=a(t)\mathrm{e}^{\mathrm{j}\varphi(t)}$，称为 $s(t)$ 的复包络。

$\bar{a}(t)$ 与 $\tilde{A}(\omega)$ 互为傅里叶变换对，而 $\mathrm{e}^{\mathrm{j}\omega_0 t}$ 与 $2\pi\delta(\omega-\omega_0)$ 也互为傅里叶变换对，利用傅里叶变换的频谱位移特性，则有 $\tilde{s}(t)$ 与 $\tilde{S}(\omega)=\tilde{A}(\omega-\omega_0)$ 也是互为傅里叶变换对。$\bar{a}(t)$ 是低频的有限带宽信号，假设其频谱 $\tilde{A}(\omega)$ 如图4.1(c)所示，则 $\tilde{s}(t)$ 的频谱 $\tilde{S}(\omega)$ 为 $\tilde{A}(\omega)$ 向右平移 ω_0，如图4.1(b)所示。

同理，$\tilde{s}(t)$ 的复共轭 $\tilde{s}^*(t)$ 与 $\tilde{A}^*(\omega+\omega_0)$ 互为傅里叶变换对。

利用欧拉公式，得

$$s(t)=\frac{1}{2}[\tilde{s}(t)+\tilde{s}^*(t)]\tag{4.1.10}$$

由式(4.1.10)可知，$s(t)$ 的频谱为

$$S(\omega)=\frac{1}{2}[\tilde{A}(\omega-\omega_0)+\tilde{A}^*(\omega+\omega_0)]\tag{4.1.11}$$

同理，有

$$\mathrm{j}\hat{S}(\omega)=\frac{1}{2}[\tilde{A}(\omega-\omega_0)-\tilde{A}^*(\omega+\omega_0)]\tag{4.1.12}$$

所以

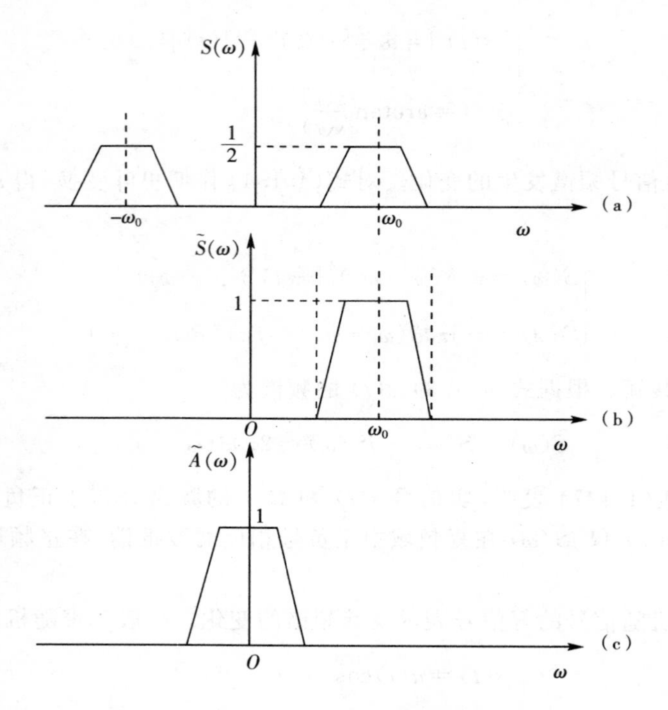

图 4.1　复包络、复信号和实信号的频率特性

$$\widetilde{S}(\omega)=S(\omega)+j\hat{S}(\omega)=\begin{cases}2S(\omega), \omega\geqslant 0\\ 0, \omega<0\end{cases}$$

$$=2S(\omega)U(\omega) \tag{4.1.13}$$

式中

$$U(\omega)=\begin{cases}1, \omega\geqslant 0\\ 0, \omega<0\end{cases} \tag{4.1.14}$$

式(4.1.13)说明，该复信号 $\tilde{s}(t)$ 的频谱只有正的频率分量，并为实信号的频谱在正频中的 2 倍。

由上述讨论可知，将一高频窄带随机信号表示成复信号时，就是把原来具有高频频谱信号转化为只具有低频频谱的复包络和正弦信号的乘积，如式(4.1.8)所示。该复包络的频谱 $\widetilde{A}(\omega)$ 可通过把复信号的频谱 $\widetilde{S}(\omega)$ 左移 ω_0 而得到(见图 4.1)。这样就可将对高频信号的运算转换为对低频信号的运算，从而使分析简化。

4.1.2　希尔伯特变换及其特点

设 $x(t)$ 为任意的实信号，它的希尔伯特变换记为 $\hat{x}(t)$ 或 $H[x(t)]$，即

$$\hat{x}(t)=\frac{1}{\pi}\int_{-\infty}^{+\infty}\frac{x(\tau)}{t-\tau}\mathrm{d}\tau \tag{4.1.15}$$

用 $\tau=t+\tau'$ 代入上式，进行变量置换得

$$\hat{x}(t)=-\frac{1}{\pi}\int_{-\infty}^{+\infty}\frac{x(t+\tau)}{\tau}\mathrm{d}\tau=\frac{1}{\pi}\int_{-\infty}^{+\infty}\frac{x(t-\tau)}{\tau}\mathrm{d}\tau \tag{4.1.16}$$

1. 希尔伯特变换的冲激响应及传递函数

希尔伯特变换的冲激响应为

$$h_H(t)=\frac{1}{\pi t} \tag{4.1.17}$$

其传递函数为

$$H(\omega)=-\mathrm{jsign}(\omega)=\begin{cases}-j & \omega\geqslant 0\\ +j & \omega<0\end{cases} \tag{4.1.18}$$

2. 希尔伯特反变换

$$x(t)=H^{-1}[\hat{x}(t)]=-\frac{1}{\pi}\int_{-\infty}^{+\infty}\frac{\hat{x}(t-\tau)}{\tau}\mathrm{d}\tau=\frac{1}{\pi}\int_{-\infty}^{+\infty}\frac{\hat{x}(t+\tau)}{\tau}\mathrm{d}\tau$$

$$=-\frac{1}{\pi t}\otimes\hat{x}(t)=h_1(t)\otimes\hat{x}(t) \tag{4.1.19}$$

式中

$$h_1(t)=-\frac{1}{\pi t} \tag{4.1.20}$$

为希尔伯特逆变换的冲激响应。

3. 希尔伯特变换是一个正交滤波器

因为

$$\hat{x}(t)=x(t)\otimes\frac{1}{\pi t} \tag{4.1.21}$$

故可将 $x(t)$ 的希尔伯特变换视为将 $x(t)$ 通过一个具有冲激响应为 $h(t)=1/\pi t$ 的线性滤波器，即

$$H(\omega)=\begin{cases}-j, & \omega\geqslant 0\\ +j, & \omega<0\end{cases} \tag{4.1.22}$$

即

$$|H(\omega)|=1$$

$$\varphi(\omega)=\begin{cases}-\dfrac{\pi}{2} & \omega\geqslant 0\\ +\dfrac{\pi}{2} & \omega<0\end{cases} \tag{4.1.23}$$

该滤波器的幅频特性，如图 4.2 所示。

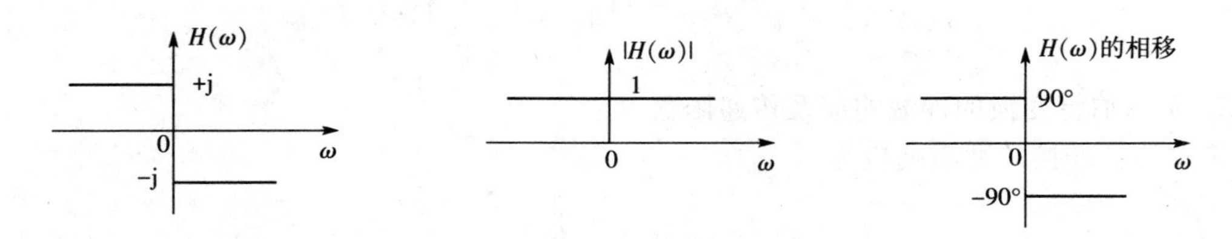

图 4.2 希尔伯特变换器的传输函数

该图表明,所有的正频分量移相为 $-90°$,而所有的负频分量移相为 $+90°$。因此,希尔伯特变换是一个正交滤波器。

4.1.3 解析过程

任一实随机过程 $X(t)$ 的复过程可表示为

$$\widetilde{X}(t)=X(t)+j\hat{X}(t) \tag{4.1.24}$$

式中,$\hat{X}(t)$ 是 $X(t)$ 的希尔伯特变换,它是一个实随机过程。称 $\widetilde{X}(t)$ 是 $X(t)$ 的解析过程。

对于解析过程 $\widetilde{X}(t)$ 有以下性质:

【性质 1】 若 $X(t)$ 为实平稳随机过程,则 $\widetilde{X}(t)$ 也为实平稳随机过程。

【性质 2】 实平稳随机过程 $X(t)$ 与其希尔伯特变换 $\hat{X}(t)$ 具有相同的相关函数和功率谱。

$$R_{\hat{X}}(\tau)=R_X(\tau)$$

$$G_{\hat{X}}(\omega)=G_X(\omega)$$

证:因为

$$\hat{X}(t)=X(t)\otimes h(t)$$

利用输入与输出随机过程功率谱的关系,得

$$G_{\hat{X}}(\omega)=G_X(\omega)\mid H(j\omega)\mid^2=G_X(\omega)$$

经傅里叶反变换,得

$$R_{\hat{X}}(\tau)=R_X(\tau)$$

【性质 3】 $R_{\hat{X}X}(\tau)=-\hat{R}_X(\tau)$;$R_{X\hat{X}}(\tau)=\hat{R}_X(\tau)$;$R_{X\hat{X}}(\tau)=-R_{\hat{X}X}(\tau)$

证:

$$R_{\hat{X}X}(\tau)=E[\hat{X}(t)X(t+\tau)]$$

$$=E\left[\frac{1}{\pi}\int_{-\infty}^{+\infty}\frac{X(\alpha)}{t-\alpha}\mathrm{d}\alpha\cdot X(t+\tau)\right]$$

$$\underline{\underline{t-\alpha=\beta}}E\left[\frac{1}{\pi}\int_{-\infty}^{+\infty}\frac{X(t-\beta)X(t+\tau)}{\beta}\mathrm{d}\beta\right]$$

$$=\frac{1}{\pi}\int_{-\infty}^{+\infty}E[X(t-\beta)X(t+\tau)]\frac{1}{\beta}\mathrm{d}\beta$$

$$=\frac{1}{\pi}\int_{-\infty}^{+\infty}\frac{R_X(\tau+\beta)}{\beta}\mathrm{d}\beta=-\hat{R}_X(\tau)$$

同理,可证其他。

【性质 4】 $R_{\hat{X}X}(-\tau)=-R_{\hat{X}X}(\tau)$

证:$R_{\hat{X}X}(-\tau)=E[\hat{X}(t)X(t-\tau)]$

$$=E[\frac{1}{\pi}\int_{-\infty}^{+\infty}\frac{X(\alpha)}{t-\alpha}\mathrm{d}\alpha\cdot X(t-\tau)]$$

$$\underline{\underline{t-\alpha=\beta}}E[\frac{1}{\pi}\int_{-\infty}^{+\infty}\frac{X(t-\beta)X(t-\tau)}{\beta}\mathrm{d}\beta]$$

$$=\frac{1}{\pi}\int_{-\infty}^{+\infty}\frac{R_X(-\tau+\beta)}{\beta}\mathrm{d}\beta$$

$$=\frac{1}{\pi}\int_{-\infty}^{+\infty}\frac{R_X(\tau-\beta)}{\beta}\mathrm{d}\beta=\hat{R}_X(\tau)=-R_{\hat{X}X}(\tau)$$

【性质 5】 $R_{\hat{X}X}(0)=0$

该性质表明,在同一时刻 t,随机变量 $\hat{X}_t$ 与 X_t 正交,即

$$E[\hat{X}_tX_t]=0$$

但这不意味着 $E[\hat{X}(t)X(t)]=0$。

【性质 6】 $R_{\tilde{X}}(\tau)=2[R_X(\tau)+jR_{\hat{X}X}(\tau)]=2[R_X(\tau)+j\hat{R}_X(\tau)]$

证:

$$R_{\tilde{X}}(\tau)=E[\tilde{X}^*(t)\tilde{X}(t+\tau)]$$

$$=E[(X(t)-\mathrm{j}\hat{X}(t))(X(t+\tau)+j\hat{X}(t+\tau))]$$

$$=R_X(\tau)+R_X(\tau)+j[R_{\hat{X}X}(\tau)-R_{X\hat{X}}(\tau)]$$

$$=2[R_X(\tau)+\mathrm{j}R_{\hat{X}X}(\tau)]$$

【性质 7】 $G_{\hat{X}X}(\omega)=\begin{cases}-\mathrm{j}G_X(\omega) & \omega\geqslant 0\\ +jG_X(\omega) & \omega<0\end{cases}$

利用性质 3 和傅里叶变换可证。

【性质 8】 $G_{\tilde{X}}(\omega)=\begin{cases}4G_X(\omega) & \omega\geqslant 0\\ 0 & \omega<0\end{cases}$

利用性质 6 和傅里叶变换可证。

该性质表明,解析过程的功率谱密度只存在在正频率轴,即它具有单边功率谱密度,其强度等于原实随机过程功率谱密度强度的 4 倍。

4.2 窄带随机过程

4.2.1 窄带随机过程的数学表示

在通信中,基带信号需要调制到一个载频上才能发射出去,通常这种被调制信号的带宽远远小于载波频率,这种信号称为窄带信号。对于一个随机过程而言,若其功率谱是限带的,而且满足 $\omega_0 \gg \Delta\omega$ 就称为窄带过程。这里 ω_0 可能选在频带中心附近或最大功率谱密度点对应的频率附近。一个典型的窄带随机过程的功率谱密度,如图 4.3 所示。

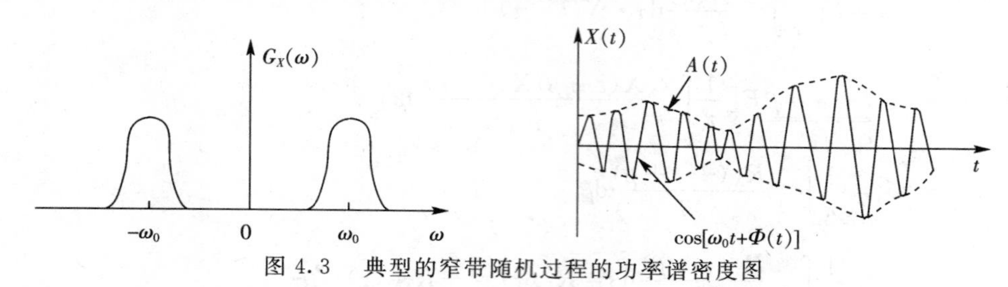

图 4.3 典型的窄带随机过程的功率谱密度图

这个波形启示我们,可以把这个随机过程表示成具有角频率 ω_0 以及慢变幅度与相位的正弦振荡,这就是说可以把它写成

$$X(t)=A(t)\cos\left[\omega_0 t+\Phi(t)\right] \tag{4.2.1}$$

式中,$A(t)$ 是随机过程的慢变幅度,即包络;$\Phi(t)$ 是随机过程的慢变相位;它们都是随机过程,称之为准正弦振荡,也即是窄带过程的数学模型。

例如,一个简化的窄带中放系统,如图 4.4 所示。

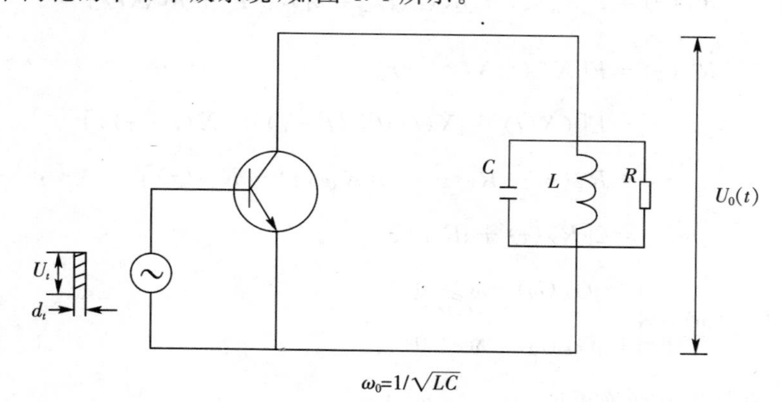

图 4.4 一个简化的窄带中放系统

假设该系统的输入是一个功率谱宽远大于系统带宽的宽带白噪声,并视为许多时间上随机出现的其幅度作随机变化的窄脉冲的集合,如图 4.5 所示。当这样的随机信号作用在如图 4.4 所示的一个窄带中放系统上时,单个脉冲瞬时地给系统储进一定的能量,于是在系统中引起的自由振荡

$$U_0(t)=Ue^{-\beta t}\sin\omega_0 t \tag{4.2.2}$$

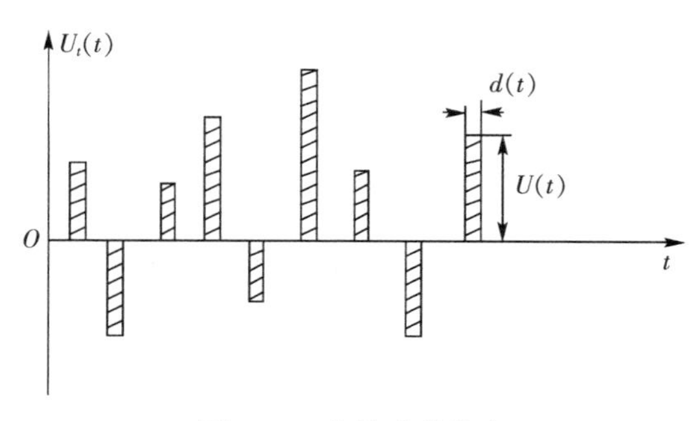

图4.5　窄脉冲的集合

每一次振荡的频率等于窄带系统本身的谐振频率 ω_0，振荡的振幅是由作用脉冲的面积决定的。由于其面积一般情况下是随机的，因此振荡的起始振幅也将是随机的。此外，系统是有损耗的，因此在这种系统中的自由振荡将是衰减的。这样，窄带系统输出端的总振荡，实际上可视为许多不同时刻出现的衰减正弦振荡之和，这些正弦振荡的振幅是随机的，并且振荡频率都等于窄带系统的中心频率 ω_0，将所有振荡叠加，得

$$X(t)=A(t)\cos[\Psi(t)] \tag{4.2.3}$$

由于合成振荡波形是由许多具有随机振幅的单元正弦衰减振荡叠加而成的，因此这个合成振荡的振幅将是一个随机的时间函数。于是，我们可以把窄带系统输出端的随机过程，看成是随机调幅的正弦振荡。

在窄带系统的输出端，构成合成振荡的各个单元振荡，都基本上集中在窄带系统的谐振频率附近，因此包络 $A(t)$ 可以看成随机慢变化的时间函数（“慢”是相对于随机过程的高频振荡 ω_0 而言的），参见图4.3所示。

将式(4.2.1)写为

$$\begin{aligned}X(t)&=A(t)\cos\omega_0 t\cos\Phi(t)-A(t)\sin\omega_0 t\sin\Phi(t)\\&=\alpha(t)\cos\omega_0 t-\beta(t)\sin\omega_0 t\end{aligned} \tag{4.2.4}$$

式中

$$\alpha(t)=A(t)\cos\Phi(t) \tag{4.2.5}$$

$$\beta(t)=A(t)\sin\Phi(t) \tag{4.2.6}$$

显然

$$A(t)=\sqrt{\alpha^2(t)+\beta^2(t)} \tag{4.2.7}$$

$$\Phi(t)=\arctan\frac{\beta(t)}{\alpha(t)} \tag{4.2.8}$$

这里，$\alpha(t)$，$\beta(t)$ 是低通带限过程，$0<\varphi(t)<2\pi$，$A(t)\geqslant 0$。

对式(4.2.4)作希尔伯特变换，得

$$\hat{X}(t)=\alpha(t)\sin\omega_0 t+\beta(t)\cos\omega_0 t \tag{4.2.9}$$

由式(4.2.4)和(4.2.9)，得

$$\alpha(t)=X(t)\cos\omega_0 t+\hat{X}(t)\sin\omega_0 t \tag{4.2.10}$$

$$\beta(t)=-X(t)\sin\omega_0 t+\hat{X}(t)\cos\omega_0 t \tag{4.2.11}$$

因此，任何一个窄带随机过程 $X(t)$ 都可表示成式(4.2.4)。式(4.2.4)与式(4.2.10)、式(4.2.11)一起称为莱斯表达式。$\alpha(t)$、$\beta(t)$ 也称为窄带随机过程 $X(t)$ 的同向分量与正交分量。

4.2.2 窄带随机过程的性质

1. 窄带随机过程的性质

式(4.2.4)中，$\alpha(t)$ 和 $\beta(t)$ 具有以下性质：

【性质 1】 $\alpha(t)$ 和 $\beta(t)$ 各自单独宽平稳且联合宽平稳随机过程。

【性质 2】

$$E[\alpha(t)]=0,E[\beta(t)]=0 \tag{4.2.12}$$

因为 $X(t)$ 是零均值随机过程，则由式(4.2.10)和(4.2.11)知

$$E[\alpha(t)]=0$$

$$E[\beta(t)]=0$$

即 $\alpha(t)$ 和 $\beta(t)$ 均是零均值随机过程。

【性质 3】

$$E[\alpha^2(t)]=E[\beta^2(t)]=E[X^2(t)] \tag{4.2.13}$$

【性质 4】

$$R_\alpha(\tau)=\frac{1}{\pi}\int_0^\infty G_X(\omega)\cos[(\omega-\omega_0)\tau]\mathrm{d}\omega \tag{4.2.14}$$

【性质 5】

$$R_\beta(\tau)=R_\alpha(\tau) \tag{4.2.15}$$

证：$R_\alpha(\tau)=E[\alpha(t)\alpha(t+\tau)]$

将式(4.2.10)代入，得

$$\begin{aligned}R_\alpha(\tau)=&E[X(t)X(t+\tau)]\cos\omega_0 t\cos\omega_0(t+\tau)+E[\hat{X}(t)X(t+\tau)]\sin\omega_0 t\cos\omega_0(t+\tau)\\&+E[X(t)\hat{X}(t+\tau)]\cos\omega_0 t\sin\omega_0(t+\tau)+E[\hat{X}(t)\hat{X}(t+\tau)]\sin\omega_0 t\sin\omega_0(t+\tau)\\=&R_X(\tau)\cos\omega_0 t\cos\omega_0(t+\tau)+R_{\hat{X}X}(\tau)\sin\omega_0 t\cos\omega_0(t+\tau)\end{aligned}$$

$$+R_{X\hat{X}}(\tau)\cos\omega_0 t\sin\omega_0(t+\tau)+R_{\hat{X}}(\tau)\sin\omega_0 t\sin\omega_0(t+\tau)$$

因为

$$R_{X\hat{X}}(\tau)=\hat{R}_X(\tau),\hat{R}_{\hat{X}}(\tau)=R_X(\tau),R_{\hat{X}X}(\tau)=-\hat{R}_X(\tau)$$

所以

$$R_\alpha(\tau)=R_X(\tau)\cos\omega_0\tau+\hat{R}_X(\tau)\sin\omega_0\tau$$

同理,可以证明

$$R_\beta(\tau)=R_X(\tau)\cos\omega_0\tau+\hat{R}_X(\tau)\sin\omega_0\tau$$

因此

$$R_\alpha(\tau)=R_\beta(\tau)$$

【性质6】

$$R_{\alpha\beta}(\tau)=\frac{1}{\pi}\int_0^\infty G_X(\omega)\sin[(\omega-\omega_0)\tau]\mathrm{d}\omega \tag{4.2.16}$$

【性质7】

$$R_{\beta\alpha}(\tau)=-R_{\alpha\beta}(\tau),R_{\alpha\beta}(\tau)=-R_{\alpha\beta}(-\tau) \tag{4.2.17}$$

证

$$R_{\alpha\beta}(\tau)=E[\alpha(t)\beta(t+\tau)]$$

将式(4.2.15)和式(4.2.16)代入

$$\begin{aligned}R_{\alpha\beta}(\tau)&=E[\alpha(t)\beta(t+\tau)]\\&=E[X(t)\hat{X}(t+\tau)]\cos\omega_0 t\cos\omega_0(t+\tau)\\&\quad+E[\hat{X}(t)\hat{X}(t+\tau)]\sin\omega_0 t\cos\omega_0(t+\tau)\\&\quad-E[X(t)X(t+\tau)]\cos\omega_0 t\sin\omega_0(t+\tau)\\&\quad-E[\hat{X}(t)X(t+\tau)]\sin\omega_0 t\sin\omega_0(t+\tau)\\&=R_{X\hat{X}}(\tau)\cos\omega_0 t\cos\omega_0(t+\tau)+R_{\hat{X}}(\tau)\sin\omega_0 t\cos\omega_0(t+\tau)\\&\quad-R_X(\tau)\cos\omega_0 t\sin\omega_0(t+\tau)-R_{\hat{X}X}(\tau)\sin\omega_0 t\sin\omega_0(t+\tau)\end{aligned}$$

因为

$$R_{X\hat{X}}(\tau)=\hat{R}_X(\tau),R_{\hat{X}X}(\tau)=-\hat{R}_X(\tau),R_{\hat{X}}(\tau)=R_X(\tau)$$

所以

$$R_{\alpha\beta}(\tau)=\hat{R}_X(\tau)\cos\omega_0\tau-R_X(\tau)\sin\omega_0\tau$$

同理，可以证明

$$R_{\beta\alpha}(\tau)=R_X(\tau)\sin\omega_0\tau-\hat{R}_X(\tau)\cos\omega_0\tau$$

对比上述两式，得

$$R_{\alpha\beta}(\tau)=-R_{\beta\alpha}(\tau)$$

其他同理可得。

【性质 8】

$$R_{\alpha\beta}(0)=R_{\beta\alpha}(0)=E[\alpha(t)\beta(t)]=0 \tag{4.2.18}$$

【性质 9】

$$\begin{aligned}G_\alpha(\omega)&=\frac{1}{2}[G_X(\omega-\omega_0)+G_X(\omega+\omega_0)]\\&\quad+\frac{1}{2}[-\operatorname{sign}(\omega-\omega_0)G_X(\omega-\omega_0)+\operatorname{sign}(\omega+\omega_0)G_X(\omega+\omega_0)]\\&=\begin{cases}G_X(\omega-\omega_0)+G_X(\omega+\omega_0)] & |\omega|<\Delta\omega/2\\0 & \text{其他}\end{cases}\end{aligned} \tag{4.2.19}$$

$G_\alpha(\omega)$ 与 $G_\beta(\omega)$ 的各个分量，如图 4.6 所示。

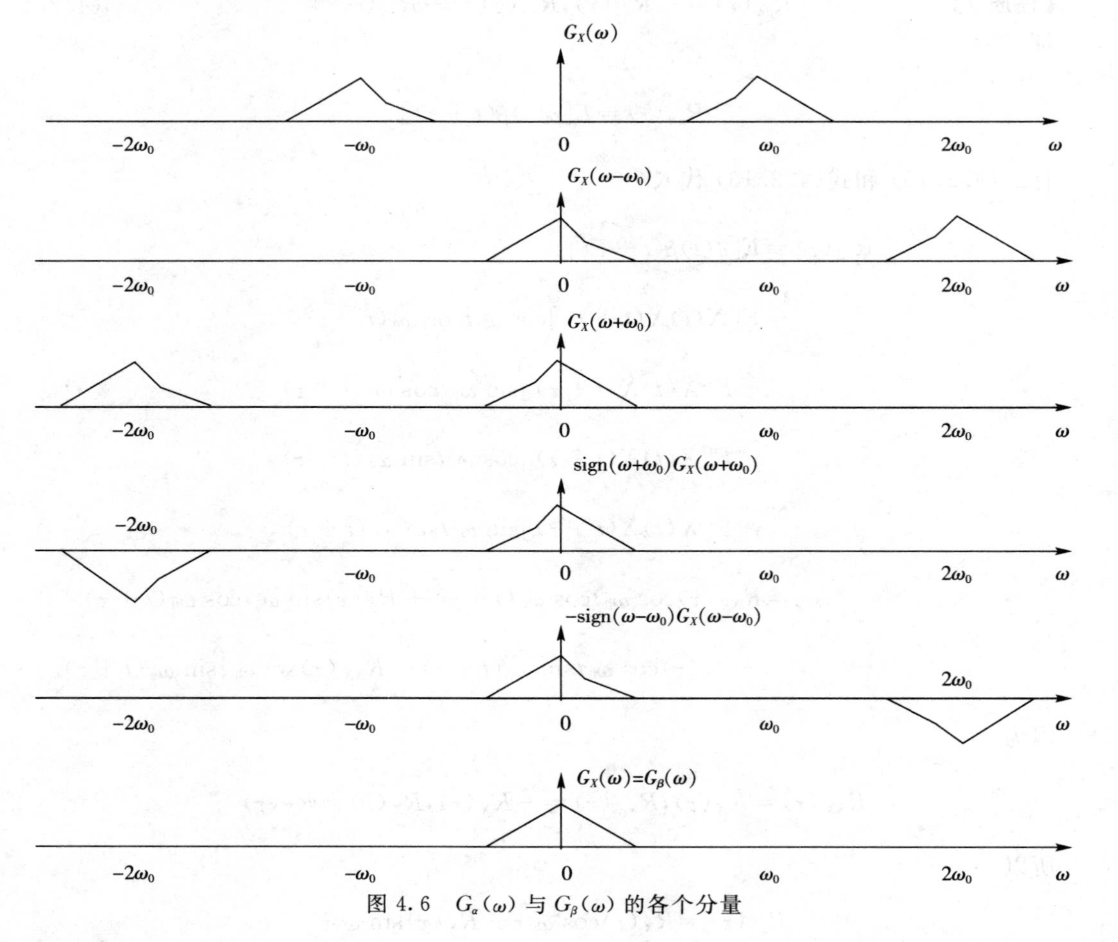

图 4.6 $G_\alpha(\omega)$ 与 $G_\beta(\omega)$ 的各个分量

【性质 10】
$$G_{\beta}(\omega)=G_{\alpha}(\omega) \tag{4.2.20}$$

【性质 11】
$$\begin{aligned}G_{\alpha\beta}(\omega)&=-\mathrm{j}\{-\frac{1}{2}[G_X(\omega-\omega_0)+G_X(\omega+\omega_0)]\\&\quad+\frac{1}{2}[\operatorname{sign}(\omega-\omega_0)G_X(\omega-\omega_0)+\operatorname{sign}(\omega+\omega_0)G_X(\omega+\omega_0)]\}\\&=\begin{cases}j[G_X(\omega-\omega_0)-G_X(\omega+\omega_0)] & |\omega|<\Delta\omega/2\\0 & \text{其他}\end{cases}\end{aligned} \tag{4.2.21}$$

$G_X(\omega)$、$G_X(\omega-\omega_c)$ 与 $-G_X(\omega+\omega_0)$、$-\operatorname{sign}(\omega-\omega_0)G_X(\omega-\omega_0)$、$-\operatorname{sign}(\omega+\omega_0)G_X(\omega+\omega_0)$ 及 $G_{\alpha\beta}(\omega)/j$ 的功率谱密度，如图 4.7 所示。

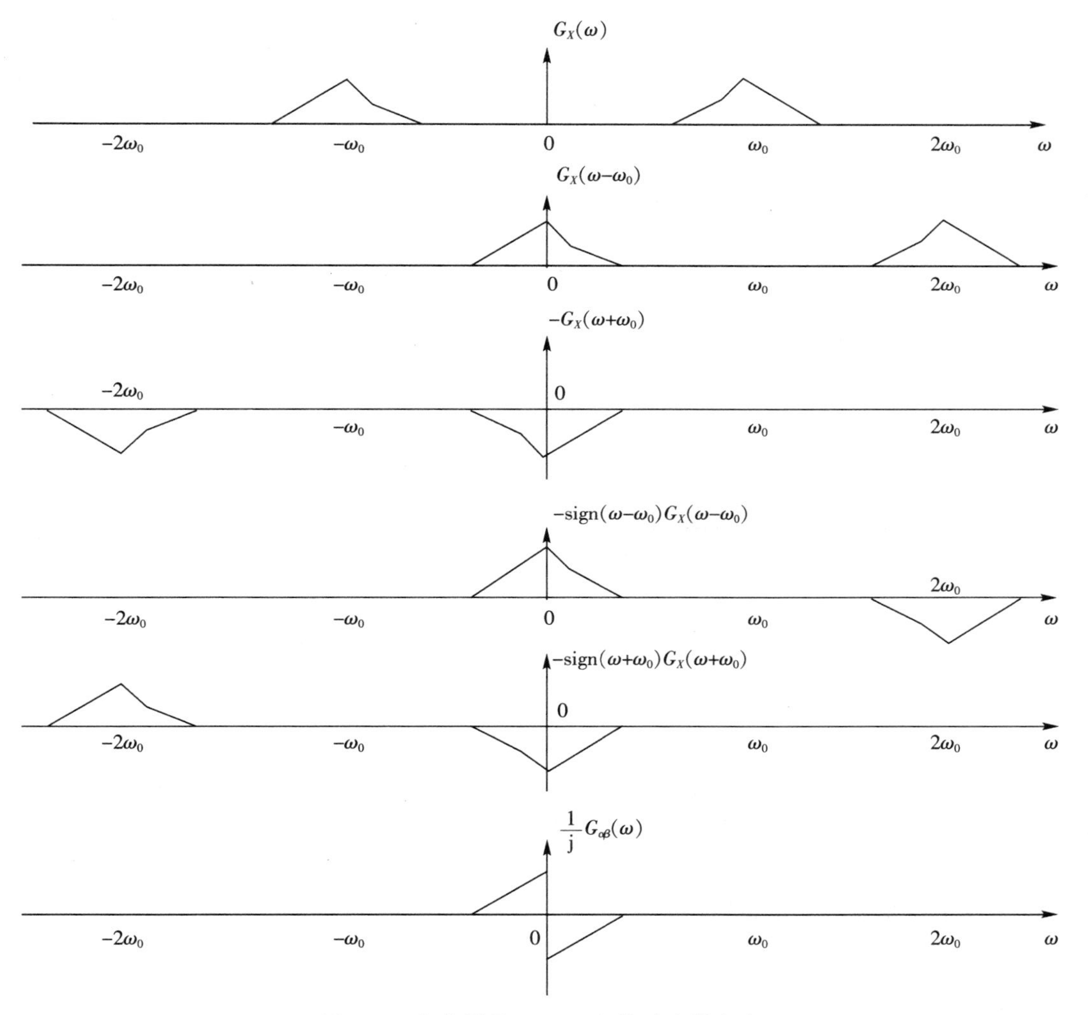

图 4.7 各分量及 $G_{\alpha\beta}(\omega)/j$ 的功率谱密度

【性质 12】
$$G_{\beta\alpha}(\omega)=-G_{\alpha\beta}(\omega) \tag{4.2.22}$$

【性质 13】 设具有有限带宽 $\Delta\omega$ 的信号 $a(t)$ 的傅里叶变换为 $A(\omega)$，假定 $\omega_0>\Delta\omega/2$，则有

$$H[a(t)\cos\omega_0 t]=a(t)\sin\omega_0 t \tag{4.2.23}$$

$$H[a(t)\cos\omega_0 t] = -a(t)\cos\omega_0 t \tag{4.2.24}$$

证明：先求 $a(t)\cos\omega_0 t$ 的傅里叶变换，由欧拉公式知

$$x(t) = a(t)\cos\omega_0 t = \frac{1}{2}a(t)\mathrm{e}^{\mathrm{j}\omega_0 t} + \frac{1}{2}a(t)\mathrm{e}^{-\mathrm{j}\omega_0 t}$$

于是
$$S_X(\omega) = \frac{1}{2}A(\omega-\omega_0) + \frac{1}{2}A(\omega+\omega_0)$$

$A(\omega)$ 与 $S_X(\omega)$ 的关系，如图 4.8 所示。

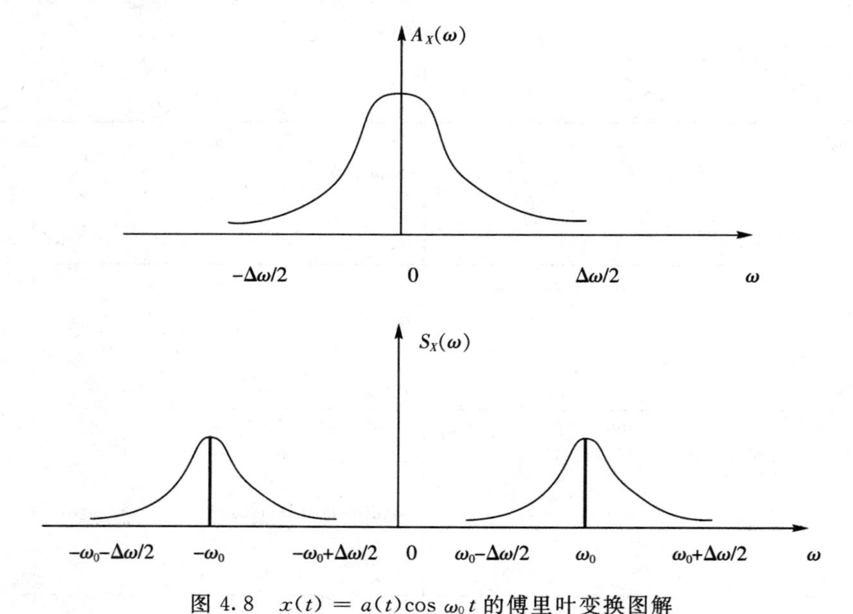

图 4.8 $x(t) = a(t)\cos\omega_0 t$ 的傅里叶变换图解

由图 4.8 可见

$$S_X(\omega) = \begin{cases} \frac{1}{2}A(\omega-\omega_0), \omega \geqslant 0 \\ \frac{1}{2}A(\omega+\omega_0), \omega < 0 \end{cases}$$

其希尔伯特变换的功率谱密度为

$$\hat{G}(\omega) = -\mathrm{j}\mathrm{sign}\,(\omega)X(\omega) = \begin{cases} -\frac{j}{2}A(\omega-\omega_0), \omega \geqslant 0 \\ \frac{j}{2}A(\omega+\omega_0), \omega < 0 \end{cases} \tag{4.2.25}$$

式(4.2.25) 的傅里叶反变换为

$$\hat{x}(\omega) = \int_{\omega_0-\Delta\omega/2}^{\omega_0+\Delta\omega/2} \frac{-\mathrm{j}}{2}A(\omega-\omega_0)\mathrm{e}^{\mathrm{j}\omega t}\,\mathrm{d}\omega + \int_{-\omega_0-\Delta\omega/2}^{-\omega_0+\Delta\omega/2} \frac{j}{2}A(\omega+\omega_0)\mathrm{e}^{\mathrm{j}\omega t}\,\mathrm{d}\omega$$

令 $\alpha=\omega-\omega_0$，$\beta=\omega+\omega_0$ 则有

$$\hat{x}(t)=\frac{j}{2}e^{j\omega_0 t}\int_{-\Delta\omega/2}^{\Delta\omega/2}A(\alpha)e^{j\alpha t}d\alpha+\frac{j}{2}e^{-j\omega_0 t}\int_{-\Delta\omega/2}^{\Delta\omega/2}A(\beta)e^{j\beta t}d\beta$$

$$=-\frac{j}{2}e^{j\omega_0 t}a(t)+\frac{j}{2}e^{-j\omega_0 t}a(t)=a(t)\sin\omega_0 t$$

式(4.2.23)得证，同理可证式(4.2.24)

在上述 13 条性质中，$S_X(\omega)$ 可以具有任意形状，可以围绕 ω_0 不对称。$R_\alpha(\tau)$、$R_\beta(\tau)$、$R_{\alpha\beta}(\tau)$、$R_{\beta\alpha}(\tau)$ 分别是 $\alpha(t)$、$\beta(t)$ 的自相关与互相关函数；$G_\alpha(\omega)$ 和 $G_\beta(\omega)$、$G_{\alpha\beta}(\omega)$ 与 $G_{\beta\alpha}(\omega)$ 是相应的功率谱密度。

由上可见，对于零均值的平稳窄带过程 $X(t)$，表示包络的两个值分量 $\alpha(t)$ 和 $\beta(t)$ 也是零均值平稳随机过程，而且两个分量与 $X(t)$ 具有相同功率。$\alpha(t)$ 和 $\beta(t)$ 有相同的自相关函数，并因此有相同的功率谱密度。式(4.2.18)则说明，对于随机过程 $\alpha(t)$ 和 $\beta(t)$ 在任何相同时刻相应的两个随机变量相互正交。

在实际应用中，若窄带过程功率谱对称于中心频率 ω_0，或者说窄带过程的功率谱密度是以 ω_0 为中心的偶函数，则可以证明 $\alpha(t)$ 和 $\beta(t)$ 不仅在同一时刻正交，而且它们彼此为正交过程，即 $R_{\alpha\beta}(\tau)=R_{\beta\alpha}(\tau)=0$，因而相应的互谱密度也为零。

【例 4.1】 零均值带通白高斯噪声带宽为 $B=W/(2\pi)$ Hz，如图 4.9(a) 所示，(双边) 功率谱为 $N_0/2$，中心频率 ω_0 位于频带中心。试求它的同相与正交分量 $G_\alpha(\omega)$ 与 $G_\beta(\omega)$ 的自相关函数与互相关函数。

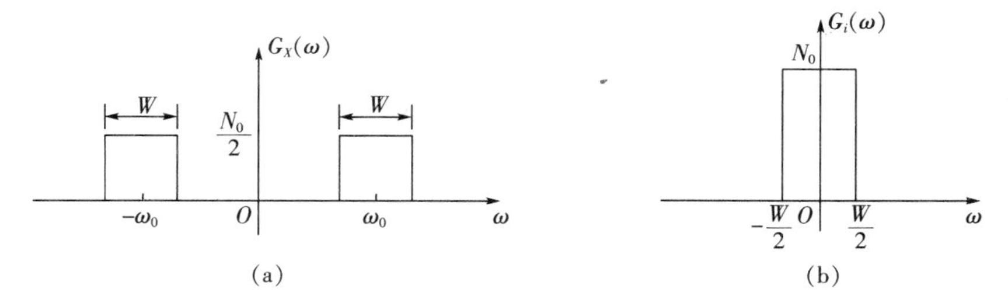

图 4.9　零均值带通白高斯噪声带宽

解：利用功率谱、互功率谱的关系易知

$$G_\alpha(\omega)=G_\beta(\omega)=\begin{cases}N_0, & \omega/2\\ 0, & 其他\end{cases}$$

$$G_{\alpha\beta}(\omega)=-G_{\beta\alpha}(\omega)=0$$

进而得到　$$R_\alpha(\tau)=R_\beta(\tau)=\frac{N_0\sin W\tau/2}{\pi\tau},R_{\alpha\beta}(\tau)=R_{\beta\alpha}(\tau)=0$$

可见，$\alpha(t)$ 与 $\beta(t)$ 都是带宽为 $B/2$ Hz、功率谱为 N_0 的低通白高斯噪声。它的(双边) 功率谱为 N_0，是原带通信号的两倍，这样才能保持功率(或方差) 相同 $\alpha(t)$ 与 $\beta(t)$ 正交，而且由于

是高斯的，也彼此独立。

【例 4.2】 零均值平稳带通信号 $X(t)$ 的功率谱密度，如图 4.10(*a*) 所示。假定它的中心频率为 $f_0=98\text{Hz}$，两个低频分量记为 $\alpha(t)$ 与 $\beta(t)$。试求：

(1) 用 $\alpha(t)$ 与 $\beta(t)$ 表示 $X(t)$；(2) 写出 $\alpha(t)$ 与 $\beta(t)$ 的自相关与互相关函数。

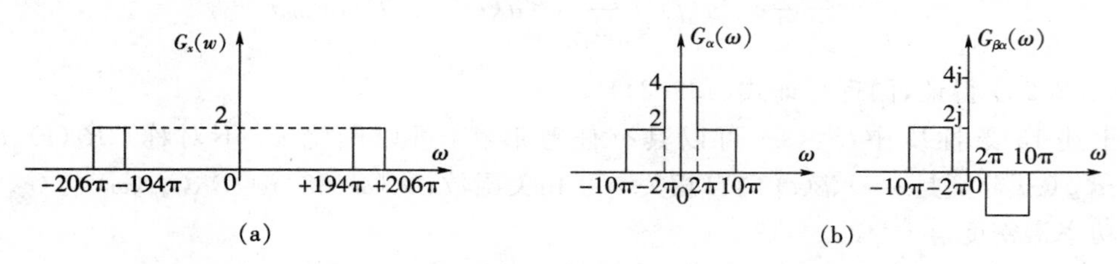

图 4.10 例 4.2 的图

解：(1) 由 $\omega_0=196\pi$，可得

$$X(t)=\alpha(t)\cos\omega_0 t-\beta(t)\sin\omega_0 t=\alpha(t)\cos(196\pi t)-\beta(t)\sin(196\pi t)$$

由带通信号各种功率谱之间的关系有

$$G_\alpha(\omega)=G_\beta(\omega)=\begin{cases}G_X(\omega+\omega_0)+G_X(\omega-\omega_0), & |\omega|\leqslant\omega_0\\ 0, & \text{其他}\end{cases}$$

$$G_{\beta\alpha}(\omega)=G_{\alpha\beta}(\omega)=\begin{cases}j[G_X(\omega-\omega_0)-G_X(\omega+\omega_0)], & |\omega|\leqslant\omega_0\\ 0, & \text{其他}\end{cases}$$

$G_\alpha(\omega)$ 和 $G_{\beta\alpha}(\omega)$ 分别如图 4.10(b) 所示。利用

$$\frac{\sin Wt}{\pi t}\leftrightarrow G_{LPF}(\omega)=\begin{cases}1,\omega<W\\ 0,\text{其他}\end{cases}$$

得到

$$R_\alpha(\tau)=R_\beta(\tau)=2\frac{\sin 10\pi\tau}{\pi\tau}+2\frac{\sin 2\pi\tau}{\pi\tau}=4\frac{\sin 6\pi\tau\cos 4\pi\tau}{\pi\tau}$$

$$G_{\alpha\beta}(\tau)=-G_{\beta\alpha}(\tau)=-2j\frac{\sin 4\pi\tau}{\pi\tau}(e^{-j6\pi\tau}-e^{j6\pi\tau})=-4\frac{\sin 6\pi\tau\cos 4\pi\tau}{\pi\tau}$$

对于上述问题(2) 还可以如下求解：由图 4.10(a) 可得出，带通信号的相关函数为

$$R_X(\tau)=4\frac{\sin 6\pi\tau}{\pi\tau}\cos 200\pi\tau$$

于是，令低通滤波器(LPF) 的截止频率为 196π，有

$$R_\alpha(\tau)=\text{LPF}\{2R_X(\tau)\cos\omega_0\tau\}$$

$$=\mathrm{LPF}\{2\times 4\frac{\sin 6\pi\tau}{\pi\tau}\cos 200\pi\tau\times\cos 196\pi\tau\}$$

4.3　窄带高斯随机过程的包络与相位特性

4.3.1　窄带高斯随机过程包络与相位的一维概率分布

设 $X(t)$ 为零均值、窄带平稳高斯过程，其方差为 σ_X^2，则由上节的讨论知，$\alpha(t)$ 和 $\beta(t)$ 都是低频慢变的高斯随机过程，具有零均值及与 $X(t)$ 相同的方差 σ_X^2，分别称为窄带高斯随机过程的同相分量和正交分量。而且，$\alpha(t)$ 和 $\beta(t)$ 在任意相同时刻正交，因而是互不相关的，其联合概率密度为

$$f_{\alpha\beta}(\alpha_t,\beta_t)=\frac{1}{2\pi\sigma_X^2}\exp\left(-\frac{\alpha_t^2+\beta_t^2}{2\sigma_X^2}\right)\tag{4.3.1}$$

式中，α_t、β_t 分别是 $\alpha(t)$ 和 $\beta(t)$ 在 t 时刻的取值。

因为

$$\alpha(t)=A(t)\cos\Phi(t)$$

$$\beta(t)=A(t)\sin\Phi(t)$$

设 A_t 与 Φ_t 分别表示 $A(t)$ 和 $\Phi(t)$ 在时刻 t 的取值，则 $A(t)$ 和 $\Phi(t)$ 的联合概率密度为

$$f_{A\Phi}(a_t,\varphi_t)=|J|f_{\alpha\beta}(\alpha_t,\beta_t)$$

式中，$|J|$ 称为雅可比行列式，定义为

$$|J|=\left|\frac{\partial(\alpha_t,\beta_t)}{\partial(a_t,\varphi_t)}\right|=\begin{vmatrix}\frac{\partial\alpha_t}{\partial a_t} & \frac{\partial\alpha_t}{\partial\varphi_t}\\ \frac{\partial\beta_t}{\partial a_t} & \frac{\partial\beta_t}{\partial\varphi_t}\end{vmatrix}=\begin{vmatrix}\cos\varphi_t & -a_t\sin\varphi_t\\ \sin\varphi_t & a_t\cos\varphi_t\end{vmatrix}=a_t$$

于是

$$f_{A\Phi}(a_t,\varphi_t)=\begin{cases}\frac{a_t}{2\pi\sigma_X^2}\left(-\frac{a_t^2}{2\sigma_X^2}\right), & a_t\geqslant 0,0\leqslant\varphi_t\leqslant 2\pi\\ 0, & \text{其他}\end{cases}\tag{4.3.2}$$

式(4.3.2)为联合概率密度，利用求边缘分布的方法，可分别求得包络 $A(t)$ 和相位 $\Phi(t)$ 的一维概率密度为

$$f_A(a_t)=\int_0^{2\pi}f_{A,\Phi}(a_t,\varphi_t)\mathrm{d}\varphi_t=\frac{a_t}{\sigma_X^2}\exp\left(-\frac{a_t^2}{2\sigma_X^2}\right),a_t\geqslant 0\tag{4.3.3}$$

$$f_\Phi(\varphi_t)=\int_0^{\infty}f_{A,\Phi}(a_t,\varphi_t)\mathrm{d}a_t=\frac{1}{2\pi},0\leqslant\varphi_t\leqslant 2\pi\tag{4.3.4}$$

上述两式表明，窄带高斯过程的包络服从瑞利分布，而其相位服从均匀分布，且

$$f_{A\Phi}(a_t,\varphi_t)=f_A(a_t)f_\Phi(\varphi_t) \tag{4.3.5}$$

该式表明，窄带高斯过程的包络和相位在同一时刻的状态（或取样），是两个统计独立的随机变量。但是这并不等于证明了包络和相位是两个互相统计独立的随机过程，事实上两个高斯过程并不独立，证明从略。

4.3.2　窄带高斯随机过程包络与相位的二维概率分布

现推导包络和相位的二维概率分布，来证明窄带随机过程的包络 $A(t)$ 和相位 $\Phi(t)$ 不是两个统计独立的随机过程。以工程上最常见的功率谱关于 ω_0 对称的窄带平稳高斯过程为例，假定其数学期望为零、方差为 σ_X^2，讨论窄带平稳高斯过程包络的二维概率密度。

设 α_{t_1}、β_{t_1} 和 α_{t_2}、β_{t_2} 分别表示随机过程 $\alpha(t)$ 与 $\beta(t)$ 在两个不同时刻 t_1 和 t_2 的状态，它们是数学期望为零、方差为 σ_X^2 的高斯随机变量。其概率密度为

$$f_{\alpha\beta}(\boldsymbol{X})=\frac{1}{4\pi^2\sqrt{|\boldsymbol{C}|}}\exp\left[-\frac{1}{2}\boldsymbol{X}^T\boldsymbol{C}^{-1}\boldsymbol{X}\right] \tag{4.3.6}$$

式中

$$\boldsymbol{X}=\begin{bmatrix}\alpha_{t_1}\\ \beta_{t_1}\\ \alpha_{t_2}\\ \beta_{t_2}\end{bmatrix},\boldsymbol{C}=\begin{bmatrix}\sigma_X^2 & 0 & R_\alpha(\tau) & R_{\alpha\beta}(\tau)\\ 0 & \sigma_X^2 & -R_{\alpha\beta}(\tau) & R_\alpha(\tau)\\ R_\alpha(\tau) & -R_{\alpha\beta}(\tau) & \sigma_X^2 & 0\\ R_{\alpha\beta}(\tau) & R_\alpha(\tau) & 0 & \sigma_X^2\end{bmatrix} \tag{4.3.7}$$

对以 ω_0 为对称的窄带平稳高斯过程，式(4.3.7)中，$R_{\alpha\beta}(\tau)=R_{\beta\alpha}(\tau)=0$，这时

$$\boldsymbol{C}=\begin{bmatrix}\sigma_X^2 & 0 & R_\alpha(\tau) & 0\\ 0 & \sigma_X^2 & 0 & R_\alpha(\tau)\\ R_\alpha(\tau) & 0 & \sigma_X^2 & 0\\ 0 & R_\alpha(\tau) & 0 & \sigma_X^2\end{bmatrix} \tag{4.3.8}$$

由此得 $|\boldsymbol{C}|=[\sigma_X^4-R_\alpha^2(\tau)]^2$，为求 $\boldsymbol{C}$ 的逆矩阵，先求各代数余子式

$$|\boldsymbol{C}|_{11}=|\boldsymbol{C}|_{22}=|\boldsymbol{C}|_{33}=|\boldsymbol{C}|_{44}=\sigma_X^2[\sigma_X^4-R_\alpha^2(\tau)]$$

$$|\boldsymbol{C}|_{13}=|\boldsymbol{C}|_{31}=|\boldsymbol{C}|_{24}=|\boldsymbol{C}|_{42}=-R_\alpha(\tau)[\sigma_X^4-R_\alpha^2(\tau)]$$

其余代数余子式为零，因此 $\boldsymbol{C}$ 的逆矩阵为

$$\boldsymbol{C}^{-1}=[\sigma_X^4-R_\alpha^2(\tau)]^{-1}\begin{bmatrix}\sigma_X^2 & 0 & -R_\alpha(\tau) & 0\\ 0 & \sigma_X^2 & 0 & -R_\alpha(\tau)\\ -R_\alpha(\tau) & 0 & \sigma_X^2 & 0\\ 0 & -R_\alpha(\tau) & 0 & \sigma_X^2\end{bmatrix} \tag{4.3.9}$$

将上述各式代入式(4.3.7)，得 α_{t_1}、β_{t_1}、α_{t_2}、β_{t_2} 的联合概率密度为

$$f_{\alpha\beta}(\alpha_{t_1},\beta_{t_1},\alpha_{t_2},\beta_{t_2})=\frac{1}{4\pi[\sigma_X^4-R_\alpha^2(\tau)]}\exp\left\{-\frac{1}{2[\sigma_X^4-R_\alpha^2(\tau)]}\cdot\right.$$

$$\left.[\sigma_X^2(\alpha_{t_1}^2+\beta_{t_1}^2+\alpha_{t_2}^2+\beta_{t_2}^2)-2R_\alpha(\tau)[\alpha_{t_1}\beta_{t_2}+\alpha_{t_2}\beta_{t_1}]\right\} \qquad (4.3.10)$$

设 A_1、Φ_1、A_2、Φ_2 分别表示随机过程 $A(t)$ 与 $\Phi(t)$ 在两个不同时刻 t_1 和 t_2 的状态，从 α_{t_1}、β_{t_1}、α_{t_2}、β_{t_2} 变到 A_1、Φ_1、A_2、Φ_2 的反函数为

$$\begin{cases}\alpha_{t_1}=A_1\cos\Phi_1\\ \beta_{t_1}=A_1\sin\Phi_1\\ \alpha_{t_2}=A_2\cos\Phi_2\\ \beta_{t_2}=A_2\sin\Phi_2\end{cases}$$

可得雅可比行列式为

$$J=\frac{\partial(\alpha_{t_1},\beta_{t_1},\alpha_{t_2},\beta_{t_2})}{\partial(a_1,\varphi_1,a_2,\varphi_2)}=a_1a_2$$

A_1、Φ_1、A_2、Φ_2 的四维概率密度为

$$f_{A\Phi}(a_1,\varphi_1,a_2,\varphi_2)=|J|f_{\alpha\beta}(\alpha_{t_1},\beta_{t_1},\alpha_{t_2},\beta_{t_2})$$

$$=\frac{a_1a_2}{4\pi^2[\sigma_X^4-R_\alpha^2(\tau)]}\exp\left\{-\frac{1}{2[\sigma_X^4-R_\alpha^2(\tau)]}\cdot[\sigma_X^2(a_1^2+a_2^2)-2R_\alpha(\tau)a_1a_2\cos(\varphi_2-\varphi_1)\right\}$$

$$(4.3.11)$$

式中，$0\leqslant a_1,a_2<\infty$，$0\leqslant\varphi_1,\varphi_2<2\pi$。

由上式对 φ_1，φ_2 积分得 A_1 和 A_2 的概率密度为

$$f_A(a_1,a_2)=\int_0^{2\pi}\int_0^{2\pi}f_{A\Phi}(a_1,\varphi_1,a_2,\varphi_2)\mathrm{d}\varphi_1\mathrm{d}\varphi_2$$

$$=\frac{a_1a_2}{[\sigma_X^4-R_\alpha^2(\tau)]}I_0\left[\frac{a_1a_2R_\alpha(\tau)}{\sigma_X^4-R_\alpha^2(\tau)}\right]\exp\left[-\frac{\sigma_X^2(a_1^2+a_2^2)}{2[\sigma_X^4-R_\alpha^2(\tau)]}\right]$$

式中，$a_1,a_2\geqslant 0$。

$$I_0(x)=\frac{1}{2\pi}\int_0^{2\pi}\exp(x\cos t)\mathrm{d}t$$

为零阶修正贝塞尔函数。

Φ_1 和 Φ_2 的概率密度为

$$f_{\Phi}(\varphi_1,\varphi_2)=\frac{\sigma_X^4-R_\alpha^2(\tau)}{4\pi^2\sigma_X^4}\left[\frac{(1-\gamma^2)^{1/2}+\gamma(\pi-\cos^{-1}\gamma)}{(1-\gamma^2)^{3/2}}\right] \quad 0\leqslant\varphi_1,\varphi_2\leqslant 2\pi \tag{4.3.12}$$

式中，$\gamma=\dfrac{R_\alpha(\tau)}{\sigma_x^2}\cos(\varphi_2-\varphi_1)$。

至此，得出结论为

$$f_{A\Phi}(a_1,\varphi_1,a_2,\varphi_2)\neq f_A(a_1,a_2)f_{\Phi}(\varphi_1,\varphi_2)$$

这说明，窄带随机过程的包络 $A(t)$ 和相位 $\Phi(t)$ 是非独立的。

4.4 窄带高斯过程加正弦信号的包络和相位分布

正弦波加窄带高斯过程是通信中常遇到的又一种情况。在信号检测理论中，随机相位信号的检测是其他信号检测的基础。

设余弦信号可表示为

$$S(t)=a\cos(\omega_0 t+\Theta)$$

式中，θ 为在$[0,2\pi]$上均匀分布的随机变量，a 为常数振幅。均值为零、方差为 σ_N^2 的窄带高斯过程为

$$N(t)=A_N(t)\cos[\omega_0 t+\Phi_N(t)]=\alpha_N(t)\cos\omega_0 t-\beta_N(t)\sin\omega_0 t$$

式中，$A_N(t)$、$\Phi_N(t)$ 为窄带高斯过程的包络过程和相位过程。

余弦信号加窄带高斯过程的形式为

$$\begin{aligned}X(t)=S(t)+N(t)&=[\alpha_N(t)+a\cos\Theta]\cos\omega_0 t-[\beta_N(t)+a\sin\Theta]\sin\omega_0 t\\&=\alpha(t)\cos\omega_0 t-\beta(t)\sin\omega_0 t=A(t)\cos[\omega_0 t+\Phi(t)]\end{aligned} \tag{4.4.1}$$

式中，$A(t)=\sqrt{\alpha^2(t)+\beta^2(t)}=\sqrt{[\alpha_N(t)+a\cos\Theta]^2+[\beta_n(t)+a\sin\Theta]^2}$ 为包络。

$$\Phi(t)=\arctan\left(\frac{\beta_N(t)+a\sin\Theta}{\alpha_N(t)+a\cos\Theta}\right)$$

$$\begin{cases}\alpha(t)=\alpha_N(t)+a\cos\Theta\\ \beta(t)=\beta_N(t)+a\sin\Theta\end{cases} \tag{4.4.2}$$

式中，$\alpha_N(t)$ 和 $\beta_N(t)$ 服从高斯分布，所以对任意的 θ 和时刻 t，$\alpha(t)$ 和 $\beta(t)$ 也是高斯分布并互相独立，其均值和方差为

$$E[\alpha(t)\mid\theta]=a\cos\theta$$

$$E[\beta(t)\mid\theta]=a\sin\theta$$

$$D[\alpha(t)\mid\theta]=D[\beta(t)\mid\theta]=\sigma_N^2$$

对于给定的θ,α_t、β_t的联合条件概率密度为

$$f_{\alpha\beta|\Theta}(\alpha_t,\beta_t\mid\theta)=\frac{1}{2\pi\sigma_N^2}\exp\left\{-\frac{1}{2\sigma_N^2}[(\alpha_t-a\cos\theta)^2+(\beta_t-a\sin\theta)^2]\right\} \tag{4.4.3}$$

同样,A_t、Φ_t的条件概率密度为

$$f_{A\Phi|\Theta}(a_t,\varphi_t\mid\theta)=\begin{cases}\dfrac{a_t}{2\pi\sigma_N^2}\exp\left\{-\dfrac{1}{2\sigma_N^2}[\alpha_t^2+a^2-2a\alpha_t\cos(\theta-\varphi_t)]\right\} & \alpha_t>0,0<\varphi_t<\pi\\ 0 & \text{其他}\end{cases} \tag{4.4.4}$$

在θ已知条件下,包络A_t的条件概率密度为

$$\begin{aligned}f_{A|\Theta}(a_t\mid\theta)&=\int_0^{2\pi}f_{A\Phi}(a_t,\varphi_t\mid\theta)\mathrm{d}\varphi_t=\frac{a_t}{\sigma_N^2}\exp\left(-\frac{a_t^2+a^2}{2\sigma_N^2}\right)\cdot\frac{1}{2\pi}\int_0^{2\pi}\exp\left(\frac{a\,a_t}{\sigma_N^2}\cos(\theta-\varphi_t)\right)\mathrm{d}\varphi_t\\&=\frac{a_t}{\sigma_N^2}\exp\left(-\frac{a_t^2+a^2}{2\sigma_N^2}\right)\cdot I_0\left(\frac{a\,a_t}{\sigma_N^2}\right)\\&=f_A(a_t)\qquad a_t\geqslant 0\end{aligned} \tag{4.4.5}$$

与θ无关。其分布为$\lambda=a^2$的莱斯分布。

当信噪比$a/\sigma_N<<1$时

$$I_0\left(\frac{a\,a_t}{\sigma_N^2}\right)\approx 1+\frac{1}{4}\left(\frac{a\,a_t}{\sigma_N^2}\right)^2$$

所以

$$f_A(a_t)=\frac{a_t}{\sigma_N^2}\exp\left(-\frac{a_t^2+a^2}{2\sigma_N^2}\right)\cdot\left(1+\frac{1}{4}\left(\frac{a\,a_t}{\sigma_N^2}\right)^2\right) \tag{4.4.6}$$

该式说明,随着信噪比的减少,莱斯分布趋势向瑞利分布。信噪比为零时,莱斯分布为瑞利分布。

当信噪比$a/\sigma_N\gg 1$时

$$I_0\left(\frac{a\,a_t}{\sigma_N^2}\right)=\frac{\exp\left(\frac{a\,a_t}{\sigma_N^2}\right)}{\sqrt{2\pi\left(\frac{a\,a_t}{\sigma_N^2}\right)}}\left[1+\frac{1}{8\frac{a\,a_t}{\sigma_N^2}}+\cdots\right]\approx\frac{\exp\left(\frac{a\,a_t}{\sigma_N^2}\right)}{\sqrt{2\pi\left(\frac{a\,a_t}{\sigma_N^2}\right)}}$$

所以

$$f_A(a_t)=\sqrt{\frac{a_t}{2\pi a\sigma_N^2}}\exp\left(-\frac{(a_t-a)^2}{2\sigma_N^2}\right) \tag{4.4.7}$$

图 4.11 给出了 a/σ_N 值不同，归一化包络 a_t/σ_N 的概率密度曲线。在 $a_t=a$ 有峰值，随 a_t 偏离 a 很快衰减。

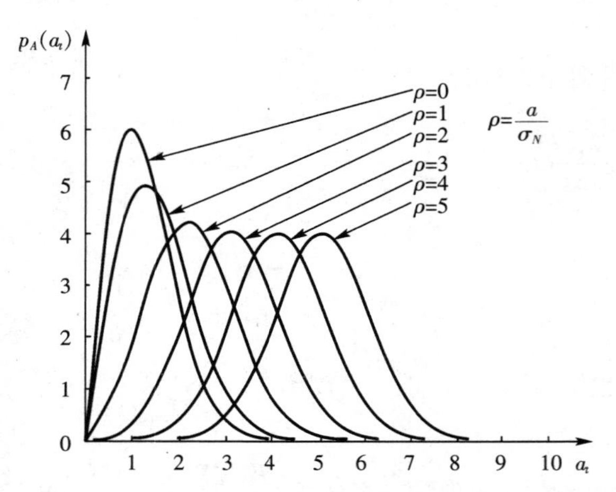

图 4.11 信号加高斯噪声的包络分布密度曲线

在大信噪比下，有 $a\approx a_t$，则

$$f_A(a_t)=\frac{1}{\sqrt{2\pi\sigma_N^2}}\exp\left(-\frac{(a_t-a)^2}{2\sigma_N^2}\right) \tag{4.4.8}$$

可见，此时窄带高斯随机过程与余弦信号之和的包络分布为趋近高斯分布。

窄带高斯随机过程与余弦信号之和的相位分布为

$$\begin{aligned}
f_{\Phi|\Theta}(\varphi_t\mid\theta)&=\int_0^\infty\frac{a_t}{2\pi\sigma_N^2}\exp\left(-\frac{a_t^2+a^2-2a_ta\cos(\theta-\varphi_t)}{2\sigma_N^2}\right)\mathrm{d}a_t\\
&=\frac{1}{2\pi}\exp\left(-\frac{a^2-a^2\cos(\theta-\varphi_t)}{2\sigma_N^2}\right)\int_0^\infty\frac{a_t}{\sigma_N^2}\exp\left(-\frac{[a_t-a_t\cos(\theta-\varphi_t)]^2}{2\sigma_N^2}\right)\mathrm{d}a_t\\
&=\frac{1}{2\pi}\exp\left(-\frac{a_t^2}{2\sigma_N^2}\right)+\frac{a\cos(\theta-\varphi_t)}{\sigma_N\sqrt{2\pi}}\cdot\exp\left(-\frac{a_t^2-a^2\cos(\theta-\varphi_t)}{2\sigma_N^2}\right)\cdot\\
&\quad\Psi\left(\frac{a\cos(\theta-\varphi_t)}{\sigma_N}\right)
\end{aligned} \tag{4.4.9}$$

式中，$\Psi(\cdot)$ 是概率积分函数。将信噪比 $\rho=a/\sigma_N$ 代入，得

$$\begin{aligned}
f_{\Phi|\Theta}(\varphi_t\mid\theta)&=\frac{1}{2\pi}\exp\left(-\frac{\rho^2}{2}\right)+\frac{\rho\cos(\theta-\varphi_t)}{\sqrt{2\pi}}\cdot\\
&\quad\exp\left(-\frac{\rho^2\sin^2(\theta-\varphi_t)}{2}\right)\Psi[\rho\cos(\theta-\varphi_t)]
\end{aligned} \tag{4.4.10}$$

当 $\rho=0$ 时，无信号

$$f_{\Phi|\Theta}(\varphi_t \mid \theta) = \frac{1}{2\pi} \tag{4.4.11}$$

此时，相位变成均匀分布。

当 $\rho \geqslant 1$ 时，$\Psi[\rho\cos(\theta-\varphi_t)] \approx 1$，这时

$$f_{\Phi|\Theta}(\varphi_t \mid \theta) = \frac{\rho\cos(\theta-\varphi_t)}{\sqrt{2\pi}} \cdot \exp\left(-\frac{\rho^2\sin^2(\theta-\varphi_t)}{2}\right) \tag{4.4.12}$$

该式表明，大信噪比情况下，信号加窄带高斯噪声的相位主要集中在信号相位 θ 附近，也就是说信号相位占主导地位。不同信噪比对应的曲线，如图 4.12 所示。随着信噪比的增大，φ_t 在 θ 附近固定范围内的概率也增大。

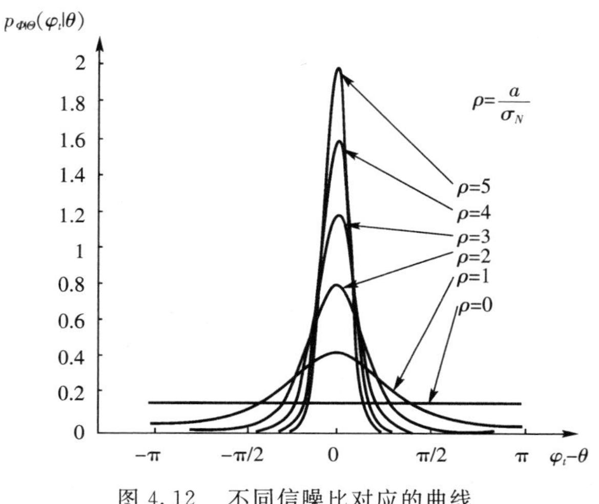

图 4.12　不同信噪比对应的曲线

当 $\rho^2 \gg 1$，且有 $|\theta-\varphi_t|<0.1\text{rad}$ 时，$\cos(\theta-\varphi_t)\approx 1$，$\sin(\theta-\varphi_t)\approx\theta-\varphi_t$，故有

$$f_{\Phi|\Theta}(\varphi_t \mid \theta) = \frac{1}{\sqrt{2\pi}\cdot\frac{1}{\rho}}\exp\left[-\frac{(\theta-\varphi_t)^2}{2\cdot\frac{1}{\rho^2}}\right] \tag{4.4.13}$$

它是数学期望为零、方差为 $1/\rho^2$ 的高斯分布。这就是说，当信噪比很大时，信号加窄带高斯噪声的相位 $\theta-\varphi_t$ 在很小的范围内呈高斯分布。

4.5　窄带高斯过程包络平方的概率分布

1. 窄带高斯过程包络平方的概率分布

窄带高斯过程通过平方律检波器，就得到包络的平方，即

$$U(t) = A^2(t) \qquad U, A \geqslant 0 \tag{4.5.1}$$

设 u_t 表示 $U(t)$ 在 t 时刻的状态 U_t 的取值，则通过函数变换可求得 u_t 的概率密度，此变换为单值变换，反函数为

$$A_t = \sqrt{U_t} \qquad (4.5.2)$$

则 u_t 的概率密度为

$$f_U(u_t) = \left|\frac{\mathrm{d}a_t}{\mathrm{d}u}\right| f_A(a_t) = \frac{1}{2\sqrt{u_t}}\frac{\sqrt{u_t}}{\sigma^2}\exp\left[-\frac{u_t}{2\sigma^2}\right] = \frac{1}{2\sigma^2}\exp\left[-\frac{u_t}{2\sigma^2}\right] \quad u_t > 0 \qquad (4.5.3)$$

这表明，$A^2(t)$ 的概率密度为指数分布。当 $\sigma^2 = 1$ 时，有

$$f_U(u_t) = \frac{1}{2}\exp\left[-\frac{u_t}{2}\right] \quad u_t > 0 \qquad (4.5.4)$$

式(4.5.4)为归一化窄带高斯过程包络平方分布。

2. 余弦信号与窄带高斯过程包络平方的概率分布

余弦信号与窄带高斯过程包络平方为

$$U(t) = A^2(t) = [a\cos\Theta + \alpha_N(t)]^2 + [a\sin\Theta + \beta_N(t)]^2 \qquad (4.5.5)$$

经过随机变量的函数变换，得

$$f_U(u_t) = \left|\frac{\mathrm{d}a_t}{\mathrm{d}u}\right| f_A(a_t) = \frac{1}{2\sigma_N^2}\exp\left[-\frac{1}{2\sigma_N^2}(u_t + a^2)\right] I_0\left[\frac{a\sqrt{u_t}}{\sigma_N^2}\right], u_t \geqslant 0 \qquad (4.5.6)$$

在无线电系统中，平方律检波器的应用十分广泛，它和包络检波器相比，在统计理论的分析上比较简单。实践证明，这两种检波器的性能相差甚小，因此，在处理检波问题时常常根据平方检波的假设进行分析。当信息处理中需要得到检波后的概率密度时，上面的结论就显得十分有意义。

3. 应用

用包络检查法来检测噪声中的周期性信号时，为了改善检测性能，通常采用所谓视频信号积累，即对包络的平方进行独立取样然后再积累。这时检测系统的组成，如图 4.13 所示。

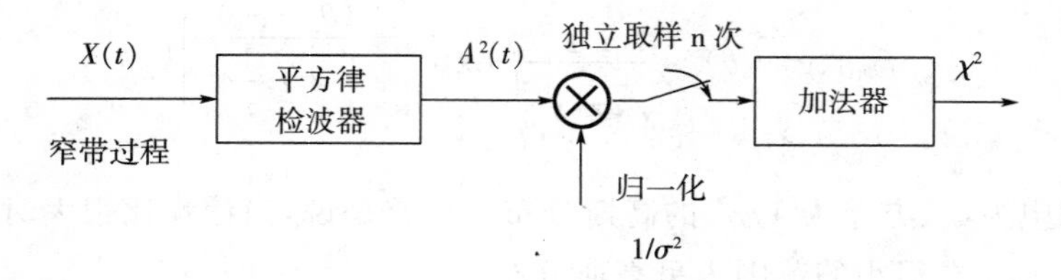

图 4.13 视频信号积累原理图

在图 4.13 中，若 $X(t)$ 为平稳窄带高斯噪声，具有零均值和方差 σ^2。将 $X(t)$ 送入一平方律检波器，在检波器输出端得到 $X(t)$ 的包络平方 $A^2(t)$，对随机过程 $A^2(t)$ 进行独立取样，得到 n 个独立的随机变量 $A_i^2 = A^2(i)(i=1,2,\cdots,n)$。经归一化以后送入加法器，则加法器输出端随机变量的概率密度为中心 χ^2 分布。

若输入为正弦信号与窄带高斯噪声之和，则加法器输出端的随机变量 $V = \sum_{i=1}^{n}(s_i + X_i)^2 = \sum_{i=1}^{n} Y_i$，这里 X_i 是均值为零、方差为 σ_N^2 的相互独立的高斯随机变量，s_i 为常数。显然，V 为非

中心 χ^2 分布。

【例 4.3】 已知窄带高斯随机过程 $X(t)=a\cos(\omega_0 t+\theta)+N(t)$，加至图 4.13 平方律检波器输入端，其中 a、ω_0 为非随机变量。$N(t)$ 是平稳窄带高斯噪声，均值为 0、方差为 σ^2。其功率谱对称于 $\pm\omega_0$，$X(t)$ 经检波并作归一化处理以后，独立取样 n 次，求加法器输出端随机变量的概率密度及其参数。

解：(1) 当不存在信号，即 $a=0$ 时，可得

$$X(t)=N(t)=A(t)\cos(\omega_0 t+\Phi(t))=\alpha(t)\cos\omega_0 t-\beta(t)\sin\omega_0 t$$

用 $A(t)$ 表示窄带随机过程的包络，由平方律检波器的输出端可得 $A^2(t)=\alpha^2(t)+\beta^2(t)$，用 $\alpha_i=\alpha(t_i)$ 和 $\beta_i=\beta(t_i)$ 分别表示 $\alpha(t)$ 和 $\beta(t)$ 的第 i 个独立样本。于是，加法器输出端随机变量

$$V_0=\frac{1}{\sigma_N^2}\left(\sum_{i=1}^{n}\alpha_i^2+\sum_{i=1}^{n}\beta_i^2\right)=\sum_{i=1}^{n}\alpha'^2_i+\sum_{i=1}^{n}\beta'^2_i$$

根据有关性质可知，各个 α'_i、β'_i 是同分布的独立高斯变量，具有单位方差、均值为 0，因此，V_0 的分布是自由度为 $2n$ 的 χ^2 分布，则其概率密度为

$$f_V(v_0)=\frac{1}{2^n\Gamma(n)}v_0^{n-1}e^{-\frac{v_0}{2}}\quad(v_0\geqslant 0)$$

(2) 当存在信号，即 $a\neq 0$ 时，用 $A(t)$ 表示窄带随机过程 $X(t)$ 的包络，那么，在平方律检波器输出端可得到包络平方为

$$A^2(t)=[a\cos\theta+\alpha(t)]^2+[a\sin\theta+\beta(t)]^2$$

于是，加法器输出端随机变量 V 为

$$V=\frac{1}{\sigma_N^2}\left[\sum_{i=1}^{n}(a\cos\theta+\alpha_i)^2+\sum_{i=1}^{\infty}(a\sin\theta+\beta_i)^2\right]$$

再次利用 α_i、β_i 有关性质可知，上式中的每一个和式都是一个自由度为 n 的非中心 χ^2 变量，它们的非中心参量 λ_1 和 λ_2 分别为

$$\lambda_1=\frac{1}{\sigma_N^2}\sum_{i=1}^{n}(a\cos\theta)^2=\frac{na^2\cos^2\theta}{\sigma_N^2}$$

$$\lambda_2=\frac{1}{\sigma_N^2}\sum_{i=1}^{n}(a\sin\theta)^2=\frac{na^2\sin^2\theta}{\sigma_N^2}$$

这两个非中心 χ^2 随机变量相互独立，因而它们的和变量 V 也是非中心 χ^2 随机变量，且自由度为 $2n$，非中心参量 $\lambda=\lambda_1+\lambda_2=\frac{na^2}{\sigma_N^2}$，$V$ 的概率密度为

$$f_V(v)=\frac{1}{2}\left(\frac{v}{\lambda}\right)^{\frac{n-1}{2}}\exp\left\{-\frac{\lambda}{2}-\frac{v}{2}\right\}I_{n-1}[(v\lambda)^{\frac{1}{2}}]\qquad(v\geqslant 0)$$

非中心参量与自由度之比为 $\frac{\lambda}{2n}=\frac{a^2}{2\sigma_N^2}$，它是检波器输入端的功率信号噪声比。

变量 V 的均值和方差为

$$E(V)=\frac{1}{\sigma_N^2}[\sum_{i=1}^{n}(a^2+2\sigma_N^2)=2n\left(1+\frac{a^2}{2\sigma_N^2}\right)^2$$

$$D(V)=4n\left(1+\frac{a^2}{\sigma_N^2}\right)$$

4.6 窄带随机过程的仿真实验

通信系统中的调制信号是典型的窄带随机过程。为了使消息信号能够长距离传输，通常需要在发送端（信源）对消息信号进行调制，然后将调制信号通过天线发射出去，信号在信道中会叠加信道噪声，最后在接收端（信宿）对信号进行解调来还原消息信号。图 4.14 就是典型的通信系统框图。

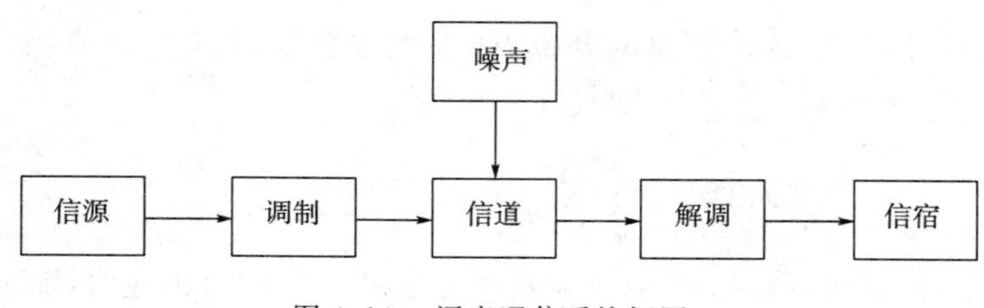

图 4.14　语音通信系统框图

针对图 4.14 的原理，在 Matlab 的 Simulink 的仿真环境中，充分利用 Simulink 模块化、直观和操作简单的特点，验证和演示了语音通信调制与解调过程中窄带随机过程的相关理论。

4.6.1　仿真原理

1. 实验条件

针对一段语音，采用 Simulink 实现语音通信的调制解调功能。语音信源文件为一段英语听力“english. wav”，信源信号的采样率为 44.1kHz，其单边带宽限制为 2.5kHz。调制模型采用常规幅度调制，载波频率为 8.82kHz，调制信号加入窄带高斯白噪声。解调器采用两种解调方式：相干解调和线性包络检波器非相干解调，以比较在不同强度噪声背景下两种解调方式得到的语音信号的质量。

2. 实验原理

在常规幅度调制中，将频率为 ω 的语音信号与一个较高频率的载波相乘，此时调制信号的幅度正比于语音信号，即载波的幅度变化传递了语音信号携带的信息。假设 $m(t)$ 是语音信号，输入强度为 d 的直流分量，载波信号为

$$c(t)=A_c\cos(2\pi f_c t) \tag{4.6.1}$$

式中，A_c 为载波幅度，$f_c=\omega_c/2\pi=8.82\text{kHz}$ 为载波频率，则调制信号为

$$x(t)=[m(t)+d]A_c\cos(\omega_c t) \tag{4.6.2}$$

其傅里叶变换得到调制信号的频域表达式为

$$X(\omega)=\frac{A_c}{2}[M(\omega-\omega_c)+M(\omega+\omega_c)]+\pi dA_c[\delta(\omega-\omega_c)+\delta(\omega+\omega_c)] \quad (4.6.3)$$

解调是从调制信号中提取消息信号的逆过程。对于相干解调，它在接收端用一个与载波同频率同相位的正弦信号与调制信号相乘，然后将乘积通过低通滤波器即可。下面以相干解调方法为例简要介绍语音信号的解调过程。如在接收端用本地振荡器产生的幅度为 $2/A_c$ 的正弦信号与调制信号 $u(t)$ 相乘得到

$$y(t)=u(t)\cdot\frac{2}{A_c}\cos(\omega_c t)=2[m(t)+d]\cos^2(\omega_c t)=[1+\cos(2\omega_c t)][m(t)+d] \quad (4.6.4)$$

此时，信号的傅里叶变换为

$$Y(\omega)=M(\omega)+\frac{1}{2}[M(\omega-2\omega_c)+M(\omega+2\omega_c)]+\pi d[\delta(\omega-2\omega_c)+\delta(\omega+2\omega_c)+2\delta(\omega)] \quad (4.6.5)$$

载波的频率 ω_c 一般远大于信号频率 ω，将式(4.6.4)表达的信号通过一个合适的低通滤波器后就可得到

$$Y(\omega)=M(\omega)+2\pi d\,\delta(\omega) \quad (4.6.6)$$

此时，信号的时域表达式为 $m(t)+d$，即解调器得到的是信号 $m(t)$ 加直流。最后，再通过隔直电容去除直流成分就可以恢复语音信号 $m(t)$。

需要注意的是，在调制过程中把 $m(t)+d$ 替代 $m(t)$ 作为语音信号，是为了确保 $m(t)+d$ 总是一个正数，以确保正确恢复语音信号。在实际操作中，为了保证 $m(t)+d$ 为正，必须将 d 设定为一个较大的数。图 4.15 中解调部分提供了两种解调方式：相干解调和非相干解调(包络检波)。根据以上原理，得到语音通信调制解调 Simulink 仿真实验的系统框图，如图 4.15 所示。

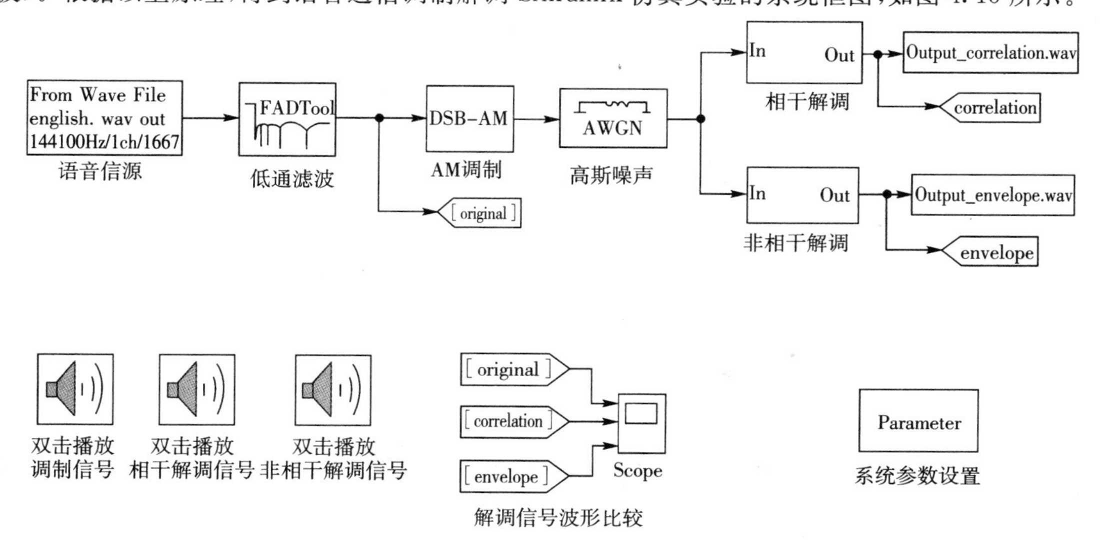

图 4.15　语音通信调制解调 Simulink 仿真实验框图

3. 相干解调子系统的设计

为了使建立的仿真模型更加简洁，需要设计满足仿真环境需求的自定义模块(子系统)。该子系统包括乘法器、放大器、滤波器及减法器等基本模块，采用了自顶向下的模块化设计思想，图 4.15 中的相干解调子系统内部示意图，如图 4.16 所示。

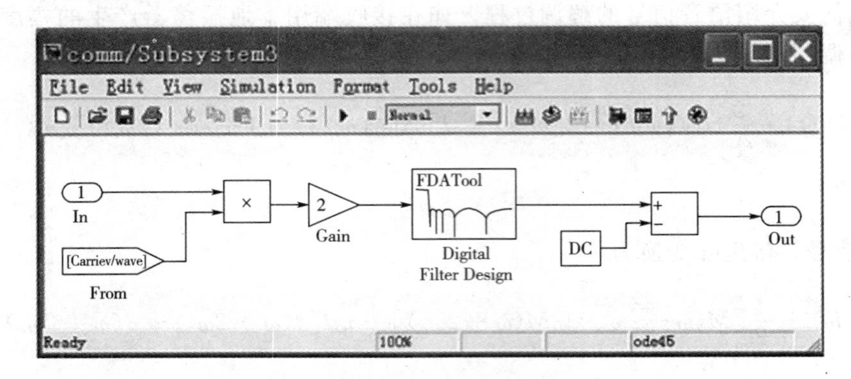

图 4.16 相干解调子系统内部示意图

图 4.16 表明，相干解调子系统基本上是按照式(4.6.4) ~ (4.6.6) 来设计的。调制信号 $u(t)$ 从端口 In 进入后与载波相乘(式(4.6.4))，接着将信号通过一个合适的放大器(即式(4.6.4) 中设计的载波幅度)，然后将信号通过低通滤波器滤除高频信号(式(4.6.5) 和式(4.6.6))，再减去直流信号后从端口 Out 出来的解调信号，就是恢复的语音信号 $m(t)$。

4.6.2 Simulink 仿真结果

在仿真中，给信道中加入均值为 0、方差为 0.01 的高斯白噪声，Simulink 仿真时间设定为 5s。仿真输出波形，如图 4.17 和图 4.18 所示。

图 4.17 表明，直流信号 $d=1$ 时，相干解调和非相干解调得到的解调信号波形与信源信号波形非常接近；图 4.18 表明，没有直流信号($d=0$) 时，相干解调(中间波形) 效果仍然非常好，但是非相干解调(下部波形) 使时间轴下半部的信号全部缺失。解调效果的好坏，可以通过播放解调信号来收听。

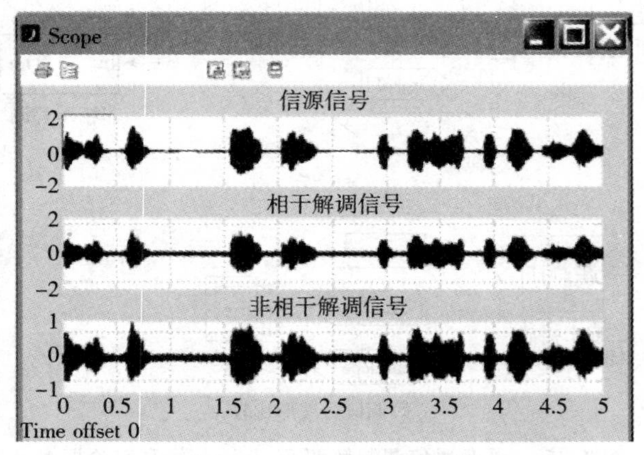

图 4.17 $d=1$ 时输出波形

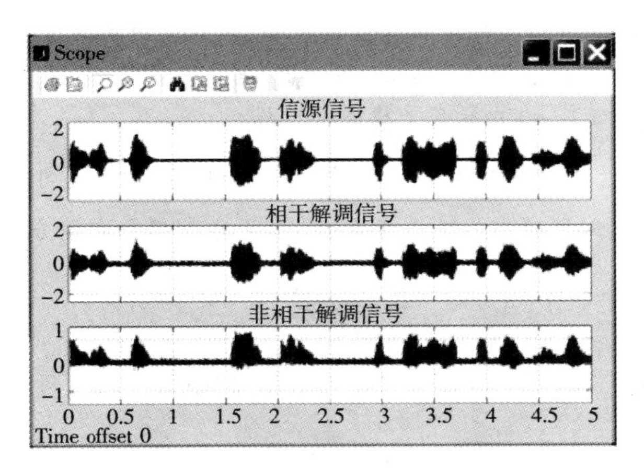

图 4.18　$d = 0$ 时输出波形

习　题

4.1　设 $x(t)$ 为实函数，试证明：

(1) $x(t)$ 为 t 的奇函数时，它的希尔伯特变换为 t 的偶函数。

(2) $x(t)$ 为 t 的偶函数时，它的希尔伯特变换为 t 的奇函数。

4.2　设有一窄带随机信号 $X(t)=\alpha(t)\cos\omega_0 t-\beta(t)\sin\omega_0 t$，其中的 $\alpha(t)$ 与 $\beta(t)$ 的带宽远小于 ω_0，设 $\alpha(\omega)$ 和 $\beta(\omega)$ 分别为 $\alpha(t)$ 与 $\beta(t)$ 的傅里叶变换，$S(\omega)$ 为 $s(t)$ 的傅里叶变换，$s(t)=x(t)+j\hat{x}(t)$，试证：

$$\alpha(\omega)=1/2[S(\omega+\omega_0)+S^*(-\omega+\omega_0)]$$

$$\beta(\omega)=1/2j[S(\omega+\omega_0)-S^*(-\omega+\omega_0)]$$

4.3　设 $a(t)$，$-\infty<t<\infty$，是具有频谱 $A(\omega)$ 的已知实函数，假定 $|\omega|>\Delta\omega$ 时，$A(\omega)=0$，且满足 $\omega_0\gg\Delta\omega$ 求

(1) $a(t)\cos\omega_0 t$ 和 $(1/2)a(t)\exp(j\omega_0 t)$ 的傅里叶变换以及这两个傅里叶变换的关系。

(2) $a(t)\sin\omega_0 t$ 和 $(-j/2)a(t)\exp(j\omega_0 t)$ 的傅里叶变换以及它们的关系。

(3) $a(t)\cos\omega_0 t$ 和 $a(t)\sin\omega_0 t$ 的傅里叶变换的关系。

4.4　对于窄带平稳随机过程

$$X(t)=\alpha(t)\cos\omega_0 t-\beta(t)\sin\omega_0 t$$

若已知 $R_X(\tau)=a(\tau)\cos\omega_0\tau$，求证：

$$R_\alpha(\tau)=R_\beta(\tau)=a(\tau)$$

4.5　对于窄带平稳随机过程，按 4.4 题所给条件，求证：

$$E[\alpha(t)\beta(t+\tau)]=0$$

4.6　对于窄带平稳高斯过程

$$X(t)=\alpha(t)\cos\omega_0 t-\beta(t)\sin\omega_0 t$$

若假定其均值为零、方差 σ^2，并且具有对载频 ω_0 偶对称的功率谱密度。试借助于已知二维高斯概率密度，求出四维概率密度 $f_{\alpha\beta}(\alpha_{t_1},\alpha_{t_2},\beta_{t_1},\beta_{t_2})$。

4.7　对于零均值、方差 σ^2 的窄带平稳高斯过程

$$X(t)=A(t)\cos[\omega_0 t+\Phi(t)]=\alpha(t)\cos\omega_0 t-\beta(t)\sin\omega_0 t$$

求证：包络在任意时刻所给出的随机变量 A_t，其数学期望与方差分别为

$$E[A_t]=\sqrt{\frac{\pi}{2}}\sigma,D[A_t]=(2-\frac{\pi}{2})\sigma^2$$

4.8　试证：均值为零、方差为1的窄带平稳高斯过程，其任意时刻的包络平方的数学期望为2，方差为4。

4.9　已知 $X(t)$ 为信号与窄带高斯噪声之和

$$X(t)=a\cos(\omega_0 t+\Theta)+N(t)$$

式中，Θ 是 $(0,2\pi)$ 上均匀分布的随机变量，$N(t)$ 为窄带高斯过程，且均值为零、方差为 σ^2，并可表示为

$$N(t)=\alpha_N(t)\cos\omega_0 t+\beta_N(t)\sin\omega_0 t$$

求证：$X(t)$ 的包络平方的自相关函数为

$$R_X(\tau)=a^2+4a^2\sigma^2+4\sigma^4+4[a^2R_\alpha^2(\tau)+R_\alpha^2(\tau)+R_{\alpha\beta}^2(\tau)]$$

4.10　若4.10题中噪声功率谱密度为 ω_0 偶对称，求仅存在噪声时 $X(t)$ 的功率谱密度函数。

4.11　远方发射台发送一个幅度不变，角频率为 ω_0 的正弦波，通过衰落信道传输后，到达接收端时的信号变为具有参数 σ_s^2 瑞利型包络分布的随机信号。在接收端又有高斯噪声混入，噪声的方差 σ_N^2。这样信号加噪声同时通过中心频率为 ω_0 的高斯窄带系统，假设信号与噪声的功率不变。求证：窄带系统输出的信号与噪声之和的包络也是服从瑞利分布，其参数为 $\sigma_s^2+\sigma_N^2$。

第 5 章　随机信号通过线性系统分析

在电子技术中，通常把电子系统分成线性系统（线性放大器、线性滤波器等）和非线性系统（如检波器、限幅器、调制器等）两大类。本章分析线性系统，讨论连续时间信号和离散时间信号通过线性系统的统计特性问题，即研究随机信号的线性变换问题。

在确定信号输入的情况下，线性系统的响应或输出有明确的表达式。对于随机信号输入的问题，除了确定性随机信号输入的特殊情况外，要想得到输出的明确表达式是不可能的。然而，一个随机过程可以通过其自相关函数、功率谱密度、均方值等统计特性来描述。因此，本章要研究的基本问题是：如何根据线性系统输入随机信号的统计特性以及线性系统的特性，确定该系统输出的统计特性。针对线性系统对随机信号功率传输的能力，本章还将给出等效噪声带宽的概念。

5.1　线性系统的基本概念和理论

研究随机信号的线性变换，需要以确知信号的线性变换为基础，因而本节简要回顾线性系统的基本概念和理论。这里仅限于讨论确定信号通过单输入单输出线性系统的情况。

5.1.1　时不变线性系统

电子系统通常分成线性系统和非线性系统两大类。具有叠加性和比例性的系统称为线性系统。反之，称为非线性系统。

设线性系统的输入端加上确知信号 $x(t)$，则输出端的确知信号为 $y(t)$，它可看成是线性系统对 $x(t)$ 经过一定数学运算所得的结果。这种数学运算属于线性运算，例如加法、数乘、微分、积分等，用线性算子符号 L 概括表示，因而一般的线性变换可用下式或图 5.1 表示。

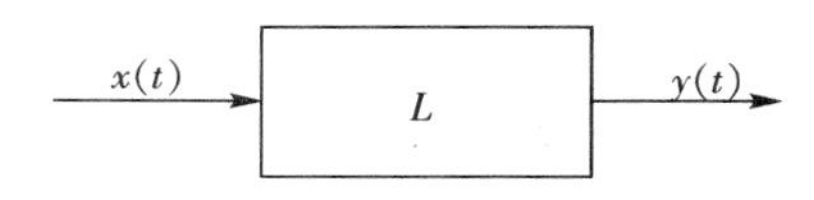

图 5.1　确知信号的线性运算

$$y(t)=L[x(t)] \tag{5.1.1}$$

若对任意常数 a_1、a_2，有

$$y(t)=L[a_1x_1(t)+a_2x_2(t)]=a_1L[x_1(t)]+a_2L[x_2(t)] \tag{5.1.2}$$

则称为线性变换，它具有下述两个基本性质：

(1) 叠加性：函数之和的线性变换等于各函数的线性变换之和

(2) 比例性：任意函数乘以一常数后的线性变换，等于该函数经线性变换后再乘此常数。

在一般电子系统中，通常含有若干个基本单元电路，其中各种线性放大器、滤波器、无源线性网络等属于线性系统，而检波器、调制器、混频器、限幅器等属于非线性系统。

线性电子系统按照是否具有时不变特性，分成线性时变系统和线性时不变系统。

若对任意时刻 t_0，都有

$$y(t+t_0)=L[x(t+t_0)] \tag{5.1.3}$$

则称此系统为时不变线性系统，时不变特性是指系统响应不依赖于计时起点的选择，即意味着如果输入信号提前（或延迟）一段时间 t_0，则输出信号也同样提前（或延迟）时间 t_0，而输出信号波形保持不变。

根据线性系统理论，可以有许多方法来描述一个线性时不变系统。对于连续时间系统，描述的方法有：(1) 输入－输出关系法，即用单位冲激响应 $h(t)$ 或传递函数 $H(s)$ 描述；(2) 常微分方程法；(3) 状态变量法。对于离散时间系统，也有这三种方法，只不过离散时间系统的单位取样响应是 $h(n)$，传递函数是 $H(z)$，在(2) 中对应的是常系数差分方程。分析系统的输出响应也有相应的三种方法：(1) 卷积积分法或卷积求和法，用此方法能求得系统的零状态响应；(2) 微分或差分方程法，利用初始条件可得系统的全响应；(3) 状态变量法，解状态方程可得全响应。

5.1.2 连续时不变线性系统

1. 连续线性时不变系统的输出响应

根据 δ 函数的性质，有

$$x(t)=\int_{-\infty}^{\infty}x(\tau)\delta(t-\tau)\mathrm{d}\tau \tag{5.1.4}$$

将式(5.1.4) 代入式(5.1.1)，并考虑到运算子 L 只对时间函数进行运算，故有

$$\begin{aligned}y(t)&=L[x(t)]=L\left[\int_{-\infty}^{\infty}x(\tau)\delta(t-\tau)\mathrm{d}\tau\right]\\&=\int_{-\infty}^{\infty}x(\tau)L[\delta(t-\tau)]\mathrm{d}\tau\end{aligned} \tag{5.1.5}$$

定义新函数 $h(t,\tau)$，并令

$$h(t,\tau)=L[\delta(t-\tau)] \tag{5.1.6}$$

$h(t,\tau)$ 称为线性系统的单位冲激响应。于是

$$y(t)=\int_{-\infty}^{\infty}x(\tau)h(t,\tau)\mathrm{d}\tau \tag{5.1.7}$$

这表明，一般线性系统的响应，完全由它的单位冲激响应通过式(5.1.7) 确定。

当线性系统具有时不变特性，也就是说该系统的单位冲激响应 $h(t,\tau)$ 与时刻点 t 无关，发生在 $t=0$ 时刻的冲激 $\delta(t)$ 产生响应 $h(t)$，则发生在时刻 $t=\tau$ 的冲激 $\delta(t-\tau)$ 产生响应 $h(t-\tau)$，即

$$h(t,\tau)=h(t-\tau) \tag{5.1.8}$$

对于一个线性时不变系统，式(5.1.7) 成为

$$y(t)=\int_{-\infty}^{\infty}x(\tau)h(t-\tau)\mathrm{d}\tau \tag{5.1.9}$$

通过变量代换，(5.1.9) 式可写成另一种形式

$$y(t)=\int_{-\infty}^{\infty}x(t-\tau)h(\tau)\mathrm{d}\tau \tag{5.1.10}$$

这就是所熟知的 $x(t)$ 和 $h(t)$ 的卷积公式，记为

$$y(t)=h(t)\otimes x(t) \tag{5.1.11}$$

2. 连续线性时不变系统的传输函数

一个线性时不变系统，可以完整地由它的冲激响应来表征。冲激响应是一种瞬时特性，通过系统输出 $y(t)$ 的傅里叶变换，可以导出频域的相应特性。

如果 $x(t)$ 和 $h(t)$ 绝对可积，即

$$\int_{-\infty}^{\infty}|x(t)|\mathrm{d}t<\infty,\quad \int_{-\infty}^{\infty}|h(t)|\mathrm{d}t<\infty \tag{5.1.12}$$

那么，$x(t)$ 和 $h(t)$ 的傅里叶变换存在

$$X(\omega)=\int_{-\infty}^{\infty}x(t)e^{-\mathrm{j}\omega t}\mathrm{d}t,\quad H(\omega)=\int_{-\infty}^{\infty}h(t)\mathrm{e}^{-\mathrm{j}\omega t}\mathrm{d}t \tag{5.1.13}$$

$H(\omega)$ 称为连续时不变线性系统的传输函数。设 $Y(\omega)$ 是输出 $y(t)$ 的傅里叶变换，则有

$$Y(\omega)=H(\omega)X(\omega) \tag{5.1.14}$$

式(5.1.14)表明：任何线性时不变系统响应的傅里叶变换，等于输入信号傅里叶变换与系统冲激响应的傅里叶变换的乘积，或者说线性时不变系统的传输函数等于输出与输入信号的频谱之比。

$$H(\omega)=\frac{Y(\omega)}{X(\omega)} \tag{5.1.15}$$

若在式(5.1.14)中，用 $s=\lambda+\mathrm{j}\omega$ 代替 $\mathrm{j}\omega$，可把该式写成拉普拉斯变换的形式，即

$$Y(s)=H(s)X(s) \tag{5.1.16}$$

$H(s)$ 与 $h(t)$ 是一对拉氏变换，即

$$\begin{cases}H(s)=\displaystyle\int_{-\infty}^{\infty}h(t)\mathrm{e}^{-st}\mathrm{d}t\\ h(t)=\displaystyle\frac{1}{2\pi\mathrm{j}}\int_{\lambda-\mathrm{j}\infty}^{\lambda+\mathrm{j}\infty}H(s)\mathrm{e}^{st}\mathrm{d}s\end{cases} \tag{5.1.17}$$

在求给定系统传输函数的实际计算中，往往采用另一种定义传输函数的方法，它可以使计算得到简化。

设线性时不变系统的输入信号 $x(t)$ 为单位复简谐信号

$$x(t)=\mathrm{e}^{\mathrm{j}\omega t} \tag{5.1.18}$$

此时系统输出信号为 $y(t)$，则线性时不变系统的传输函数为

$$H(\omega)=\frac{L[\mathrm{e}^{\mathrm{j}\omega t}]}{\mathrm{e}^{\mathrm{j}\omega t}}=\frac{y(t)}{x(t)} \tag{5.1.19}$$

式中

$$y(t)=L[\mathrm{e}^{\mathrm{j}\omega t}]=h(t)*\mathrm{e}^{\mathrm{j}\omega t}=H(\omega)\mathrm{e}^{\mathrm{j}\omega t} \tag{5.1.20}$$

即单位复简谐信号作用于系统，其输出信号的复振幅即为 $H(\omega)$。

3. 连续线性时不变系统的因果性和稳定性

工程上为了使系统在物理上有实现的可能，要求系统具有因果性。即当 $t<t_0$ 时，系统的输入信号 $x(t)=0$，相应的输出信号 $y(t)=0$。也就是说，仅当激励加入系统以后，才会有响应输出，激励是产生响应的原因，而响应是激励产生的结果，这种特性称为因果性。可以物理实现的系统都是因果系统，所以因果系统又称为物理可实现系统。反之，非因果系统又称为物理不可实现系统。因此，因果系统的冲激响应函数应满足

$$h(t)=0,\quad t<0 \tag{5.1.21}$$

对于物理可实现的系统来说，式(5.1.10)应为

$$y(t)=\int_0^{\infty}x(t-\tau)h(\tau)\mathrm{d}\tau=\int_{-\infty}^{t}x(\tau)h(t-\tau)\mathrm{d}\tau \tag{5.1.22}$$

如果一个线性时不变系统，对于任意有限输入其响应有界，则称此系统是稳定的。由式(5.1.10)可以得到

$$|y(t)|=\left|\int_{-\infty}^{\infty}x(t-\tau)h(\tau)\mathrm{d}\tau\right|<\int_{-\infty}^{\infty}|x(t-\tau)h(\tau)|\mathrm{d}\tau \tag{5.1.23}$$

若输入信号有界，则必有正数 a 存在，使得对任意的 t，有

$$|x(t)|\leqslant a<\infty \tag{5.1.24}$$

成立。因此，对任意的 t，显然有

$$|y(t)|<a\int_{-\infty}^{\infty}|h(\tau)|\mathrm{d}\tau \tag{5.1.25}$$

所以，如果系统的冲激响应 $h(t)$ 是绝对可积的，即满足

$$\int_{-\infty}^{\infty}|h(t)|\mathrm{d}t<\infty \tag{5.1.26}$$

时，则系统输出是有界的，故系统是稳定的。反之，如果 $h(t)$ 不绝对可积，则系统是不稳定的。

根据积分变换理论，由(5.1.17)可知，只要线性时不变系统的传输函数 $H(s)$ 在右半复面 $\mathrm{Re}[s]\geqslant 0$(即 $\lambda\geqslant 0$)上是解析的，或者说所有极点均在左半平面，则系统就是物理可实现和稳定的。

5.1.3 离散时不变线性系统

1. 离散线性时不变系统的输出响应

设有图 5.2 所示的离散线性系统，线性系统的单位取样响应为 $h(n)$，即

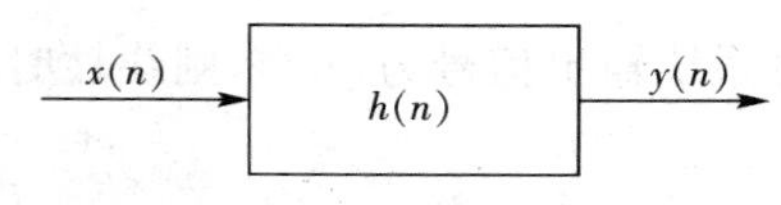

图 5.2 离散线性系统

$$h(n) = L[\delta(n)] \tag{5.1.27}$$

若离散系统具有时不变性，意味着输入序列沿自变量轴 n 移动 k 单位，输出序列也相应移动同样的距离。即

$$h(n-k) = L[\delta(n-k)] \tag{5.1.28}$$

离散系统传输函数 $H(\omega)$ 与单位取样响应之间是离散傅里叶变换对的关系，即

$$H(\omega) = \sum_{n=-\infty}^{\infty} h(n)\mathrm{e}^{-\mathrm{j}n\omega} \tag{5.1.29}$$

或者，用 z 变换可表示为

$$H(z) = \sum_{n=-\infty}^{\infty} h(n)z^{-n} \tag{5.1.30}$$

当输入序列为 $x(n)$ 时，输出序列为

$$y(n) = L[x(n)] = L[\sum_{k=-\infty}^{\infty} x(k)\delta(n-k)] = \sum_{k=-\infty}^{\infty} x(k)L[\delta(n-k)] \tag{5.1.31}$$

因此，离散时不变线性系统输出序列 $y(n)$ 与输入序列 $x(n)$ 的关系为

$$y(n) = \sum_{k=-\infty}^{\infty} x(k)h(n-k) \tag{5.1.32}$$

2. 离散线性时不变系统的因果性和稳定性

离散因果系统的输出只取决于现时刻和过去的输入 $x(n), x(n-1), x(n-2), \cdots$。一个离散线性时不变系统为因果系统的充分和必要条件是

$$h(n) = 0, \quad n < 0 \tag{5.1.33}$$

离散稳定系统是指对于每个有界输入 $x(n)$，都产生有界输出 $y(n)$ 的系统。即如果 $|x(n)| \leqslant M$（M 为正的实常数），有 $|y(n)| \leqslant \infty$，则该系统被称为稳定系统。

一个离散线性时不变稳定的充分和必要条件是其单位取样响应 $h(n)$ 绝对可和，即

$$\sum_{k=-\infty}^{\infty} |h(k)| < \infty \tag{5.1.34}$$

5.2　随机信号通过连续时间系统分析方法

随机信号通过线性系统分析的中心问题是：给定系统的输入随机信号和线性系统的特性，求输出随机信号的统计特性。因此，通常只分析输入信号通过线性系统后输出的概率分布特性和某些数字特征。线性系统既可以用微分方程描述，也可以用冲激响应描述或者系统传输函数描述。所以，随机信号通过连续线性系统的分析方法也有三种：微分方程法、冲激响应法和频谱法。

5.2.1　微分方程法

对于线性时不变系统，通常可以用一个常系数线性微分方程描述，因此，随机过程通过线

性系统的分析，就是对一个常系数线性微分方程的求解问题，只不过输入信号是一个随机过程。

一般的微分方程可以用线性算子 $L_{A(t)}$ 和 $L_{B(t)}$ 表示为

$$L_{A(t)}[Y(t)]=L_{B(t)}[Y(t)] \tag{5.2.1}$$

式中：$L_{A(t)}=a_n\frac{\mathrm{d}^n}{\mathrm{d}t^n}+a_{n-1}\frac{\mathrm{d}^{n-1}}{\mathrm{d}t^{n-1}}+\cdots+a_1\frac{\mathrm{d}}{\mathrm{d}t}+a_0$，$L_{B(t)}=b_m\frac{\mathrm{d}^m}{\mathrm{d}t^m}+b_{m-1}\frac{\mathrm{d}^{m-1}}{\mathrm{d}t^{m-1}}+\cdots+b_1\frac{\mathrm{d}}{\mathrm{d}t}+b_0$。对于时不变线性系统，所有系数 a_i 和 b_i 均为常数，仅取决于系统的组成。

现只讨论线性算子 $L_{B(t)}$ 的系数仅 b_0 不为零的情况。

假设某线性时不变系统的微分方程为

$$a_n\frac{\mathrm{d}^nY(t)}{\mathrm{d}t^n}+a_{n-1}\frac{\mathrm{d}^{n-1}Y(t)}{\mathrm{d}t^{n-1}}+\cdots+a_1\frac{\mathrm{d}Y(t)}{\mathrm{d}t}+a_0Y(t)=X(t) \tag{5.2.2}$$

式中，$X(t)$ 为系统的输入，是随机过程；$Y(t)$ 为系统的输出，也是随机过程，则式(5.2.2) 可以写成

$$L_{A(t)}Z[Y(t)]=X(t) \tag{5.2.3}$$

系统的起始条件为

$$\begin{cases}Y(0)=Y'(0)=\cdots=Y^{(n-1)}(0)=0\\ Y(t)=0,\quad t<0\end{cases} \tag{5.2.4}$$

对随机微分方程的求解，就是在已知输入特性的情况下，确定输出的统计特性。

1. 均值

对式(5.2.2) 两边取数学期望

$$E\{L_{A(t)}[Y(t)]\}=E[X(t)]$$

即

$$L_{A(t)}[m_Y(t)]=m_X(t) \tag{5.2.5}$$

对式(5.2.4) 两边取数学期望，可得

$$m_Y(0)=m'_Y(0)=\cdots=m_Y^{(n-1)}(0)=0 \tag{5.2.6}$$

因此，输出的均值可以通过下列微分方程来求解：

$$\begin{cases}a_n\frac{\mathrm{d}^nm_Y(t)}{\mathrm{d}t^n}+a_{n-1}\frac{\mathrm{d}^{n-1}m_Y(t)}{\mathrm{d}t^{n-1}}+\cdots+a_1\frac{\mathrm{d}m_Y(t)}{\mathrm{d}t}+a_0m_Y(t)=m_X(t)\\ m_Y(0)=m'_Y(0)=\cdots=m_Y^{(n-1)}(0)=0\end{cases} \tag{5.2.7}$$

2. 相关函数

在式(5.2.2) 中令 $t=t_2$，两边同时乘以 $X(t_1)$ 后取数学期望，得

$$E\left\{a_nX(t_1)\frac{\mathrm{d}^nY(t_2)}{\mathrm{d}t_2^n}+a_{n-1}X(t_1)\frac{\mathrm{d}^{n-1}Y(t_2)}{\mathrm{d}t_2^{n-1}}+\cdots+a_1X(t_1)\frac{\mathrm{d}Y(t_2)}{\mathrm{d}t_2}+a_0X(t_1)Y(t_2)\right\}$$

$$=E[X(t_1)X(t_2)]$$

整理得到

$$a_n \frac{\partial^n R_{XY}(t_1,t_2)}{\partial t_2^n} + a_{n-1} \frac{\partial^{n-1} R_{XY}(t_1,t_2)}{\partial t_2^{n-1}} + \cdots + a_1 \frac{\partial R_{XY}(t_1,t_2)}{\partial t_2} + a_0 R_{XY}(t_1,t_2) = R_X(t_1,t_2) \tag{5.2.8}$$

即

$$L_{A(t_2)}[R_{XY}(t_1,t_2)] = R_X(t_1,t_2) \tag{5.2.9}$$

同理可得

$$a_n \frac{\partial^n R_Y(t_1,t_2)}{\partial t_1^n} + a_{n-1} \frac{\partial^{n-1} R_Y(t_1,t_2)}{\partial t_1^{n-1}} + \cdots + a_1 \frac{\partial R_Y(t_1,t_2)}{\partial t_1} + a_0 R_Y(t_1,t_2) = R_{XY}(t_1,t_2) \tag{5.2.10}$$

$$L_{A(t_1)}[R_Y(t_1,t_2)] = R_{XY}(t_1,t_2) \tag{5.2.11}$$

为了确定式(5.2.10)的起始条件，在式(5.2.4)两端同时乘以 $X(t_1)$ 后取数学期望，得

$$R_{XY}(t_1,0) = \frac{\partial R_{XY}(t_1,0)}{\partial t_2} = \cdots = \frac{\partial^{n-1} R_{XY}(t_1,0)}{\partial t_2^{n-1}} = 0 \tag{5.2.12}$$

同理可得

$$R_Y(0,t_2) = \frac{\partial R_Y(0,t_2)}{\partial t_1} = \cdots = \frac{\partial^{n-1} R_Y(0,t_2)}{\partial t_1^{n-1}} = 0 \tag{5.2.13}$$

方程(5.2.8)、(5.2.10)和式(5.2.12)、(5.2.13)确定的起始条件构成了求解 $R_Y(t_1,t_2)$ 和 $R_{XY}(t_1,t_2)$ 的微分方程。

【例 5.1】 设有微分方程

$$\frac{\mathrm{d}Y(t)}{\mathrm{d}t} + aY(t) = X(t), \quad a \text{ 为常数}$$

$$Y(0) = 0$$

式中，输入 $X(t)$ 为平稳随机过程，且 $E[X(t)] = \lambda$，$R_X(\tau) = \lambda^2 + \lambda\delta(\tau)$，$\lambda$ 为正的实常数。试求 $Y(t)$ 的均值、方差和自相关函数。

解：(1) 由式(5.2.7)，可得

$$\frac{\mathrm{d}m_Y(t)}{\mathrm{d}t} + am_Y(t) = \lambda$$

$$m_Y(0) = 0$$

设 $m_Y(t)$ 的拉普拉斯变换为 $M_Y(s)$，则对均值微分方程的两边进行拉普拉斯变换得到

$$sM_Y(s) + aM_Y(s) = \lambda / s$$

即

$$M_Y(s)=\frac{\lambda}{s(s+a)}$$

对上式求拉普拉斯反变换，得到

$$m_Y(t)=\frac{\lambda}{a}(1-\mathrm{e}^{-at}),\quad t\geqslant 0$$

(2) 由式(5.2.8)和式(5.2.12)可得

$$\begin{cases}\dfrac{\partial R_{XY}(t_1,t_2)}{\partial t_2}+aR_{XY}(t_1,t_2)=\lambda^2+\lambda\delta(t_2-t_1)\\ R_{XY}(t_1,0)=0\end{cases}$$

解上述微分方程，得到 $X(t)$ 和 $Y(t)$ 的互相关函数

$$R_{XY}(t_1,t_2)=\frac{\lambda^2}{a}(1-\mathrm{e}^{-at_2})+\lambda\mathrm{e}^{-a(t_2-t_1)},\quad t_2>t_1$$

由式(5.2.10)和式(5.2.13)可得

$$\begin{cases}\dfrac{\partial R_Y(t_1,t_2)}{\partial t_2}+aR_Y(t_1,t_2)=R_{XY}(t_1,t_2)\\ R_{XY}(0,t_2)=0\end{cases}$$

解微分方程，得到 $Y(t)$ 的自相关函数

$$R_Y(t_1,t_2)=\frac{\lambda^2}{a^2}(1-\mathrm{e}^{-at_1})(1-\mathrm{e}^{-at_2})+\frac{\lambda}{2a}\mathrm{e}^{-a(t_2-t_1)}(1-\mathrm{e}^{-2at_1}),\quad t_2>t_1$$

如果 $t_1>t_2$，只要将上式中的 t_1 和 t_2 的位置互换，就可以得到 $t_1>t_2$ 情况下的 $R_Y(t_1,t_2)$。

可以看出，虽然输入 $X(t)$ 是平稳过程，但 $R_Y(t_1,t_2)$ 不仅取决于时刻间隔 $\tau=t_2-t_1$，还与时间 t_1、t_2 有关，因而在一般情况下，输出过程 $Y(t)$ 是非平稳的，这是由于系统的暂态历程所致。但若 $t_1\to\infty,t_2\to\infty$，则可得到 $R_Y(t_1,t_2)$ 和 $R_{XY}(t_1,t_2)$ 的稳态解

$$R_Y(\tau)=\frac{\lambda}{2a}\mathrm{e}^{-a\tau},R_{XY}(\tau)=\lambda\mathrm{e}^{-a\tau}$$

这时由于暂态历程已经结束，输出过程 $Y(t)$ 为一平稳过程。

若 $t_2=t_1\to\infty$，则求得输出过程 $Y(t)$ 的方差为

$$\sigma_Y^2=R_Y(0)=\frac{\lambda}{2a}$$

5.2.2 冲激响应法

由线性系统基本理论可知，当输入信号为已知的时间函数时，通过式(5.1.10)即可得到连续线性时不变系统的输出。如果现在输入为随机信号 $X(t)$ 的一个样本函数 $x(t)$，由于样本函数是确定性的时间函数，则可以直接利用确定信号通过连续系统的相关结论，由式(5.1.10)

得到输出 $y(t)$，$y(t)$ 是随机信号 $X(t)$ 通过系统后产生的新过程 $Y(t)$ 的样本函数。

假定 $h(t)$ 是一个稳定系统的冲激响应函数，若随机过程所有样本函数都是有界的，则从稳定性定义可知，其卷积

$$y(t)=\int_{-\infty}^{\infty}x(t-\tau)h(\tau)\mathrm{d}\tau \tag{5.2.14}$$

对于每一个样本函数都收敛（有界）。此式给出了所有输入、输出样本函数之间的关系。于是，可直接写为

$$Y(t)=\int_{-\infty}^{\infty}X(t-\tau)h(\tau)\mathrm{d}\tau \tag{5.2.15}$$

或

$$Y(t)=\int_{-\infty}^{\infty}X(\tau)h(t-\tau)\mathrm{d}\tau \tag{5.2.16}$$

即对于输入随机信号的线性系统，可按式(5.2.15)和式(5.2.16)确定输出随机信号。两式中的积分限 $-\infty$ 和 ∞ 为一般表示，若给定 $X(t)$ 和 $h(t)$，则此积分限应作具体确定，即将 $X(t)$ 与 $h(t-\tau)$ 或 $X(t-\tau)$ 与 $h(\tau)$ 互相重叠的部分对应于 τ 的范围确定为实际的积分区间。

下面分析随机信号通过线性系统后的统计特性及其平稳性。

1. 线性系统输出过程的一般统计特性

(1) 输出过程的均值

由式(5.2.15)可知，输出 $Y(t)$ 的均值为

$$E[Y(t)]=E\left[\int_{-\infty}^{\infty}X(t-\tau)h(\tau)\mathrm{d}\tau\right] \tag{5.2.17}$$

交换积分和求数学期望的顺序，得到

$$m_Y(t)=\int_{-\infty}^{\infty}E[X(t-\tau)]h(\tau)\mathrm{d}\tau=\int_{-\infty}^{\infty}m_X(t-\tau)h(\tau)\mathrm{d}\tau=h(t)\otimes m_X(t) \tag{5.2.18}$$

(2) 输入和输出的互相关函数

$$\begin{aligned}R_{XY}(t_1,t_2)&=E[X(t_1)Y(t_2)]=E\left[X(t_1)\int_{-\infty}^{\infty}X(t_2-u)h(u)\mathrm{d}u\right]\\&=\int_{-\infty}^{\infty}E[X(t_1)X(t_2-u)]h(u)\mathrm{d}u\\&=\int_{-\infty}^{\infty}R_X(t_1,t_2-u)h(u)\mathrm{d}u\\&=R_X(t_1,t_2)\otimes h(t_2)\end{aligned} \tag{5.2.19}$$

同理可得

$$R_{YX}(t_1,t_2)=R_X(t_1,t_2)\otimes h(t_1) \tag{5.2.20}$$

(3) 输出自相关函数

$$R_Y(t_1,t_2)=E[Y(t_1)Y(t_2)]=E\left[\int_{-\infty}^{\infty}X(t_1-u)h(u)\mathrm{d}u\int_{-\infty}^{\infty}X(t_2-v)h(v)\mathrm{d}v\right]$$

$$=E\left[\int_{-\infty}^{\infty}\int_{-\infty}^{\infty}X(t_1-u)X(t_2-v)h(u)h(v)\mathrm{d}u\mathrm{d}v\right]$$

$$=\int_{-\infty}^{\infty}\int_{-\infty}^{\infty}E[X(t_1-u)X(t_2-v)]h(u)h(v)\mathrm{d}u\mathrm{d}v$$

$$=\int_{-\infty}^{\infty}\int_{-\infty}^{\infty}R_X(t_1-u,t_2-v)h(u)h(v)\mathrm{d}u\mathrm{d}v$$

$$=R_X(t_1,t_2)\otimes h(t_1)\otimes h(t_2) \tag{5.2.21}$$

结合式(5.2.19)和式(5.2.20),得

$$R_Y(t_1,t_2)=R_X(t_1,t_2)\otimes h(t_2)\otimes h(t_1)$$

$$=R_{XY}(t_1,t_2)\otimes h(t_1)=R_{YX}(t_1,t_2)\otimes h(t_2) \tag{5.2.22}$$

上述输入输出相关函数的关系,如图 5.3 所示。

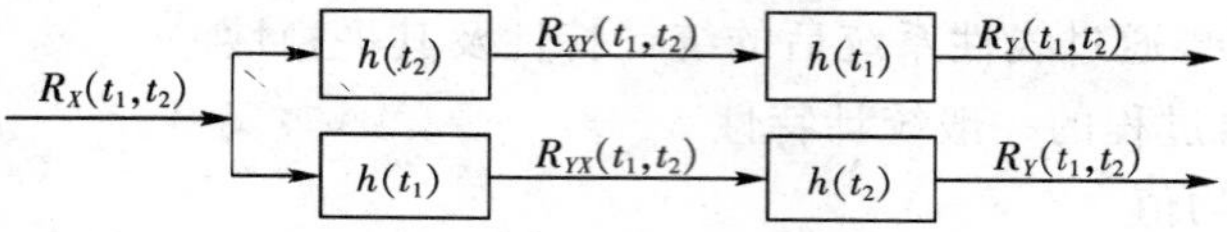

图 5.3　随机过程通过线性系统输入输出相关函数之间的关系

如果 $X(t)$ 是平稳随机过程,则系统输出均值、自相关函数以及输入输出互相关函数分别为

$$m_Y=m_X\int_{-\infty}^{\infty}h(\tau)\mathrm{d}\tau$$

$$R_{YX}(t,t+\tau)=E[Y(t)X(t+\tau)]=E\left[\int_{-\infty}^{\infty}X(t-u)h(u)\mathrm{d}u\cdot X(t+\tau)\right]$$

$$=\int_{-\infty}^{\infty}R_X(\tau+u)h(u)\mathrm{d}u=R_X(\tau)\otimes h(-\tau)\triangleq R_{YX}(\tau) \tag{5.2.23}$$

同理可得

$$R_{XY}(t,t+\tau)=R_X(\tau)\otimes h(\tau)\triangleq R_{XY}(\tau)$$

$$R_Y(t,t+\tau)=E[Y(t)Y(t+\tau)]=E\left[Y(t)\int_{-\infty}^{\infty}X(t+\tau-u)h(u)\mathrm{d}u\right]$$

$$=\int_{-\infty}^{\infty}R_{YX}(\tau-u)h(u)\mathrm{d}u=R_{YX}(\tau)\otimes h(\tau)\triangleq R_Y(\tau) \tag{5.2.24}$$

同理可得

$$R_Y(\tau)=R_{XY}(\tau)\otimes h(-\tau)$$

则输出过程的相关函数可表示为

$$R_Y(\tau)=R_{XY}(\tau)\otimes h(-\tau)=R_{YX}(\tau)\otimes h(\tau)=R_X(\tau)\otimes h(-\tau)\otimes h(\tau) \quad (5.2.25)$$

图 5.4 描述了平稳过程通过线性系统输入输出相关函数的关系。

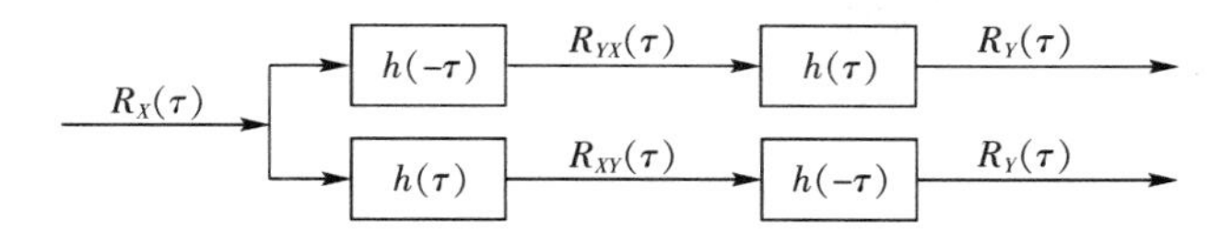

图 5.4　平稳随机过程通过线性系统输入输出相关函数之间的关系

冲激响应法是零状态响应的一般分析法，既适合输入是平稳随机信号的情况，也适用于输入是非平稳随机信号的情况。输出随机信号的平稳性，取决于输入随机信号的平稳性以及作用于系统的时刻。

2. 因果稳定系统输出过程的平稳性

实际应用中，所研究的线性系统一般都是因果系统，是物理可实现的，即当 $t<0$ 时，$h(t)=0$。输入随机信号 $X(t)$ 接入系统存在两种情况：

① 从 $t=-\infty$时，$X(t)$ 就已接入系统，这种输入信号 $X(t)$ 称为双侧信号输入；

② 当 $t=0$ 时，$X(t)$ 才接入系统，即输入信号为 $X(t)U(t)$[$U(t)$ 是阶跃函数]，称为右侧信号输入。

图 5.5(a) 中所示实际因果系统的冲激响应函数 $h(\tau)$，当 $\tau<0$ 时，$h(\tau)$ 为零，图 5.5(b) 为其镜像且右移 t 后的图形。图 5.5(c) 表示输入信号 $X(\tau)$ 是双侧信号，图 5.5(d) 是双侧信号 $X(\tau)$ 的镜像且右移 t 后的图形。图 5.5(e) 表示输入信号 $X(\tau)$ 是右侧信号，图 5.5(f) 是右侧信号 $X(\tau)$ 的镜像且右移 t 后的图形。

(1) 双侧信号输入

若输入的双侧信号 $X(t)$ 从 $t=-\infty$时就已送至系统，则输出随机信号为

$$Y(t)=\int_{-\infty}^{t}X(\tau)h(t-\tau)\mathrm{d}\tau \quad (5.2.26)$$

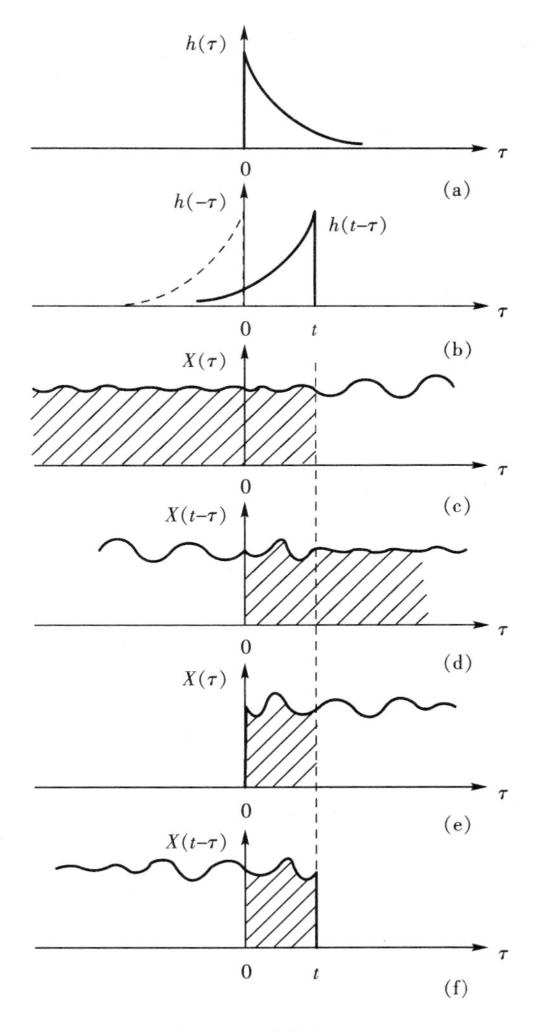

图 5.5　冲激响应法

或

$$Y(t)=\int_{0}^{\infty}X(t-\tau)h(\tau)\mathrm{d}\tau \tag{5.2.27}$$

在这种情况下，输出随机信号是否平稳，取决于输入随机信号在观察时刻 t 之前是否平稳，即 t 时刻之前 $X(t)$ 是平稳的，则 t 时刻之前的 $Y(t)$ 也是平稳的；t 时刻之前 $X(t)$ 是非平稳的，则 t 时刻之前的 $Y(t)$ 也是非平稳的；如果 $X(t)$ 在 t 时刻之前是平稳的，其后为非平稳的，则 $Y(t)$ 在 t 时刻之前仍然是平稳的，而 t 时刻之后是非平稳的，因为这时输入的非平稳随机信号已能对输出随机信号产生影响。

(2) 右侧信号输入

若输入的右侧信号 $X(t)$ 从 $t=0$ 时才送至系统，则输出随机信号为

$$Y(t)=\int_{0}^{t}X(\tau)h(t-\tau)\mathrm{d}\tau \tag{5.2.28}$$

或

$$Y(t)=\int_{0}^{t}X(t-\tau)h(\tau)\mathrm{d}\tau \tag{5.2.29}$$

在这种情况下，如果 $X(t)$ 在 t 时刻之前是平稳的，输出 $Y(t)$ 在 t 时刻是否平稳需要讨论。在冲激响应 $h(\tau)$ 的响应时间较长的情况下，虽然在 t 时刻之前输入随机信号是平稳的，但这时冲激响应 $h(\tau)$ 或 $h(t-\tau)$ 还没有趋于零，输出过程仍然处于暂态历程期间，因而输出随机信号是非平稳的。因此，仅当冲激响应 $h(\tau)$ 的响应时间较短，在 t 时刻暂态历程基本已结束，此时输出随机信号 $Y(t)$ 才近似是平稳的。

根据上述分析，对于因果系统，采用式(5.2.27) 和式(5.2.29) 求解输出随机信号比较简便。若输入为双侧信号，需求系统的稳态输出，可用式(5.2.27)。若输入为右侧信号，需求系统在 t 时刻的暂态输出，可用式(5.2.29)。

3. 因果稳定系统输出过程的均值和自相关函数

(1) 稳态输出的均值和自相关函数

对式(5.2.27) 两边同时取数学期望，可得输出随机信号的均值为

$$E[Y(t)]=E\left[\int_{0}^{\infty}X(t-\tau)h(\tau)\mathrm{d}\tau\right] \tag{5.2.30}$$

交换求数学期望和积分的顺序，可得

$$m_Y(t)=\int_{0}^{\infty}E[X(t-\tau)]h(\tau)\mathrm{d}\tau$$

若 $X(t)$ 为平稳随机过程，则

$$E[X(t-\tau)]=m_X$$

所以

$$m_Y(t)=m_Y=m_X\int_{0}^{\infty}h(\tau)\mathrm{d}\tau \tag{5.2.31}$$

输出过程 $Y(t)$ 的自相关函数为

$$R_Y(t,t+\tau)=E[Y(t)Y(t+\tau)]$$
$$=E\left[\int_0^\infty X(t-u)h(u)\mathrm{d}u\int_0^\infty X(t+\tau-v)h(v)\mathrm{d}v\right]$$

交换求数学期望和积分的顺序，可得

$$R_Y(t,t+\tau)=\int_0^\infty\int_0^\infty E[X(t-u)X(t+\tau-v)]h(u)h(v)\mathrm{d}u\mathrm{d}v$$
$$=\int_0^\infty\int_0^\infty R_X(t-u,t+\tau-v)h(u)h(v)\mathrm{d}u\mathrm{d}v \tag{5.2.32}$$

若 $X(t)$ 为平稳随机过程，则有 $R_X(t-u,t+\tau-v)=R_X(\tau+u-v)$，输出过程自相关函数为

$$R_Y(\tau)=\int_0^\infty\int_0^\infty R_X(\tau+u-v)h(u)h(v)\mathrm{d}u\mathrm{d}v \tag{5.2.33}$$

因此，若输入 $X(t)$ 为平稳随机过程，则输出 $Y(t)$ 亦为平稳随机过程。若输入 $X(t)$ 为非平稳随机过程，则输出 $Y(t)$ 亦为非平稳随机过程。

(2) 暂态输出的均值和自相关函数

当输入为右侧信号时，系统在时刻 t 的输出属于暂态。若输入 $X(t)$ 为平稳随机过程，由式(5.2.29) 和式(5.2.31) 得到 $Y(t)$ 的均值为

$$m_Y(t)=m_Y=m_X\int_0^t h(\tau)\mathrm{d}\tau \tag{5.2.34}$$

由式(5.2.29) 和式(5.2.32) 可得 $Y(t)$ 的自相关函数为

$$R_Y(t_1,t_2)=\int_0^{t_2}\int_0^{t_1}R_X(\tau+u-v)h(u)h(v)\mathrm{d}u\mathrm{d}v \tag{5.2.35}$$

式中，$\tau=t_2-t_1$。式(5.2.34) 和式(5.2.35) 表明，即使输入为平稳随机过程，但因系统有暂态历程，使输出不再是平稳的。仅当观察时刻 $t_1\to\infty$，$t_2\to\infty$时，暂态历程结束而进入稳态，这时 $Y(t)$ 才是平稳过程。

5.2.3　频谱法

当线性时不变系统的输入信号是确定信号时，通常在频域采用傅里叶变换分析系统输出响应，避免了时域分析中计算卷积积分所遇到的困难。当线性系统的输入为随机信号时，由于随机信号样本函数的傅里叶变换不存在，因此不能直接用分析确定信号输入时所得出的结果。然而，当系统输入、输出都是平稳随机信号时，输入和输出的功率谱是存在的。因此，可以利用傅里叶变换分析系统输出的功率谱与输入功率谱密度之间的关系。利用频谱法分析线性时不变系统的输出与输入的关系，假定系统的输入信号 $X(t)$ 是双侧的平稳随机信号，则可知输出 $Y(t)$ 也是宽平稳的，且 $X(t)$ 与 $Y(t)$ 联合平稳。在下面的分析中，设定线性时不变系统的冲激响应函数 $h(t)$ 是实函数。

1. 系统输出的均值

由式(5.2.31)，得到系统输出均值

$$m_Y = m_X \int_{-\infty}^{\infty} h(\tau)\mathrm{d}\tau = m_X H(0) \tag{5.2.36}$$

式中，$H(0)$ 是系统的传输函数 $H(\omega)$ 在 $\omega=0$ 时的值。

2. 系统输出的功率谱密度

对式(5.2.33)两边取傅里叶变换，则得到

$$G_Y(\omega) = G_X(\omega)H(\omega)H(-\omega) = |H(\omega)|^2 G_X(\omega) \tag{5.2.37}$$

式中，幅频特性的模平方 $|H(\omega)|^2$ 称为系统的功率传输函数。

式(5.2.37)表明，系统输出功率谱密度只与系统的幅频特性有关，而与相频特性无关。因此可通过测量系统输入与输出的功率谱密度，从而来确定系统的幅频特性，即

$$|H(\omega)| = \sqrt{\frac{G_Y(\omega)}{G_X(\omega)}} \tag{5.2.38}$$

3. 系统输出与输入之间的互功率谱密度

对式(5.2.23)和式(5.2.24)的两边进行傅里叶变换，得到输出与输入的互谱密度

$$G_{XY}(\omega) = H(\omega)G_X(\omega) \tag{5.2.39}$$

$$G_{YX}(\omega) = H(-\omega)G_X(\omega) \tag{5.2.40}$$

可以看出，输出与输入的互谱密度既与系统的幅频特性有关，也与相频特性有关。那么只要测量出输入自功率谱密度和输入、输出间的互功率谱密度，就可以确定线性系统的系统传输函数。

如果把线性系统的传输函数表示为

$$H(\omega) = |H(\omega)|\mathrm{e}^{-\mathrm{j}\varphi_H(\omega)} \tag{5.2.41}$$

则系统的相频特性 $\varphi_H(\omega)$ 与输入输出间的互功率谱密度具有确定的关系，即

$$\frac{G_{XY}(\omega)}{G_{YX}(\omega)} = \frac{H(\omega)}{H(-\omega)} = \mathrm{e}^{-\mathrm{j}2\varphi_H(\omega)} \tag{5.2.42}$$

已知实随机过程的功率谱密度是非负的、实的偶函数，因此由式(5.2.39)可得系统的相频特性

$$\varphi_H(\omega) = \varphi_{XY}(\omega) \tag{5.2.43}$$

式中，$\varphi_{XY}(\omega)$ 是互功率谱密度 $G_{XY}(\omega)$ 的相位。

由式(5.2.37)和(5.2.39)、(5.2.42)，可以得到系统输出功率谱密度与互功率谱密度的关系，即

$$G_Y(\omega) = H(-\omega)G_{XY}(\omega) \tag{5.2.44}$$

或

$$G_Y(\omega) = H(\omega)G_{YX}(\omega) \tag{5.2.45}$$

将 $G_Y(\omega)$ 和 $G_X(\omega)$ 中的 ω^2 用 $-s^2$ 代替，得到 $G_Y(s)$ 和 $G_X(s)$。将 $H(\omega)$ 中的 $-\mathrm{j}\omega$ 用 s 代替，得到 $H(s)$。

则式(5.2.37)也可以用复频率表示为

$$G_Y(s) = H(s)H(-s)G_X(s) \tag{5.2.46}$$

对式(5.2.37)和式(5.2.39)分别作傅里叶反变换，得到系统输出的自相关函数 $R_Y(\tau)$ 和输入输出互相关函数 $R_{XY}(\tau)$。

5.3 随机信号通过离散时间系统分析方法

离散时间随机信号通过离散时间系统输出响应的统计特性，其分析方法与连续时间随机信号通过连续时间系统的情形相类似，一般有微分方程法、冲激响应法以及频谱法。这里主要讨论单输入单输出的情况，并且假定输入的 $X(n)$ 是双侧时间离散随机信号，且离散时间系统是线性时不变、稳定的物理可实现的。

5.3.1 冲激响应法

由式(5.1.32)可知，离散时间系统的输出等于输入信号与单位取样响应的卷积和。对于因果系统，当 $n<0$ 时，单位取样响应 $h(n)=0$。当输入 $X(n)$ 是离散时间随机信号，因果离散时间系统的输出 $Y(n)$ 也是随机序列，表示为

$$Y(n) = \sum_{k=0}^{\infty} h(k)X(n-k) \tag{5.3.1}$$

式中，$X(n-k)$ 是随机变量，即上式表明输出 $Y(n)$ 是一些随机变量求和。可以证明，在假定系统是稳定的、输入有界的条件下，输出 $Y(n)$ 在均方收敛的意义下是存在的。

1. 离散时间系统输出的统计特性

(1) 输出均值

对式(5.3.1)两边求统计平均，利用随机变量之和的数学期望等于各自数学期望之和的性质，得到输出随机序列的均值

$$m_Y(n) = E[Y(n)] = \sum_{k=0}^{\infty} h(k)E[X(n-k)] = \sum_{k=0}^{\infty} h(k)m_X(n-k)$$

即

$$m_Y(n) = h(k) \otimes m_X(n) \tag{5.3.2}$$

(2) 输入与输出间互相关函数

$$R_{XY}(n_1, n_2) = E[X(n_1)Y(n_2)] = E\left[X(n_1)\sum_{k=0}^{\infty} h(k)X(n_2-k)\right]$$

$$= \sum_{k=0}^{\infty} h(k)E[X(n_1)X(n_2-k)]$$

$$= \sum_{k=0}^{\infty} h(k) R_X(n_1, n_2 - k)$$

即

$$R_{XY}(n_1, n_2) = h(n_2) \otimes R_X(n_1, n_2) \tag{5.3.3}$$

同理

$$R_{YX}(n_1, n_2) = h(n_1) \otimes R_X(n_1, n_2) \tag{5.3.4}$$

(3) 输出自相关函数

$$\begin{aligned} R_Y(n_1, n_2) &= E[Y(n_1)Y(n_2)] = E\Big[\sum_{k=0}^{\infty} h(k)X(n_1 - k)\sum_{j=0}^{\infty} h(j)X(n_2 - j)\Big] \\ &= \sum_{k=0}^{\infty}\sum_{j=0}^{\infty} h(k)h(j)E[X(n_1 - k)X(n_2 - j)] \\ &= \sum_{k=0}^{\infty}\sum_{j=0}^{\infty} h(k)h(j)R_X(n_1 - k, n_2 - j) \\ &= R_X(n_1, n_2) \otimes h(n_1) \otimes h(n_2) \end{aligned} \tag{5.3.5}$$

结合式(5.3.3)和式(5.3.4),有

$$R_Y(n_1, n_2) = R_{XY}(n_1, n_2) \otimes h(n_1) = R_{YX}(n_1, n_2) \otimes h(n_2) \tag{5.3.6}$$

2. 平稳随机序列输入的情况下,系统输出的统计特性

如果输入 $X(n)$ 为双侧平稳随机序列时,则有

$$m_X(n) = m_X, R_X(n, n+m) = R_X(m)$$

于是

$$m_Y = m_X \sum_{k=0}^{\infty} h(k) = m_X H(0) \tag{5.3.7}$$

式中,$H(0)$ 是系统传输函数 $H(\omega)$ 在 $\omega = 0$ 的值。

$$R_{XY}(n, n+m) = \sum_{k=0}^{\infty} h(k) R_X(m - k) = h(m) \otimes R_X(m) \triangleq R_{XY}(m) \tag{5.3.8}$$

$$R_{YX}(n, n+m) = \sum_{k=0}^{\infty} h(k) R_X(m + k) = h(-m) \otimes R_X(m) \triangleq R_{YX}(m) \tag{5.3.9}$$

$$\begin{aligned} R_Y(n, n+m) &= \sum_{k=0}^{\infty}\sum_{j=0}^{\infty} h(k)h(j)R_X(m + k - j) \\ &= h(-m) \otimes h(m) \otimes R_X(m) \triangleq R_Y(m) \end{aligned} \tag{5.3.10}$$

$$R_Y(m) = h(-m) \otimes R_{XY}(m) = h(m) \otimes R_{YX}(m) \tag{5.3.11}$$

输出随机序列的均方值或平均功率为

$$E[Y^2(n)]=R_Y(0)=\sum_{k=0}^{\infty}\sum_{j=0}^{\infty}h(k)h(j)R_X(k-j) \tag{5.3.12}$$

可见，输出的均值为常数，输出的自相关函数只是序号间隔 m 的函数。因此，输出是平稳的随机序列。显然，输出输入也是联合宽平稳的。

【例 5.2】 设一离散线性系统的差分方程如下

$$X(n)=aX(n-1)+W(n)$$

式中，$W(n)$ 为零均值平稳白噪声，方差为 σ^2，$|a|<1$，求输出过程的自相关函数。

解：先求系统的单位取样响应 $h(n)$，单位取样响应是输入 $W(n)=\delta(n)$ 时系统的输出，即

$$\begin{aligned}h(n)&=ah(n-1)+\delta(n)=a^2h(n-2)+a\delta(n-1)+\delta(n)\\&=\delta(n)+a\delta(n-1)+a^2\delta(n-2)+\cdots\end{aligned}$$

等价于

$$h(n)=\begin{cases}a^n & n\geqslant 0\\0 & n<0\end{cases}$$

因为 $|a|<1$，所以系统是稳定的。系统的传输函数为

$$H(\omega)=\sum_{n=-\infty}^{\infty}h(n)\mathrm{e}^{-\mathrm{j}n\omega}=\sum_{n=0}^{\infty}h(n)\mathrm{e}^{-\mathrm{j}n\omega}=\frac{1}{1-a\mathrm{e}^{-\mathrm{j}\omega}}$$

由于输入 $W(n)$ 的均值为零，则 $X(n)$ 的均值亦为零。由式(5.3.10)可知，$X(n)$ 的自相关函数为

$$\begin{aligned}R_X(m)&=h(-m)\otimes h(m)\otimes R_W(m)=h(-m)\otimes h(m)\otimes\sigma^2\delta(m)\\&=\sigma^2h(-m)\otimes h(m)=\sigma^2\sum_{k=-\infty}^{\infty}h(m+k)h(k)\end{aligned}$$

当 $m\geqslant 0$ 时

$$R_X(m)=\sigma^2\sum_{k=0}^{\infty}h(m+k)h(k)=\sigma^2\sum_{k=0}^{\infty}a^{m+k}a^k=\frac{\sigma^2a^m}{1-a^2}$$

当 $m<0$ 时

$$R_X(m)=\sigma^2\sum_{k=-m}^{\infty}h(m+k)h(k)=\sigma^2\sum_{k=-m}^{\infty}a^{m+k}a^k=\frac{\sigma^2a^{-m}}{1-a^2}$$

综合 $m\geqslant 0$ 和 $m<0$ 时的两种情况，得

$$R_X(m)=\frac{\sigma^2a^{|m|}}{1-a^2}$$

5.3.2　频谱法

根据前面的分析可知，若离散系统的输入随机序列是宽平稳的，则系统的输出也是宽平稳的。这样可以采用离散傅里叶变换或者 Z 变换来分析系统的输出统计特性。

利用系统传输函数,式(5.3.7)可用 $h(n)$ 的 Z 变换来表示,即

$$m_Y = m_X \sum_{k=0}^{\infty} h(k) = m_X \left[\sum_{k=0}^{\infty} h(k) z^{-k}\right]_{z=1} = m_X \left[H(Z)\right]_{z=1} = m_X H(1) \quad (5.3.13)$$

式中,$H(1)$ 是 $h(n)$ 的 Z 变换当 $z=1$ 时的值。

对式(5.3.8)、(5.3.9)和式(5.3.10)分别取 Z 变换,得

$$G_{XY}(z) = \sum_{m=-\infty}^{\infty} \sum_{k=0}^{\infty} h(k) R_X(m-k) z^{-m} = H(z) G_X(z) \quad (5.3.14)$$

$$G_{YX}(z) = \sum_{m=-\infty}^{\infty} \sum_{k=0}^{\infty} h(k) R_X(m+k) z^{-m} = H(z^{-1}) G_X(z) \quad (5.3.15)$$

$$\begin{aligned} G_Y(z) &= \sum_{m=-\infty}^{\infty} \left[\sum_{k=0}^{\infty} \sum_{j=0}^{\infty} h(k) h(j) R_X(m+k-j)\right] z^{-m} \\ &= H(z) H(z^{-1}) G_X(z) = H(z^{-1}) G_{XY}(z) = H(z) G_{YX}(z) \end{aligned} \quad (5.3.16)$$

式中,$G_X(z) = \sum_{m=-\infty}^{\infty} R_X(m) z^{-m}$,$H(z) = \sum_{k=-\infty}^{\infty} h(k) z^{-k}$。

式(5.3.14)、(5.3.15)和式(5.3.16)分别是输入输出互谱密度和输出谱密度在 z 域中的表达式。对式(5.3.16)求反 Z 变换,得到离散系统输出的自相关函数

$$R_Y(m) = \frac{1}{2\pi j} \oint_l G_Y(z) z^{m-1} \mathrm{d}z \quad (5.3.17)$$

式中,l 是 z 平面上包含 $G_Y(z) z^{m-1}$ 所有极点的单位圆。利用离散傅里叶变换与 Z 变换的关系,将 $z = \mathrm{e}^{\mathrm{j}\omega}$ 代入式(5.3.14)、(5.3.15)和式(5.3.16)中,有

$$G_{XY}(\omega) = H(\omega) G_X(\omega) \quad (5.3.18)$$

$$G_{YX}(\omega) = H(-\omega) G_X(\omega) \quad (5.3.19)$$

$$G_Y(\omega) = |H(\omega)|^2 G_X(\omega) = H(-\omega) G_{XY}(\omega) = H(\omega) G_{YX}(\omega) \quad (5.3.20)$$

式中,$H(\omega) = \sum_{n=0}^{\infty} h(n) \mathrm{e}^{-\mathrm{j}n\omega}$,$G_X(\omega) = \sum_{m=-\infty}^{\infty} R_X(m) \mathrm{e}^{-\mathrm{j}n\omega}$。$G_{XY}(\omega)$、$G_{YX}(\omega)$ 和 $G_Y(\omega)$ 分别是输入输出互谱密度和功率谱密度。于是,输出自相关函数可表示为

$$R_Y(m) = \frac{1}{2\pi} \int_{-\pi}^{\pi} |H(\omega)|^2 G_X(\omega) \mathrm{e}^{\mathrm{j}m\omega} \mathrm{d}\omega \quad (5.3.21)$$

【例 5.3】 设一离散线性系统的差分方程如下:

$$y(n) + 0.81 y(n-2) = x(n)$$

若输入随机信号是功率谱 $G_X(z)=4$ 的白噪声,试求输出随机信号的功率谱密度和自相关函数。

解:根据系统的差分方程,可求得系统的传输函数为

$$H(z) = \frac{z^2}{z^2 + 0.81}$$

对 $H(z)$ 取反 Z 变换，得到系统的单位取样响应为

$$h(n)=(0.9)^n\cos\frac{\pi}{2}n\cdot U(n)$$

于是

$$G_Y(z)=H(z)H(z^{-1})G_X(z)=\frac{4}{(z^2+0.81)(z^{-2}+0.81)}$$

$$G_Y(\omega)=\frac{4}{(\mathrm{e}^{\mathrm{j}2\omega}+0.81)(\mathrm{e}^{-\mathrm{j}2\omega}+0.81)}=\frac{4}{1.6561+1.62\cos2\omega}$$

输出自相关函数为

$$R_Y(m)=\sum_{k=-\infty}^{\infty}\sum_{j=-\infty}^{\infty}h(k)h(j)R_X(m+k-j)$$
$$=\sum_{k=0}^{\infty}\sum_{j=0}^{\infty}h(k)h(j)4\delta(m+k-j)$$

当 $m\geqslant0$ 时

$$R_Y(m)=4\sum_{k=0}^{\infty}h(k)h(m+k)=4\sum_{k=0}^{\infty}(0.9)^k\cos(\frac{\pi}{2}k)(0.9)^{m+k}\cos\frac{\pi}{2}(m+k)$$
$$=2(0.9)^m\cos\frac{\pi}{2}m\sum_{k=0}^{\infty}[1+(-1)^k](0.9)^{2k}$$
$$=4(0.9)^m\cos\frac{\pi}{2}m\sum_{n=0}^{\infty}(0.9)^{4n}=\frac{40000}{3439}(0.9)^m\cos\frac{\pi}{2}m$$

由题意可知，$R_Y(m)$ 是 m 的偶函数，因此

$$R_Y(m)=\frac{40000}{3439}(0.9)^{|m|}\cos\frac{\pi}{2}m$$

5.4 白噪声通过线性系统分析

理想白噪声是具有均匀功率谱的平稳随机过程，便于运算处理，故被广泛用作随机过程模型。白噪声通过线性系统以后，其输出端的噪声功率就不再是均匀的了。因此，不同的线性系统对噪声功率传输的能力是有差异的。为了便于分析和计算线性系统传输噪声功率的能力，引入了等效噪声带宽的概念。此外，以平稳白噪声输入为例，求解它可通过一些常见线性电路的相关函数和功率谱密度函数。

5.4.1 等效噪声带宽

设白噪声的功率谱密度函数 $G_X(\omega)$ 为 $N_0/2$，N_0 是正的实常数，线性系统的传输函数为 $H(\omega)$，则系统输出端的功率谱密度为

$$G_Y(\omega)=|H(\omega)|^2\frac{N_0}{2}\tag{5.4.1}$$

上式表明，线性系统在白噪声作用下，输出功率谱密度完全由系统的频率特性所决定，不

再是常数 $N_0/2$。其物理意义十分明显，虽然白噪声的谱是均匀的，但具体的各种电子系统却具有不同的频率特性，因而输出过程的频率成分将受到系统频率特性的加权，如图 5.6 所示。

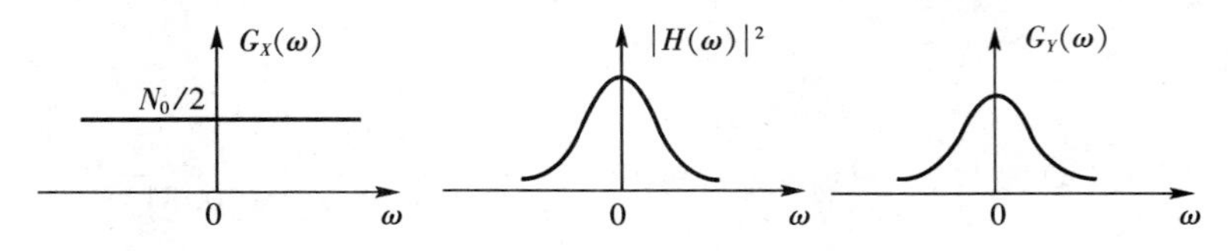

图 5.6 白噪声通过线性系统

在实际的应用中，有时只关心系统输出的噪声功率，为了分析计算的方便，常常考虑用一个理想的系统模型来代替实际的系统。这种理想系统的传输函数的模在其通带内是相同的，而通带外为零。这样，在白噪声输入的情况下，系统的输出是在一定频带内具有均匀谱密度的噪声。图 5.7 中的实线表示实际系统的传输函数 $H(\omega)$ 的模，虚线对应理想系统的传输函数 $H_I(\omega)$ 的模。

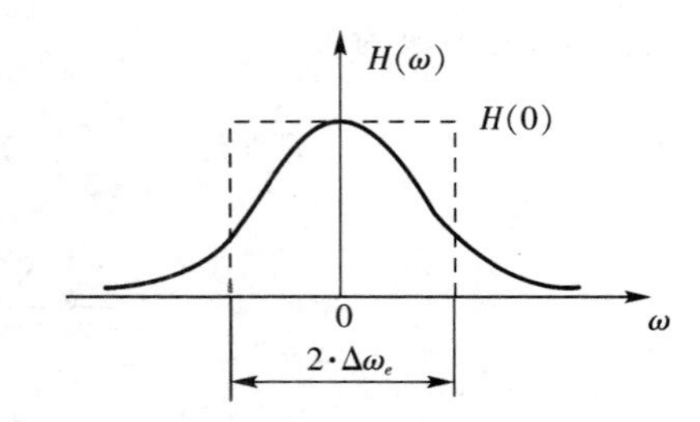

图 5.7 线性系统等效噪声带宽

因此，理想系统的传输函数

$$|H_I(\omega)|^2=\begin{cases}|H(0)|^2, & |\omega|<\Delta\omega_e\\ 0, & |\omega|>\Delta\omega_e\end{cases}\tag{5.4.2}$$

等效的原则是，当输入同样的白噪声时，理想系统与实际系统的输出平均功率相等，在频带的中心，两个系统的功率传输函数的值也是相等的。

当输入是理想白噪声时，实际系统输出的平均功率为

$$P_Y=\frac{1}{2\pi}\int_{-\infty}^{\infty}G_Y(\omega)\mathrm{d}\omega=\frac{N_0}{2\pi}\int_0^{\infty}|H(\omega)|^2\mathrm{d}\omega\tag{5.4.3}$$

而理想系统输出端的平均功率为

$$P_I=\frac{N_0}{2\pi}\int_0^{\Delta\omega_e}|H(0)|^2\mathrm{d}\omega=\frac{N_0\Delta\omega_e}{2\pi}|H(0)|^2\tag{5.4.4}$$

根据功率等效的原则，有

$$\frac{N_0}{2\pi}\int_0^{\infty}|H(\omega)|^2\mathrm{d}\omega=\frac{N_0\Delta\omega_e}{2\pi}|H(0)|^2$$

所以

$$\Delta\omega_e=\frac{\int_0^{\infty}|H(\omega)|^2\mathrm{d}\omega}{|H(0)|^2}\tag{5.4.5}$$

$\Delta\omega$ 就是实际系统的噪声等效带宽，简称噪声带宽。

如果实际系统是一个中心频率为 ω_0 的带通系统，只要将式(5.4.2) 中的 $H(0)$ 用 $H(\omega_0)$ 代替，即可得到带通系统的噪声带宽。

$$\Delta\omega_e=\frac{\int_0^\infty |H(\omega)|^2\mathrm{d}\omega}{|H(\omega_0)|^2} \tag{5.4.6}$$

式(5.4.5)和式(5.4.6)表明，噪声带宽 $\Delta\omega_e$ 仅由电路本身的参量所决定，当线性电路的类型和级数确定以后，$\Delta\omega$ 也就是定值。

综合式(5.4.5)和式(5.4.6)，并利用Parseval定理，可得到线性系统等效噪声带宽的一般关系式：

$$\Delta\omega_e=\frac{\int_0^\infty |H(\omega)|^2\mathrm{d}\omega}{|H(\omega)|^2_{\max}}=\frac{\pi\int_0^\infty h^2(t)\mathrm{d}t}{\left|\int_0^\infty h(t)\mathrm{e}^{-\mathrm{j}\omega t}\mathrm{d}t\right|^2_{\max}} \tag{5.4.7}$$

并且，可由等效噪声带宽直接给出白噪声激励下的系统输出的平均功率 P_Y，即

$$P_Y=\frac{N_0\Delta\omega_e}{2\pi}|H(\omega)|^2_{\max} \tag{5.4.8}$$

若系统为离散时间系统，把式(5.4.7)中的 $H(\omega)$ 和 $|H(\omega)|_{\max}$ 分别换成 $H(\mathrm{e}^{\mathrm{j}\omega})$ 和 $|H(\mathrm{e}^{\mathrm{j}\omega})|_{\max}$，积分上下限改换成 π 和 0，就得到离散时间系统的等效噪声带宽的计算公式。

$$\Delta\omega_e=\frac{\int_0^\pi |H(\mathrm{e}^{\mathrm{j}\omega})|^2\mathrm{d}\omega}{|H(e^{\mathrm{j}\omega})|^2_{\max}}=\frac{\pi\sum_{n=0}^{\infty}h^2(n)}{\left[\sum_{n=0}^{\infty}h(n)\right]^2} \tag{5.4.9}$$

根据以上分析，白噪声通过线性系统后被等效为一个限带白噪声。借助这一概念，可以把任一平稳随机信号 $X(t)$ 等效成限带白噪声，这样可以使问题的分析得到简化。限带白噪声功率谱是矩形功率谱，其幅度为 $G_X(\omega)_{\max}$，宽度为 $2\cdot\Delta\omega_e$，其中

$$\Delta\omega_e=\frac{1}{G_X(\omega)_{\max}}\int_0^\infty G_X(\omega)\mathrm{d}\omega \tag{5.4.10}$$

【例 5.4】 求如图 5.8 所示 RC 积分电路的等效噪声带宽。

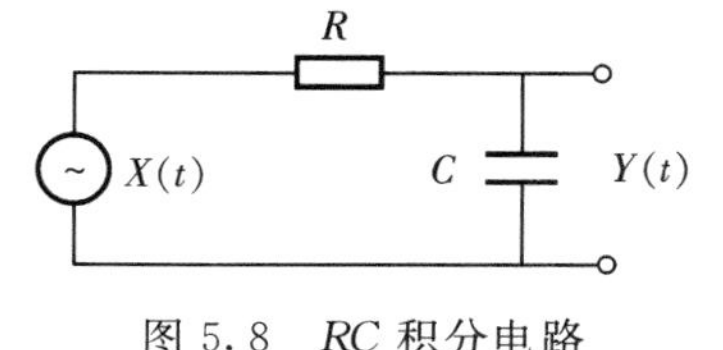

图 5.8　RC 积分电路

解：由题图求得 RC 积分电路的传输函数

$$H(\omega)=\frac{\alpha}{\alpha+\mathrm{j}\omega},\quad \alpha=\frac{1}{RC}$$

于是

$$|H(\omega)|_{\max}=|H(0)|=1,\quad |H(\omega)|^2=\frac{\alpha^2}{\omega^2+\alpha^2}$$

则

$$\Delta\omega_e=\frac{1}{|H(\omega)|_{\max}}\int_0^\infty |H(\omega)|^2\mathrm{d}\omega=\int_0^\infty\frac{\alpha^2}{\omega^2+\alpha^2}\mathrm{d}\omega=\alpha\cdot\mathrm{arctg}\left(\frac{\omega}{\alpha}\right)\Big|_{\max}=\frac{\alpha}{2}\pi$$

$$\Delta f_e=\frac{\Delta\omega_e}{2\pi}=\frac{\alpha}{4}=\frac{1}{4RC}(\mathrm{Hz})$$

显然,该结果与 RC 积分电路的 3dB 带宽 $\Delta f(\Delta f=1/2\pi RC)$ 是不相等的。下面简要讨论一下系统的噪声带宽与一般线性系统的信号通频带的关系。

在一般线性系统中,通常都是用频率特性曲线半功率点的通频带宽 $\Delta\omega$,也常称为 3dB 带宽来表示该系统对信号频谱的选择性,而在这里则是以噪声带宽 $\Delta\omega_e$ 来表示系统对噪声功率谱的选择性。由式(5.4.7)可见,与系统通频带 $\Delta\omega$ 相类似,噪声带宽 $\Delta\omega_e$ 也是由系统本身的参数决定的。实际上线性系统的结构形式和参数确定以后,$\Delta\omega$ 和 $\Delta\omega_e$ 也就都确定下来了,因而两者之间有确定关系。

可以证明:对于常用的窄带单调谐电路而言,$\Delta\omega_e=\frac{\pi}{2}\Delta\omega\approx 1.57\Delta\omega$。而对于双调谐电路,$\Delta\omega_e\approx 1.22\Delta\omega$;对于高斯频率特性的电路 $\Delta\omega_e\approx 1.05\Delta\omega$。当级联电路的级数越多时,整个系统的频率特性逼近于矩形,系统的信号通频带宽 $\Delta\omega$ 就越接近于噪声带宽。

在雷达接收机中,检波器前的高频、中频谐振电路级数总是较多的,因此在计算和测量噪声时,可以直接以系统的通频带宽 $\Delta\omega$ 代替噪声带宽 $\Delta\omega_e$。这样的近似误差不大,工程上是允许的。

系统的等效噪声带宽 $\Delta\omega_e$ 指出了系统的输出噪声功率,具有理论意义和实际意义,所以通常作为比较线性系统性能(如信噪比性能)的判据。此外,当系统输入白噪声时,采用等效噪声带宽的优点之一是,仅使用参数 $\Delta\omega_e$ 和 $|H(\omega)|_{\max}$ 就能描述复杂的线性系统及其噪声响应。在实际的工程应用中,这两个参数可以用实验的方法从系统中测试得到。例如,假设测得某通信系统中接收机调谐频率上的电压增益是10^6,等效噪声带宽为 10kHz。若该接收机输入端噪声(主要是散粒噪声和热噪声构成)具有数百兆赫兹的带宽,因此,相对接收机带宽来说,这样的噪声可看成是白噪声。设输入端白噪声的功率谱密度是 $2\times 10^{-16}\,V^2/Hz$,问为使接收机输出端的功率信噪比为 100,输入信号的有效值应为多大?利用等效噪声带宽,该问题的求解十分简便。

输出端信噪比表示输出信号 $S_0(t)$ 平均功率与输出噪声 $N_0(t)$ 平均功率的比值,即

$$SNR=\frac{E[S_0^2(t)]}{E[N_0^2(t)]} \tag{5.4.11}$$

若 $S_0(t)$ 是确定性信号,那么上式中的 $E[S_0^2(t)]$ 改为$\overline{S_0^2(t)}$,即$\overline{S_0^2(t)}=\lim\limits_{T\to\infty}\frac{1}{2T}\int_{-T}^{T}S_0^2(t)\mathrm{d}t$。

根据式(5.4.11)和(5.4.8)若 $S_0(t)$ 平均功率为 S,$N_0(t)$ 平均功率为 N,则接收机端信噪比为

$$\left(\frac{S}{N}\right)=\frac{|H(\omega_0)|^2P_X}{\frac{N_0\Delta\omega_e}{2\pi}\;|H(\omega_0)|^2}=\frac{P_X}{2\,\frac{N_0}{2}\cdot\frac{\Delta\omega_e}{2\pi}}$$

式中,P_X 表示输入信号的平均功率,$N_0/2$ 表示输入噪声的平均功率。若输出端的信噪比为 100,则有

$$P_X=2\left(\frac{N_0}{2}\right)\cdot\left(\frac{\Delta\omega_e}{2\pi}\right)\cdot\left(\frac{S}{N}\right)=2(2\times 10^{-16})(10^4)(100)=4\times 10^{-10}$$

即要求输入的信号有效值为

$$\sqrt{P_X}=2\times 10^{-5}(V)$$

5.4.2　白噪声通过理想线性系统分析

实际系统往往比较复杂，常用理想化系统的传输函数来等效逼近实际系统的传输函数。因此，有必要进一步讨论一下白噪声通过理想系统的问题。

1. 白噪声通过理想低通线性系统

若白噪声通过一个如图 5.9 所示的理想低通系统，其具有如下的幅频特性

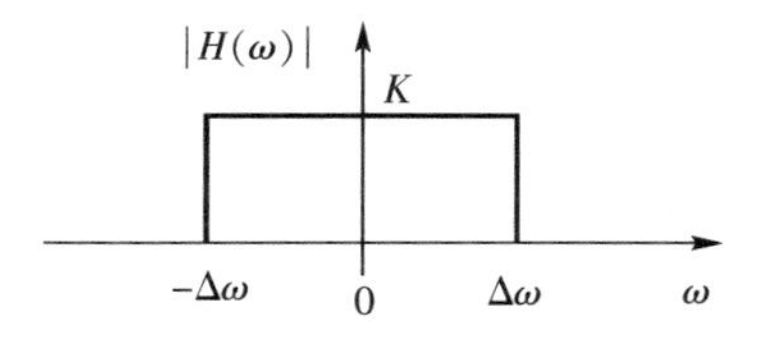

图 5.9　理想低通系统

$$|H(\omega)|=\begin{cases}K, & |\omega|<\Delta\omega \\ 0, & |\omega|>\Delta\omega\end{cases} \tag{5.4.12}$$

实际中的低通滤波器或低频放大器，都可以用这样的理想低通线性系统来等效。

已知输入白噪声的功率谱密度为 $N_0/2$，因而输出过程 $Y(t)$ 的功率谱密度为

$$G_Y(\omega)=|H(\omega)|^2G_X(\omega)=\begin{cases}\dfrac{N_0K^2}{2}, & |\omega|<\Delta\omega \\ 0, & |\omega|>\Delta\omega\end{cases} \tag{5.4.13}$$

可见，白噪声通过理想低通滤波器以后，其输出功率谱变窄，通频带以外的分量全被滤除了。

输出过程的自相关函数为

$$\begin{aligned}R_Y(\tau)&=\frac{1}{\pi}\int_0^{\infty}G_Y(\omega)\cos\omega\tau\mathrm{d}\omega=\frac{1}{\pi}\int_0^{\Delta\omega}\frac{N_0K^2}{2}\cos\omega\tau\cdot\mathrm{d}\omega \\ &=\frac{N_0K^2}{2\pi}\int_0^{\Delta\omega}\cos\omega\tau\mathrm{d}\omega=\frac{N_0K^2}{2\pi}\frac{\sin\Delta\omega\tau}{\Delta\omega\tau}\end{aligned} \tag{5.4.14}$$

输出过程的方差为

$$\sigma_Y^2=C_Y(0)=R_Y(0)=\frac{N_0K^2}{2\pi} \tag{5.4.15}$$

输出过程的相关系数为

$$r_Y(\tau)=\frac{C_Y(\tau)}{C_Y(0)}=\frac{\sin\Delta\omega\tau}{\Delta\omega\tau} \tag{5.4.16}$$

输出过程的相关时间为

$$\tau_0=\int_0^{\infty}\frac{\sin\Delta\omega\tau}{\Delta\omega\tau}\mathrm{d}\tau=\frac{\pi}{2\Delta\omega}=\frac{1}{4\Delta f} \tag{5.4.17}$$

式中，$\Delta\omega=2\pi\cdot\Delta f$。

由于输出噪声的功率谱呈矩形，系统的噪声通频带等于信号通频带，即

$$\Delta f_e=\Delta f=\frac{\Delta\omega}{2\pi} \tag{5.4.18}$$

故有关系式：

$$\tau_0\cdot\Delta f_e=\frac{1}{4} \tag{5.4.19}$$

上式表明，相关时间 τ_0 与系统的通频带 Δf（或 Δf_e）成反比。若 $\Delta f\to\infty$，则 $\tau_0\to 0$，这时输出过程仍为白噪声。若 Δf 大，则 τ_0 小，输出过程的起伏变化快。反之，若 Δf 小，则 τ_0 大，输出过程的起伏变化慢。

2. 白噪声通过理想带通线性系统

设理想带通线性系统具有下述矩形幅频特性

$$|H(\omega)|=\begin{cases}K, & |\omega-\omega_0|\leqslant\dfrac{\Delta\omega}{2}, |\omega+\omega_0|\leqslant\dfrac{\Delta\omega}{2}\\ 0, & \text{其他}\end{cases}\tag{5.4.20}$$

其幅频特性，如图 5.10 所示。多级级联的参差调谐中频放大器，就近似具有上述特性。同低通系统一样，带通系统的噪声通频带等于信号通频带。

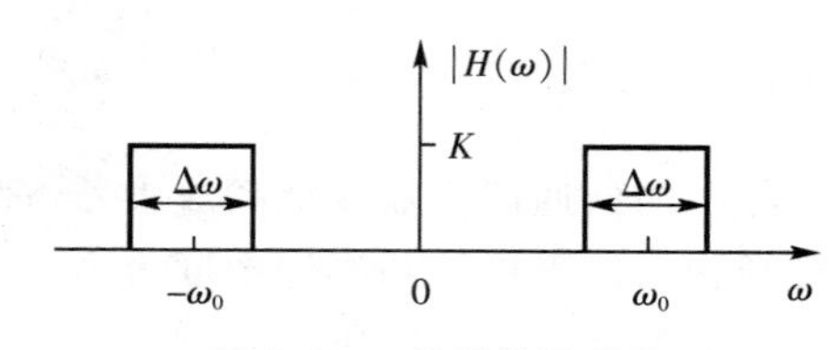

图 5.10　理想带通系统

若白噪声通过一个如图 5.10 所示的理想低通系统，则输出过程 $Y(t)$ 的功率谱密度为

$$G_Y(\omega)=|H(\omega)|^2G_X(\omega)=\begin{cases}\dfrac{N_0K}{2}, & |\omega-\omega_0|\leqslant\dfrac{\Delta\omega}{2}, |\omega+\omega_0|\leqslant\dfrac{\Delta\omega}{2}\\ 0, & \text{其他}\end{cases}\tag{5.4.21}$$

相关函数为

$$R_Y(\tau)=\frac{1}{\pi}\int_0^{\infty}G_Y(\omega)\cos\omega\tau\,\mathrm{d}\omega=\frac{N_0K^2}{2\pi}\int_{\omega_0-\frac{\Delta\omega}{2}}^{\omega_0+\frac{\Delta\omega}{2}}\cos\omega\tau\,\mathrm{d}\omega$$

$$=\frac{N_0K^2}{2\pi}\frac{\sin\left(\dfrac{\Delta\omega}{2}\right)}{\dfrac{\Delta\omega}{2}}\cos\omega_0\tau\tag{5.4.22}$$

令 $A(\tau)=\dfrac{N_0K^2}{2\pi}\dfrac{\sin\left(\dfrac{\Delta\omega}{2}\right)}{\dfrac{\Delta\omega}{2}}$，得到输出过程的相关函数为

$$R_Y(\tau)=A(\tau)\cos\omega_0\tau\tag{5.4.23}$$

输出过程的相关系数为

$$r'_Y(\tau)=\frac{C_Y(\tau)}{C_Y(0)}=\frac{\sin\left(\dfrac{\Delta\omega\tau}{2}\right)}{\dfrac{\Delta\omega\tau}{2}}\cos\omega_0\tau\tag{5.4.24}$$

此式可改写为

$$r'_Y(\tau)=r_Y(\tau)\cos\omega_0\tau\tag{5.4.25}$$

式中，$r_Y(\tau)=\dfrac{\sin(\Delta\omega\tau/2)}{\Delta\omega\tau/2}$，为相关系数的包络。根据此式画出相关系数曲线，如图 5.11 所示。相关系数为偶函数。

比较式(5.4.16)和式(5.4.24)可知，$r_Y(\tau)$ 仅取决于低频谱宽 $\Delta f=\Delta\omega/2\pi$，而 $r'_Y(\tau)$ 却还

与载波角频率 ω_0 有关。因此，输出过程 $Y(t)$ 的瞬时值起伏变化要比其包络值起伏变化快得多，如图 5.11 所示。

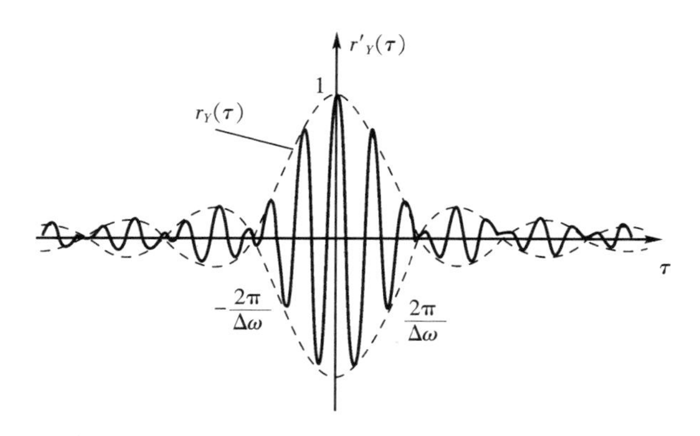

图 5.11　窄带随机过程的相关函数

如果线性系统的 $\Delta\omega \ll \omega_0$，则此线性系统为窄带系统，其输出噪声为窄带噪声。这时，式(5.4.20)中的 $\cos\omega_0\tau$ 为载波，是快变化部分，而 $A(\tau)$ 为相应的包络，相对于载波来说是慢变化部分。由于包络才含有振幅调制信号的信息，所以对窄带随机过程来说，一般都不用相关系数 $r'_Y(\tau)$ 来定义相关时间，而是用其慢变化部分 $r_Y(\tau)$ 来定义，故得输出窄带噪声的相关时间为

$$\tau_0 = \int_0^{\infty} \frac{\sin\left(\frac{\Delta\omega\tau}{2}\right)}{\frac{\Delta\omega\tau}{2}} \mathrm{d}\tau = \frac{\pi}{\Delta\omega} = \frac{1}{2\cdot\Delta f} \tag{5.4.26}$$

式中，Δf 为窄带系统的通频带。上式表明，窄带噪声的相关时间表示其包络起伏变化的快慢程度。通频带 Δf 越小，则 τ_0 越大，即包络起伏变化越慢。

5.4.3　白噪声通过实际线性系统分析

RC 积分电路如图 5.8 所示，其传输函数为

$$H(\omega) = \frac{\alpha}{\alpha + \mathrm{j}\omega},\quad \alpha = \frac{1}{RC}$$

已知输入白噪声的功率谱密度为 $N_0/2$，输出过程 $Y(t)$ 的功率谱密度为

$$G_Y(\omega) = \frac{N_0}{2}\frac{1}{1+\left(\frac{\omega}{\alpha}\right)^2} \tag{5.4.27}$$

输出过程自相关函数

$$R_Y(\tau) = \frac{N_0}{2\pi}\int_0^{\infty} \frac{\cos\omega\tau}{1+\left(\frac{\omega}{\alpha}\right)^2}\mathrm{d}\omega = \frac{N_0\alpha}{4}\mathrm{e}^{-\alpha|\tau|} \tag{5.4.28}$$

因为 $R_Y(\infty)=0$，所以 $C_Y(0)=R_Y(0)-R_Y(\infty)=\frac{N_0\alpha}{4}$。

输出过程相关系数

$$r_Y(\tau)=\frac{C_Y(\tau)}{C_Y(0)}=e^{-\alpha|\tau|} \tag{5.4.29}$$

输出过程相关时间为

$$\tau_0=\int_0^{\infty}e^{-\alpha|\tau|}\,d\tau=\frac{1}{\alpha} \tag{5.4.30}$$

由例题5.4可知,RC积分电路的噪声带宽$\Delta f_e=\frac{\alpha}{4}$,因此$\tau_0$和$\Delta f_e$具有下面的关系式

$$\tau_0\cdot\Delta f_e=\frac{1}{4} \tag{5.4.31}$$

上式表明,当积分电路RC值很大,即α很小,电路噪声通频带Δf_e很小,相关时间τ_0很大,只有低频分量才能通过电路,因而输出噪声的起伏很慢。也就是说,起伏变化极快的白噪声通过积分电路以后,由于积分电路的平滑作用,使输出噪声的相关性变强了。

5.5 线性系统输出的概率分布

前面已经讨论了在系统的冲激响应或系统传输函数已知的条件下,根据输入过程的自相关函数或功率谱密度,求系统输出的自相关函数和功率谱密度的问题。虽然这样已能解决许多实际工程问题,但在很多情况下还需要知道线性系统输出端随机过程的概率分布。除了某些特殊情况外,要从理论上确定线性系统输出端随机过程的概率分布是极为困难的。虽然可以通过求解随机过程N阶矩来近似逼近随机过程的概率密度,但是求矩的过程是十分烦琐的,要想通过简单的计算来获得所有的矩实际上是不可能的。因而,通常情况下,采用实验的研究方法来估计随机信号的概率密度。

有两种情况可以比较容易地解决线性系统输出随机过程的概率分布问题。一是输入随机过程是高斯过程,二是系统输入虽然不是高斯过程,然而输入过程的谱宽远大于线性系统的通频带。在这两种情况下,输出过程是趋于高斯分布的随机过程,可以根据输入过程的统计特性,求出输出均值和相关函数,从而得到输出过程的概率密度。

5.5.1 高斯随机过程通过线性系统

随机过程通过线性系统的输出实际上就是多维随机变量的线性变换,因此可用多维随机变量的线性变换来分析线性系统输出端的统计特性。

设输入的多维随机变量构成的随机向量$\boldsymbol{X}=(X_1,X_2,\cdots,X_n)$经过线性系统后得到输出的随机向量$\boldsymbol{Y}=(Y_1,Y_2,\cdots,Y_n)$,$\boldsymbol{Y}$可表示为输入随机变量$X_1$、$X_2$、…、$X_n$的线性组合,用$n$元线性方程表示为

$$\begin{cases}y_1=l_{11}x_1+l_{12}x_2+\cdots+l_{1n}x_n\\ y_2=l_{21}x_1+l_{22}x_2+\cdots+l_{2n}x_n\\ \vdots \qquad \vdots\\ y_n=l_{n1}x_1+l_{n2}x_2+\cdots+l_{nn}x_n\end{cases} \tag{5.5.1}$$

写成矩阵形式为

$$\boldsymbol{Y}=\boldsymbol{L}\boldsymbol{X} \tag{5.5.2}$$

式中，

$$\boldsymbol{Y}=\begin{bmatrix} y_1 \\ y_2 \\ \vdots \\ y_n \end{bmatrix},\quad \boldsymbol{X}=\begin{bmatrix} x_1 \\ x_2 \\ \vdots \\ x_n \end{bmatrix},\quad \boldsymbol{L}=\begin{bmatrix} l_{11} & l_{12} & \cdots & l_{1n} \\ l_{21} & l_{22} & \cdots & l_{2n} \\ \vdots & \vdots & & \vdots \\ l_{n1} & l_{n2} & \cdots & l_{nn} \end{bmatrix}$$

若矩阵 $\boldsymbol{L}$ 可逆，则

$$\boldsymbol{X}=\boldsymbol{L}^{-1}\boldsymbol{Y} \tag{5.5.3}$$

根据随机向量的概率密度变换，可求得随机向量 $\boldsymbol{Y}$ 的 n 维联合概率密度为

$$f_Y(y_1,y_2,\cdots,y_n)=|\boldsymbol{J}|f_X(x_1,x_2,\cdots,x_n)=|\boldsymbol{J}|f_X(\boldsymbol{L}^{-1}\boldsymbol{Y}) \tag{5.5.4}$$

其中，$|\boldsymbol{J}|$ 为雅可比行列式

$$|\boldsymbol{J}|=\frac{\partial \boldsymbol{X}}{\partial \boldsymbol{Y}}=\frac{\partial(x_1,x_2,\cdots,x_n)}{\partial(y_1,y_2,\cdots,y_n)}=\begin{bmatrix} \frac{\partial x_1}{\partial y_1} & \frac{\partial x_1}{\partial y_2} & \cdots & \frac{\partial x_1}{\partial y_n} \\ \frac{\partial x_2}{\partial y_1} & \frac{\partial x_2}{\partial y_2} & \cdots & \frac{\partial x_n}{\partial y_n} \\ \vdots & \vdots & & \vdots \\ \frac{\partial x_1}{\partial y_1} & \frac{\partial x_2}{\partial y_2} & \cdots & \frac{\partial x_n}{\partial y_n} \end{bmatrix}=\frac{1}{|\boldsymbol{L}|},\quad |\boldsymbol{L}|\neq 0 \tag{5.5.5}$$

式中，$|\boldsymbol{L}|$ 为矩阵 $\boldsymbol{L}$ 的行列式值。

上式表示当输入随机过程为任意概率分布时输出随机过程概率密度的一般解。当输入过程是高斯随机过程时，才比较容易求得具体的显式解，这是因为高斯过程的多维概率分布只取决于一、二阶矩函数。下面证明高斯过程通过线性系统后，输出过程仍然是高斯过程。

已知输入过程 $X(t)$ 为高斯随机过程，设其均值为零，即在任意的 $t_i(i=1,2,\cdots,n)$ 时刻对 X 进行理想取样，得到的随机向量 $\boldsymbol{X}=(X_1,X_2,\cdots,X_n)$ 的均值 $\boldsymbol{m}=0$，协方差矩阵为$\boldsymbol{C}_X$。故可知，向量 $\boldsymbol{X}$ 的 n 维概率密度为

$$f_X(\boldsymbol{X})=\frac{1}{\sqrt{(2\pi)^n|\boldsymbol{C}_X|}}\exp\left\{-\frac{1}{2}\boldsymbol{X}^T\boldsymbol{C}_X^{-1}\boldsymbol{X}\right\} \tag{5.5.6}$$

将式(5.5.5)和式(5.5.6)代入式(5.5.4)，得向量 $\boldsymbol{Y}$ 的 n 维概率密度为

$$f_Y(\boldsymbol{Y})=\frac{1}{\sqrt{(2\pi)^n|\boldsymbol{L}|^2|\boldsymbol{C}_X|}}\exp\left\{-\frac{1}{2}(\boldsymbol{L}^{-1}\boldsymbol{Y})^T\boldsymbol{C}_X^{-1}(\boldsymbol{L}^{-1}\boldsymbol{Y})\right\} \tag{5.5.7}$$

将上式整理得到

$$f_Y(\boldsymbol{Y})=\frac{1}{\sqrt{(2\pi)^n|\boldsymbol{L}||\boldsymbol{C}_X||\boldsymbol{L}|}}\exp\left\{-\frac{1}{2}\boldsymbol{Y}^T(\boldsymbol{L}\boldsymbol{C}_X\boldsymbol{L}^T)^{-1}\boldsymbol{Y}\right\} \tag{5.5.8}$$

令$\boldsymbol{C}_Y=\boldsymbol{L}\boldsymbol{C}_X\boldsymbol{L}^T$，式(5.5.8)变为

$$f_Y(\boldsymbol{Y})=\frac{1}{\sqrt{(2\pi)^n\,|\boldsymbol{C}_Y|}}\exp\left\{-\frac{1}{2}\boldsymbol{Y}^T\boldsymbol{C}_Y^{-1}\boldsymbol{Y}\right\} \tag{5.5.9}$$

根据式(5.5.9)，可以看出，均值为零的随机向量$\boldsymbol{X}$经过线性变换后，随机向量$\boldsymbol{Y}$服从正态分布，且均值为零，仅协方差发生变化。也就是说，高斯过程通过线性系统后，输出仍为高斯过程。虽然上述推导基于输入过程是零均值的假设条件，但在均值不为零时，上述结论也是成立的。

上述结论可用叠加原理解释。已知线性系统的输出过程$Y(t)$与输入过程$X(t)$的具有如下关系

$$Y(t)=\int_{-\infty}^{\infty}X(\tau)h(t-\tau)\mathrm{d}\tau \tag{5.5.10}$$

上式的积分可看成是求和的极限。即

$$Y(t)=\lim_{\substack{\Delta\tau\to 0\\ n\to\infty}}\sum_{i=1}^{n}X(\tau_i)h(t-\tau_i)\Delta\tau \tag{5.5.11}$$

式中，$X(\tau_i)$为τ_i时刻窄脉冲的随机幅度，是高斯随机变量；$X(\tau_i)\Delta\tau$为窄脉冲的面积，即$\Delta\tau\to 0$时冲激函数的强度；$h(t-\tau_i)$为线性系统在$t-\tau_i$时刻的冲激响应，不是随机变量。

式(5.5.11)表明，当输入过程$X(t)$为高斯随机过程时，输出过程$Y(t)$为无数高斯随机变量的加权和。根据“多个高斯随机变量之和的概率分布仍然服从正态分布”这结论，可知对于任意时刻t，$Y(t)$均为高斯随机变量，因而输出过程$Y(t)$为高斯随机过程。

5.5.2 随机过程的正态化

若输入过程$X(t)$为非高斯过程，其谱宽为Δf_X，相关时间为τ_{X0}，线性系统的等效通频带为Δf_L。根据式(5.5.11)，将$X(t)$看成是许多幅值随机变化、脉宽为$\Delta\tau$的窄脉冲之和，输出过程是这些窄脉冲通过线性系统的输出响应的叠加。即

$$Y(t)\approx\sum_{i=1}^{n}X(\tau_i)h(t-\tau_i)\Delta\tau \tag{5.5.12}$$

式中，$X(\tau_i)$为非高斯随机变量。

中心极限定理表明：大量独立随机变量之和的分布近似服从正态分布。如果输入过程$X(t)$通过线性系统满足以下条件：

(1) 由输入过程$X(t)$所分成的窄脉冲个数n足够大；

(2) 各个窄脉冲的幅值之间统计独立。

则输出过程$Y(t)$将近似服从正态分布。

下面对条件(1)和条件(2)的充分必要性进行分析。

由于任一线性系统都具有惰性，因此，输出响应由暂态到稳态需要一段时间，称之为线性系统的建立时间t_r。由条件(1)可知，在系统输出达到稳态的期间t_r内，系统输入端累积的窄脉冲个数n必须足够大，即要求$t_r\gg\Delta\tau$。其物理解释为：若$\Delta\tau>t_r$，输入的各个窄脉冲$X(\tau_i)$作用于线性系统的输出响应将达到稳定幅值，这时输出过程$Y(t)$仍然保持为非高斯过程。只

有当 $\Delta\tau < t_r$ 时，输入的各个窄脉冲通过线性系统后，产生了严重的波形失真，输出窄脉冲的概率分布律才可能发生变化，从非正态分布变为正态分布，根据式(5.5.12)，输出过程在任一时刻 t 均为大量高斯随机变量的加权和，因而输出过程才是高斯过程。

已知输入过程 $X(t)$ 的相关时间为 τ_{X0}，那么只要 $\tau_{X0} \ll \Delta\tau$ 成立，则由输入过程 $X(t)$ 所分成的任意相邻窄脉冲 $X(\tau_i)$ 的幅值不相关，可近似认为统计独立。此时，条件(2) 成立。

综合上述分析，当输入过程为非高斯过程，而输出变成近似高斯过程的条件为

$$\tau_{X0} \ll \Delta\tau \ll t_r \tag{5.5.13}$$

由 5.4 节分析可知，随机过程的相关时间与谱宽成反比，即有

$$\tau_{X0} \propto \frac{1}{\Delta f_X} \tag{5.5.14}$$

由确定信号通过线性系统的特性可知，系统建立时间 t_r 与系统的通频带 Δf_L 成反比，即

$$t_r \propto \frac{1}{\Delta f_L} \tag{5.5.15}$$

因此，条件式(5.5.13) 等价于

$$\Delta f_X \gg \Delta f_L \tag{5.5.16}$$

上述定性分析表明，只要随机过程的谱宽 Δf_X 远大于系统通频带 Δf_L，则无论输入过程是何种分布，系统的输出过程都近似为正态分布，此称为非正态过程的“正态化”。

非正态过程的正态化程度与比值 $\Delta f_X/\Delta f_L$ 有关。一般来说，$\Delta f_X/\Delta f_L$ 为 7 ～ 10 时，即只要有 7 ～ 10 个独立随机变量求和，其和的分布就足够接近正态分布。这个结论是具有实际意义的。例如雷达或通信接收机的接收系统是窄带系统，在受到敌方施放的各种噪声干扰时，若干扰噪声的带宽是接收设备的通频带若干倍以上，则接收设备的输出就会得到近似于高斯分布的窄带噪声。

白噪声可能服从正态，也可能服从非正态分布，但白噪声是宽带随机过程，其谱宽 $\Delta f_X \to \infty$，相关时间 $\tau_{X0} \to 0$，而线性系统的通频带 Δf_L 总是有限的，其建立时间 t_r 为非零的有限值，根据式(5.5.13) 可知，当线性系统输入为白噪声时，输出过程 $Y(t)$ 为近似的高斯过程。

这一结论提供了获得近似高斯过程的途径，只要将任意分布的宽带随机过程通过一窄带线性系统，输出即为近似的高斯过程。雷达的中频放大器一般是窄带线性系统，其输出的内部噪声为正态过程。若要干扰此雷达，最好使干扰机发射的干扰通过中放之后也是高斯过程。但干扰机难以产生严格的高斯噪声干扰，但只要产生的干扰噪声的谱宽远大于雷达中放的通频带，同样可以获得如同高斯噪声干扰的效果。

5.6　平稳随机序列通过离散时间线性系统分析

平稳随机序列通过离散时间线性系统后，其统计特性将受系统特性的影响。本节以一阶非递归滤波器与一阶递归滤波器为例，讨论平稳随机序列通过典型数字滤波器后其自相关函数和功率谱的变化情况。首先介绍随机序列的维纳－辛钦定理。

5.6.1 随机序列的维纳 — 辛钦定理

对于连续的随机过程，根据维纳 — 辛钦定理，其功率谱密度是自相关函数的傅里叶变换。而对于离散随机序列来说，仅仅是在时间上离散取值，从而其自相关函数也是在时间离散点上定义的。因此，将离散随机序列的自相关函数$R_X(k)$用连续时间函数$R_X^D(\tau)$表示，再进行傅里叶变换，则可得到离散随机序列的功率谱密度。

首先，离散随机序列的自相关函数 $R_X(k)$ 用连续时间函数表示为

$$R_X^D(\tau)=\sum_{k=-\infty}^{\infty}R_X(k\cdot T_s)\delta(\tau-k\cdot T_s) \tag{5.6.1}$$

式中，T_s 是取样周期。对上式两边同时取傅里叶变换，则有

$$\begin{aligned}G_X(\omega)&=\int_{-\infty}^{\infty}R_X^D(\tau)\mathrm{e}^{-\mathrm{j}\omega\tau}\mathrm{d}\tau=\sum_{k=-\infty}^{\infty}\int_{-\infty}^{\infty}R_X(k\cdot T_s)\delta(\tau-k\cdot T_s)\mathrm{e}^{-\mathrm{j}\omega\tau}\mathrm{d}\tau\\&=\sum_{k=-\infty}^{\infty}R_X(k\cdot T_s)\mathrm{e}^{-\mathrm{j}\omega k\cdot T_s}\end{aligned} \tag{5.6.2}$$

注意，$G_X(\omega)$ 是 ω 的连续函数，由傅里叶变换的性质可知，$G_X(\omega)$ 是在频率轴上以 $2\pi/T_s$ 为周期重复的。因此，只要根据$G_X(\omega)$在奈奎斯特间隔$(-\pi/T_s,\pi/T_s)$上的值，就可以反过来得到自相关函数，即

$$R_X(k\cdot T_s)=\frac{T_s}{2\pi}\int_{-\frac{\pi}{T_s}}^{\frac{\pi}{T_s}}G_X(\omega)\mathrm{e}^{-\mathrm{j}\omega kT_s}\mathrm{d}\omega \tag{5.6.3}$$

为了计算方便，令 $T_s=1$，则式(5.6.2) 与式(5.6.3) 变成

$$G_X(\omega)=\sum_{k=-\infty}^{\infty}R_X(k)\mathrm{e}^{-\mathrm{j}\omega k} \tag{5.6.4}$$

$$R_X(k)=\frac{1}{2\pi}\int_{-\pi}^{\pi}G_X(\omega)\mathrm{e}^{\mathrm{j}\omega k}\mathrm{d}\omega \tag{5.6.5}$$

通常，将式(5.6.4) 与式(5.6.5) 称为随机序列的维纳 — 辛钦定理。

5.6.2 平稳随机序列通过一阶 FIR 滤波器

设输入随机序列 X_j 为在区间[0,1] 均匀分布的独立随机序列，一阶 FIR 滤波器如图 5.12 所示。图中 a 和 b 为任意实常数，则输出序列 Y_j 为

$$Y_j=aX_j+bX_{j-1}$$

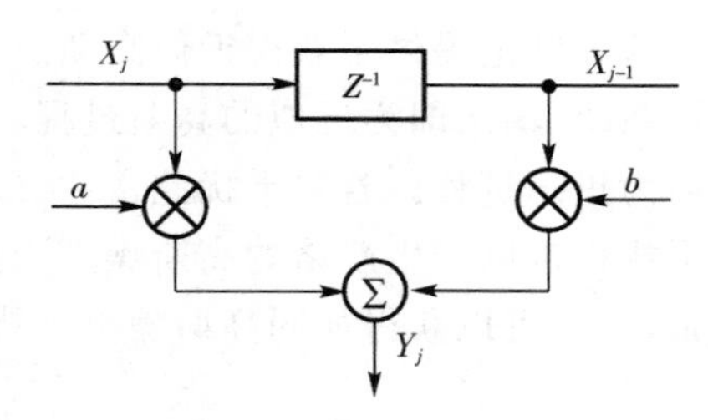

图 5.12 一阶 *FIR* 滤波器

若 $a=b=1/2$，此时FIR滤波器就是一个平均器，输出序列为

$$Y_j=\frac{X_j+X_{j-1}}{2} \tag{5.6.6}$$

平均器输出的均值和方差分别为

$$E[Y_j]=\frac{1}{2}E[X_j]+\frac{1}{2}E[X_{j-1}]=m_x$$

$$\sigma_Y^2=D[Y_j]=\frac{1}{4}D[X_j]+\frac{1}{4}D[X_{j-1}]=\frac{1}{2}\sigma_x^2$$

这表明平均器输出的方差为输入序列方差的一半。输出序列的方差减小，意味输出序列的幅值围绕均值 1/2 的起伏程度变小了，即出现在均值附近的可能性增大了。这一现象也可由输出序列的密度函数在[0,1]上的均匀分布变成三角形分布，从而落在离均值 1/2 某个范围$[0.5-e,0.5+e]$内的概率增大而得到解释，如图 5.13 所示，e 为小于 0.5 的正数。

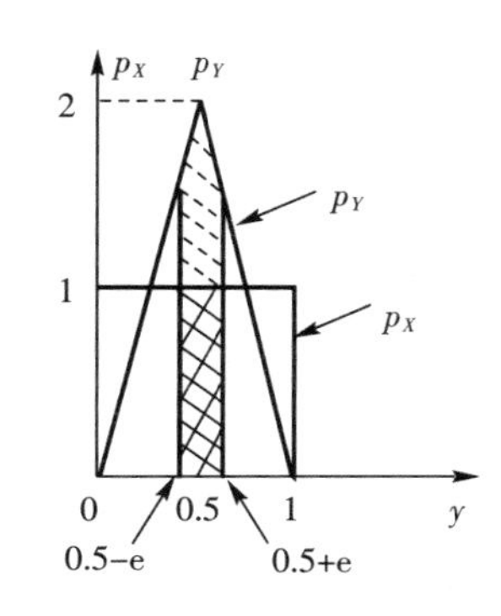

图 5.13 输入输出的密度函数

上述结论有着重要的应用价值。若把随机序列 X_j 看成是直流信号 $S_j=1/2$ 与零均值的随机噪声之和，即 $X_j=S_j+N_j$。让这个信号与噪声的混合体通过平均器处理，其结果是信号功率保持不变，而噪声功率(Y_j 的方差)减少了一半，即信噪比增加了 3dB。如果不采用这种处理手段，要提高 3dB 的信噪比，需要加倍增加原发射机功率才能实现。

若输入序列 X_j 是零均值，且相互独立的平稳随机序列，则其自相关函数为

$$R_X(k)=E[X_jX_{j+k}]=\begin{cases}0, & k=\pm1,\pm2,\cdots\\ \sigma_X^2, & k=0\end{cases} \tag{5.6.7}$$

若这个随机序列作为平均器的输入信号，由于平均器存在存储器，两个相继的输出 Y_j 与 Y_{j+1} 都包含了 X_j，因此，当 $k=1$ 时，$R_Y(k)$ 不再为零。而对于那些间隔大于一个单位时间间隔($k=2,3,\cdots$)的输出值，就不存在这种关系，因而可以预知它们的期望值将等于零。由于输入序列 X_j 是零均值，所以输出序列 Y_j 的均值也是零，则

$$R_Y(0)=E[Y_j^2]=\sigma_Y^2=\sigma_X^2/2$$

$$R_Y(1)=E\left[\left(\frac{X_j+X_{j-1}}{2}\right)\left(\frac{X_{j+1}+X_j}{2}\right)\right]$$

根据输入序列 X_j 的自相关函数，除了 $X_j^2/4$ 以外，其他所有乘积项的期望值都为零，即 $R_Y(1)=\sigma_X^2/4$

同样可以求得，当 $k=2,3,\cdots$ 时，$R_Y(k)=0$。

输入序列的功率谱密度为

$$G_X(\omega)=\sum_{k=-\infty}^{\infty}R_X(k)\mathrm{e}^{-\mathrm{j}\omega k}=R_X(0)=\sigma_X^2,\quad \forall\,\omega$$

平均器的功率传输函数为

$$|H(\omega)|^2=\frac{1}{2}(1+\cos\omega)$$

因此，输出随机序列的功率谱

$$G_Y(\omega)=|H(\omega)|^2G_X(\omega)=\frac{1}{2}(1+\cos\omega)\sigma_X^2$$

对于实平稳随机序列，其自相关函数是偶函数，功率谱密度是实函数，不存在相位谱。由于输入序列 X_j 是纯随机序列，必然是白序列(白噪声)，因而其功率谱在所有频率上为常数，而输出序列 Y_j 的功率谱则是在低频部分比重较大，相对于 X_j，Y_j 的起伏性较弱，相关性较强。这个结论与5.4节的有关结论是一致的。

5.6.3 平稳随机序列通过一阶IIR滤波器

对于离散时间系统来说，一般的一阶递归滤波器，可由如下差分方差来描述，其系统结构如图5.14所示。

$$Y_j=aY_{j-1}+X_j,\quad |a|<1 \tag{5.6.8}$$

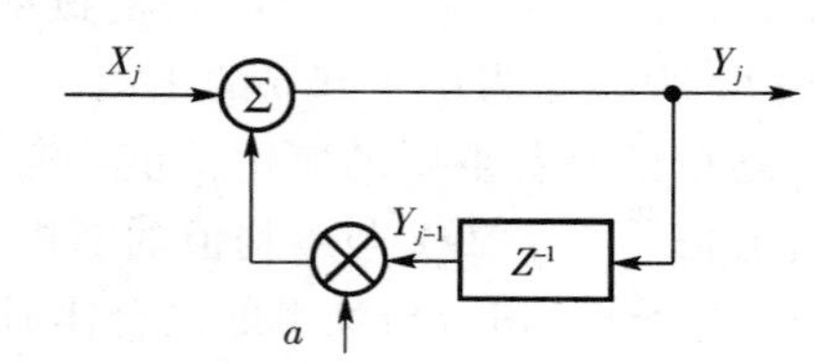

图5.14 一阶IIR滤波器

一阶IIR滤波器的输出是现时刻的输入与上一个时刻输出的线性组合，若要求滤波器输出稳定，递归系数必须满足 $|a|<1$，否则在一个有界的输入情况下，输出将呈指数增长，滤波器很快就会出现溢出，即滤波器不稳定。

由一阶IIR滤波器的差分方程可知，该系统具有“无限长”的记忆，可以看出，对于所有的 k 值，输出序列的自相关函数均不严格为零，即所有的输出时刻对应的随机变量都是相关的。随着样本之间的间隔 k 增加，$R_Y(k)$ 的值将减小。

当 $k=0$ 时，

$$R_Y(0)=E[Y_j^2]=E[aY_{j-1}+X_j]^2$$
$$=a^2E[Y_{j-1}^2]+E[X_j^2]+E[2aY_{j-1}X_j]$$

假定滤波器已经工作了很长时间，系统输出已经从暂态过渡到稳态，且输入序列是平稳过程，因此输出序列也达到平稳，即有 $E[X_j^2]=E[X_{j-1}^2]$。此外，因为 Y_{j-1} 只取决于 X_{j-1}，X_{j-2}，X_{j-3}，…，而与 X_j 无关。根据 X_j 是独立、零均值的假定，即 X_j 和 j 时刻以前的输入样本不相关，故 $E[Y_{j-1}X_j]=0$，则

$$R_Y(0)=a^2R_Y(0)+R_X(0)$$

当 $k=1$ 时，利用上述条件，可得

$$R_Y(1)=E[Y_jY_{j+1}]=E[Y_j(aY_j+X_{j+1})]=aR_Y(0)$$

以此类推，可得

$$R_Y(2)=aR_Y(1)\qquad R_Y(3)=aR_Y(2)\cdots$$

即一阶IIR滤波器输出序列的自相关函数为

$$R_Y(k)=\begin{cases}aR_Y(k-1), & k>0\\ \dfrac{R_X(0)}{1-a^2}, & k=0\end{cases} \tag{5.6.9}$$

因此，对所有的 k 值，$R_Y(k)$ 均不为零。当 a 为负值时，$R_Y(k)$ 将在正值与负值之间振荡，其绝对值随 k 的增加而减小。

5.7　随机信号通过线性系统的仿真实验

离散随机序列模型在现代谱值估计中有着重要的意义。除了利用功率谱的两种不同的定义导出的两种经典的谱估值方法（周期图法与 BT 法）外，还可以把随机过程的功率谱估值问题转化为适当的模型的参数估值问题，采用现代谱估值的参数谱估值方法。这节主要讨论三种典型的时间序列模型，并给出随机信号通过线性系统的实验分析实例。

5.7.1　典型时间序列模型分析

1. 滑动平均（MA）模型

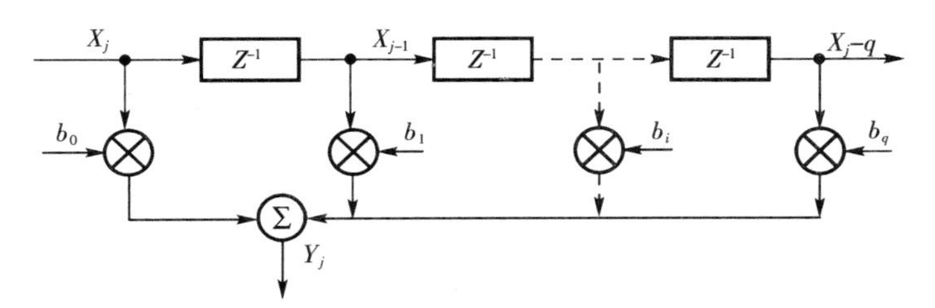

图 5.15　q 阶 MA 滑动平均模型

由图 5.15 可直接写出 q 阶滑动平均（Moving Average）的差分方程

$$Y_j=b_0X_j+b_1X_{j-1}+\cdots+b_qX_{j-q}=\sum_{i=0}^{q}b_iX_{j-i} \tag{5.7.1}$$

滑动平均器与平均器的等权平均不同，属于非等权平均，可以形象地认为随着时间流逝滤波器在时间序列上移动。若输入 X_j 是零均值独立的平稳随机序列，输出序列也是平稳序列，自相关函数为 $R_Y(k)$，当 $k=0$ 时，

$$\begin{aligned}R_Y(0)&=E[Y_j^2]=E\left[\sum_{i=0}^{q}b_iX_{j-i}\right]^2\\&=E\left[\sum_{i=0}^{q}b_i^2X_i^2+2\sum_{i=0}^{q}\sum_{j\neq i}^{q}b_ib_jX_iX_j\right]=E\left[\sum_{i=0}^{q}b_i^2X_i^2\right]=\sigma_X^2\sum_{i=0}^{q}b_i^2\end{aligned} \tag{5.7.2}$$

当 $k=1$ 时，

$$R_Y(1)=E[Y_jY_{j+1}]=E\left[\sum_{i=0}^{q}b_iX_{j-i}\sum_{k=0}^{q}b_kX_{j+1-k}\right]=E\left[\sum_{i=0}^{q}\sum_{k=0}^{q}b_ib_kX_{j-i}X_{j+1-k}\right]$$

根据输入序列的性质，上式中只有当 $i=k-1$ 时，交叉乘积项 $X_{j-i}X_{j+1-k}$ 的数学期望才不为零，此时 $X_{j-i}X_{j+1-k}$ 前的系数为 b_ib_{i+1}，因此

$$R_Y(1)=\sigma_X^2\sum_{i=0}^{q-1}b_ib_{i+1} \tag{5.7.3}$$

依次类推，可得到输出序列的自相关函数

$$R_Y(k)=\begin{cases}\sigma_X^2\sum_{i=0}^{q-k}b_ib_{i+k}, & k=0,1,\cdots,q\\ 0, & k>q\end{cases} \tag{5.7.4}$$

滑动平均模型也称全零点模型。

2. 自回归(AR) 模型

一般情况对于 p 阶递归滤波器，即

$$Y_j=a_0Y_j+a_1Y_{j-1}+\cdots+a_pY_{j-p}+X_j=\sum_{i=0}^{p}a_iY_{j-i}+X_j \tag{5.7.5}$$

称为自回归(Autoregresive) 模型。

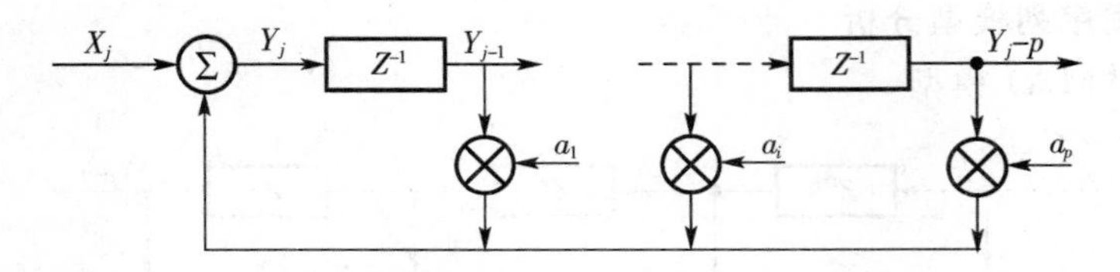

图 5.16 p 阶 AR 自回归模型

若输入 X_j 是零均值独立的平稳随机序列，输出序列也是平稳序列，自相关函数为 $R_Y(k)$。根据式(5.7.5)，可得

$$Y_{j+k}=\sum_{i=0}^{p}a_iY_{j+k-i}+X_{j+k} \tag{5.7.6}$$

上式两边同乘以 Y_j，取数学期望则有

$$R_Y(k)=E[Y_jY_{j+k}]=E\Big[\sum_{i=0}^{p}a_iY_jY_{j+k-i}+Y_jX_{j+k}\Big]=E\Big[\sum_{i=0}^{p}a_iY_jY_{j+k-i}\Big]+E[Y_jX_{j+k}]$$

当输出序列平稳时，自相关函数

$$R_Y(k)=\sum_{i=0}^{p}a_iR_Y(k-i)+E[Y_jX_{j+k}] \tag{5.7.7}$$

注意到自相关函数为偶函数，参考前面独立、零均值平稳序列通过一阶 IIR 滤波器的结论，可知等式右端第二项，仅当 $k=0$ 时才不为零，且等于 $E[X_j^2]=\sigma_X^2$，则上面方程可改写为

$$R_Y(k)=\begin{cases}\sum_{i=0}^{p}a_iR_Y(k-i), & k>0\\ \sum_{i=0}^{p}a_iR_Y(k-i)+\sigma_X^2, & k=0\end{cases} \tag{5.7.8}$$

这个线性方程组称为 Yule-Walker 方程，也可以将它表示成矩阵形式，则有

$$\begin{bmatrix} R_Y(0) & R_Y(1) & \cdots & \cdots & R_Y(p) \\ R_Y(1) & R_Y(0) & R_Y(1) & \cdots & R_Y(p-1) \\ \vdots & \vdots & \vdots & \vdots & \vdots \\ & & & & R_Y(1) \\ R_Y(p) & \cdots & \cdots & R_Y(1) & R_Y(0) \end{bmatrix} \begin{bmatrix} 1 \\ -a_1 \\ \vdots \\ \\ -a_p \end{bmatrix} = \begin{bmatrix} \sigma_X^2 \\ 0 \\ \vdots \\ \\ 0 \end{bmatrix}$$

若已知 Y_j 的自相关函数，则可以通过求解这个方程组反过来计算出递归滤波器的系数 $a_1, a_2, \cdots, a_p$ 以及输入过程 X_j 的功率 σ_X^2。这个过程在现代谱值估计中具有重要的意义。

在各种领域中遇到的随机信号，比如半导体噪声和随机电报形式的干扰下，飞机速度受气流变化均可以用 AR 模型表示的白序列激励一阶 IIR 滤波器的输出来描述，即只要选择适当的 a 值，产生出来的序列 Y_n 的功率谱与实测随机序列的功率谱有极好的拟合度。对于更复杂的噪声，如雷达系统的杂波干扰，包括地物杂波、海浪杂波一类的有色噪声，可选择二阶、三阶甚至更高阶数的递归滤波模型来描述。AR 模型也称全极点模型。

3. 自回归滑动平均(ARMA) 模型

对于一些更为复杂的随机过程，若既不能用 AR 模型也不能用 MA 模型去拟合，则可以综合 AR 模型和 MA 模型来处理，得到

$$Y_j = \sum_{m=0}^{p} a_m Y_{j-m} + \sum_{n=0}^{q} b_n X_{j-n} \tag{5.7.9}$$

称为自回归滑动平均模型。ARMA 模型在描述受白噪声污染的正弦过程等复杂过程时特别有用。

上述有关随机过程的模型在现代谱值估计方法的研究中有广泛的应用，除了利用功率谱的两种不同的定义所导出的两种经典谱估值方法外，还可以把随机过程的功率谱估值问题转化成适当的模型的参数估计问题，这就是现代谱值估计的参数谱估计方法。

5.7.2　随机过程通过线性系统分析

根据 5.5 小节的结论可知，任意分布的白噪声通过窄带线性系统以后输出是服从正态分布的；也可以近似认为宽带噪声通过窄带系统，输出服从正态分布。现在通过一个实验来验证上述结论。

设定线性系统是 RC 积分电路，即该线性系统是一个低通滤波器。根据实验目的，实验步骤包括：

(1) 产生一组均匀分布的白噪声序列；

(2) 将产生的白噪声序列通过 RC 积分电路，画出输出序列的直方图；

(3) 对输出序列的实际分布与理论计算分布进行比较；

(4) 改变 RC 积分电路的参数，进行多次实验和比较分析。

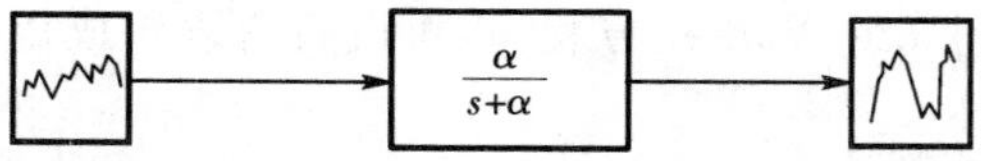

均匀分布白噪声 → $\frac{\alpha}{s+\alpha}$ 线性系统 → 统计特性显示

图 5.17　仿真模型

下面是仿真程序代码：

1）产生均匀分布的白噪声序列，均值 $m_X=0$，方差 $\sigma_X^2=1$

```
Fs=10000;Ts=1/Fs;N=100*8096;t=[0:N-1]*Ts;
Mu=0;Sigma=1;
rand('state',1)
Nwhite=rand(1,N);
Nwhite=Nwhite-0.5+Mu;
XCof=sqrt(12*(Mu^2+Sigma));
X=XCof*Nwhite;
```

2）画出输入信号自相关函数

```
R=xcorr(X,'biased');
figure;
plot((-N:length(R)-N-1)*Ts,R);grid on;
axis([-N*Ts (length(R)-N-1)*Ts min(R) max(R)]);
xlabel('t/s');title('\fontsize{8}自相关函数');
```

3）输入信号功率谱密度

```
[Pxx,f] = pwelch(X,[],[],1024,Fs);
figure;
semilogy(f,Pxx);grid on;
axis([min(f) max(f) log(min(Pxx)) inf]);
xlabel('f/Hz');title('\fontsize{8}功率谱密度');
```

4）输入信号概率分布直方图

```
figure;
histfit(X,50);
title('\fontsize{8}概率分布直方图');grid on;
h = findobj(gca,'Type','line');
set(h,'Color','r');
```

5）建立 RC 数字低通滤波器

```
α=1;
b=[0 α];
a=[1 α];
[B,A]=impinvar(b,a,Fs);
Y=filter(B,A,X);
```

6）输出信号自相关函数

```
figure;
R=xcorr(Y,'biased');
```

```
plot((-N:length(R)-N-1) * Ts,R);grid on;
axis([-N * Ts  (length(R)-N-1) * Ts  min(R)  max(R)]);
xlabel('t/s');title('\fontsize{8}自相关函数');
```

7)输出信号功率谱密度

```
[Pxx,f] = pwelch(Y,[],[],1024,Fs);
figure;
semilogy(f,Pxx);grid on;
axis([min(f) max(f) log(min(Pxx)) inf]);
xlabel('f/Hz');title('\fontsize{8}功率谱密度');
```

8)输出信号概率分布直方图

```
figure;
histfit(Y,50);
title('\fontsize{8}概率分布直方图');grid on;
h = findobj(gca,'Type','line');
set(h,'Color','r');
```

改变 RC 低通道滤波器电路参数 $\alpha=1/RC$ 的值，比较不同 α 的情况下，输出序列的直方图，分析输出序列的概率分布。实验结果如图5.18。

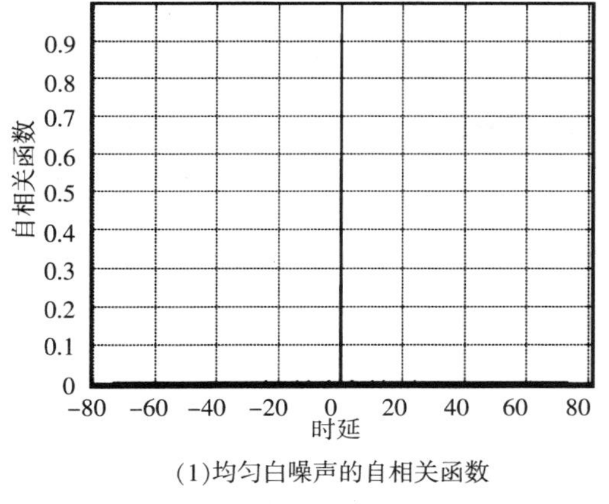

(1)均匀白噪声的自相关函数

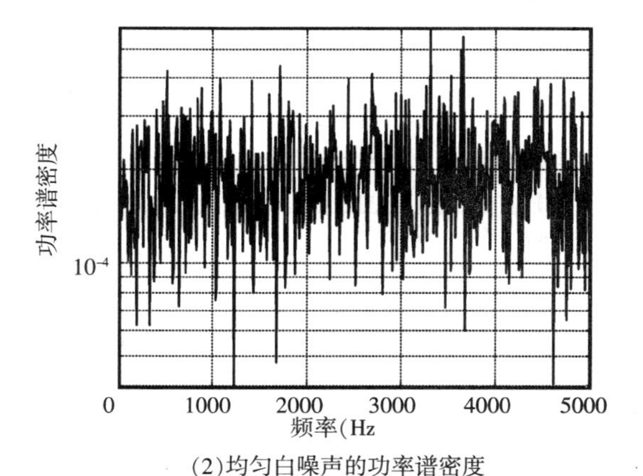

(2)均匀白噪声的功率谱密度

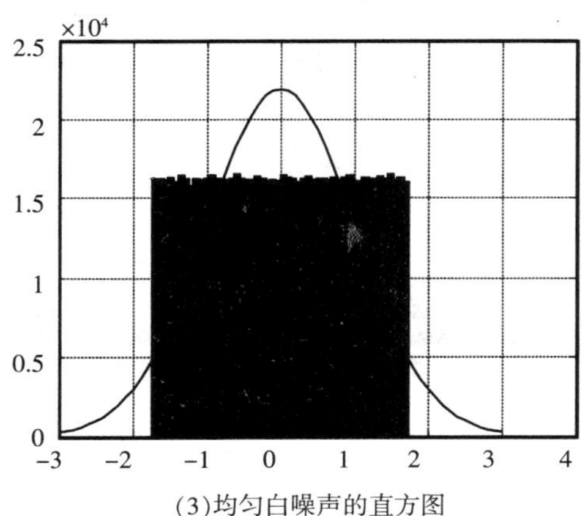

(3)均匀白噪声的直方图

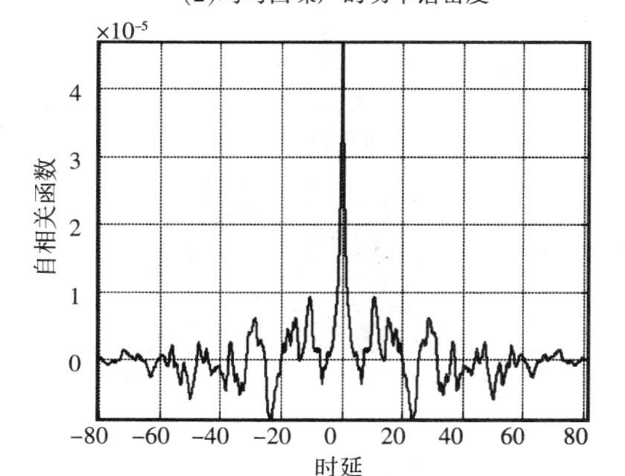

(4) α=1时，输出序列的自相关函数

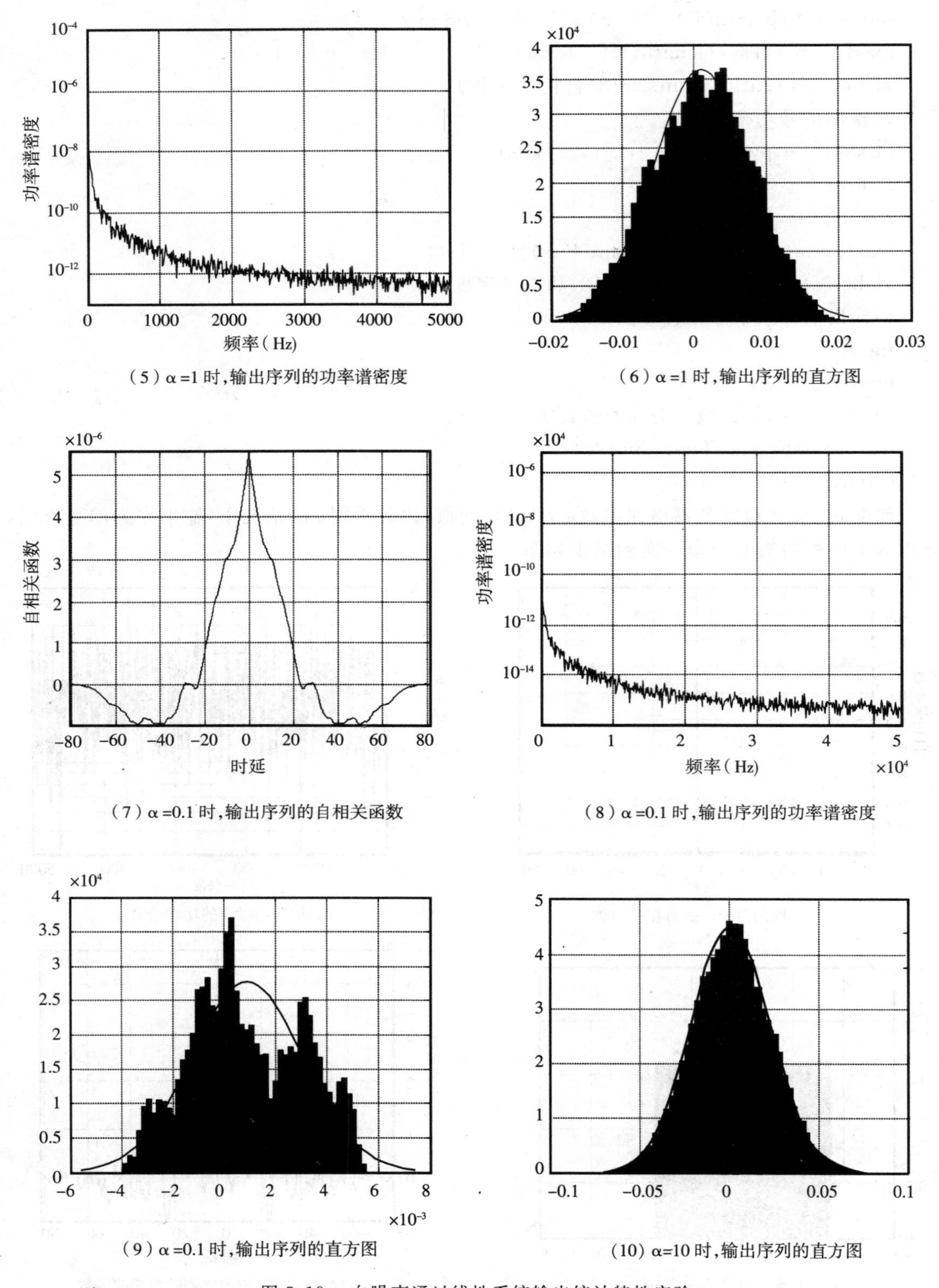

图 5.18 白噪声通过线性系统输出统计特性实验

从实验结果可以看出，均匀分布的白噪声通过 RC 积分电路(即低通滤波器)以后，输出过程不再服从均匀分布。随着 α 值从 0.1 增加到 10，输出过程逐渐逼近正态分布。虽然 α 值变大，低通滤波器的 3dB 带宽增加了，但是通带内幅频曲线更平坦，相对输入信号白噪声来说，仍然是窄带系统。从实验的结果来看，当 $\alpha=10$ 时，输出序列近似服从正态分布。

习　题

5.1　已知线性系统的单位冲激响应

$$h(t)=[5\delta(t)+3][U(t)-U(t-1)]$$

输入随机信号 $X(t)=4\sin(2\pi t+\Phi)$，$(-\infty<t<\infty)$，其中 Φ 是在 $(0,2\pi)$ 上均匀分布的随机变量。试写出输出的表达式，并求输出的均值和方差。

5.2　输入随机信号 $X(t)$ 的自相关函数 $R_X(\tau)=a^2+be^{-|\tau|}$，式中 a、b 为正常数，试求单位冲激响应为 $h(t)=e^{-\beta t}U(t)$ 的系统的输出均值($a>0$)。

5.3　设线性系统的单位冲激响应 $h(t)=te^{-3t}U(t)$，其输入是具有功率谱密度为 $6V^2/Hz$ 的白噪声与 $2V$ 直流分量之和，试求输出的均值、方差和均方值。

5.4　设线性系统的单位冲激响应 $h(t)=5e^{-3t}U(t)$，其输入是自相关函数 $R_X(\tau)=2e^{-4|\tau|}$ 的随机信号，试求输出自相关函数 $R_Y(\tau)$、互相关函数 $R_{XY}(\tau)$ 和 $R_{YX}(\tau)$ 分别在 $\tau=0$、$\tau=0.5$、$\tau=1$ 时的值。

5.5　设有限时间积分器的单位冲激响应 $h(t)=\frac{1}{T}[U(t)-U(t-T)]$，其输入平稳随机信号的自相关函数

$$R_X(\tau)=\begin{cases}A^2\left(1-\frac{|\tau|}{T}\right), & |\tau|\leqslant T\\ 0, & |\tau|>T\end{cases}$$

试求输出的总平均功率和自相关函数。

5.6　设有一零均值的平稳随机信号 $X(t)$ 加到单位冲激响应为

$$h(t)=\alpha e^{-\alpha t}[U(t)-U(t-T)]$$

的系统的输入端，证明系统输出功率谱密度为

$$G_Y(\omega)=\frac{\alpha^2}{\alpha^2+\omega^2}(1-2e^{-\alpha T}\cos\omega T+e^{-2\alpha T})G_X(\omega)$$

5.7　设线性系统的传递函数为 $H(\omega)$，其输入随机信号 $X(t)$ 是宽平稳的，输出为 $Y(t)$，试证

$$G_Y(\omega)G_X(\omega)=G_{XY}(\omega)G_{YX}(\omega)$$

5.8　如图 5.19 所示为单个输入两个输出的线性系统，输入 $X(t)$ 为平稳随机过程。求证输出 $Y_1(t)$ 和 $Y_2(t)$ 的互谱密度为

$$G_{Y_1Y_2}(\omega)=H_1^*(\omega)H_2(\omega)G_X(\omega)$$

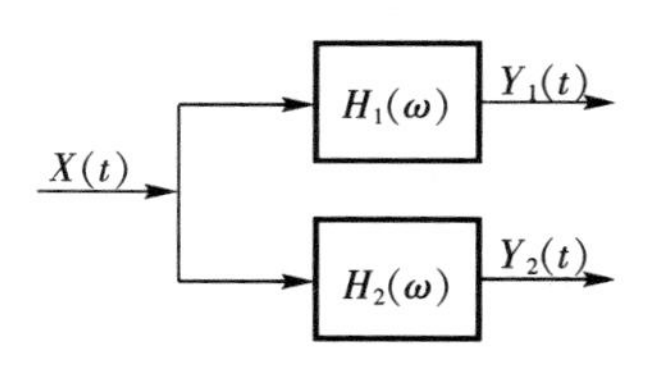

图 5.19　题 5.8

5.9　如图 5.19 所示，若 $X(t)$ 是零均值高斯过程，求使

输出 $Y_1(t)$ 和 $Y_2(t)$ 相互统计独立的 $H_1(\omega)$ 和 $H_2(\omega)$ 应满足的条件,并画图说明。

5.10　如图 5.20 所示,$X(t)$ 是输入随机过程,$G_X(\omega)=N_0/2$,$Z(t)$ 是输出随机过程,试用频谱法求出:

(1) 系统的传输函数 $H(\omega)$。

(2) 输出过程 $Z(t)$ 的均方值。

(提示:积分 $\int_0^\infty \frac{\sin^2 ax}{x^2}=|a|\frac{\pi}{2}$)

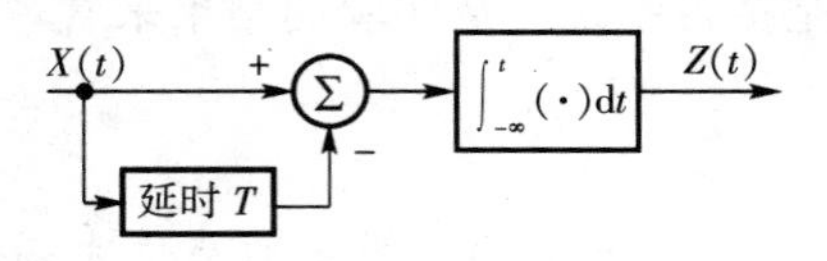

图 5.20　题 5.10

5.11　设平稳随机过程的自相关函数为

$$R_X(\tau)=\begin{cases}1-\frac{|\tau|}{T}, & |\tau|\leqslant T\\ 0, & |\tau|>T\end{cases}$$

$X(t)$ 通过如图 5.21 所示的积分电路。求 $Z(t)=X(t)-Y(t)$ 的功率谱密度。

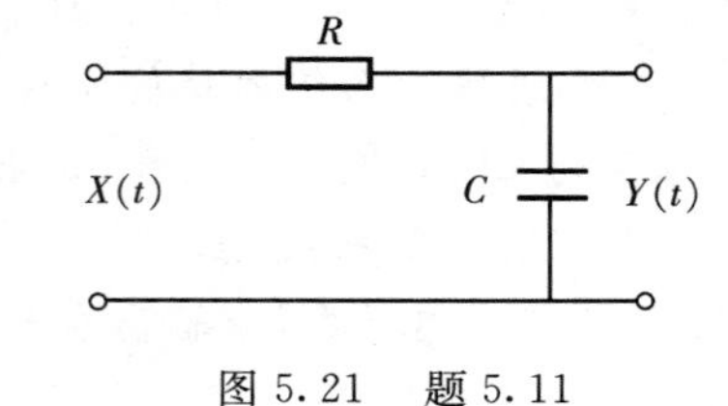

图 5.21　题 5.11

5.12　设有线性时间系统,其单位取样响应为 $\{h(k)\}$,其中

$$h(k)=\begin{cases}0, & k<0\\ \mathrm{e}^{-\alpha k}, & k\geqslant 0 \quad \alpha>0\end{cases}$$

系统的输入信号 $X(n)$ 为一平稳随机过程序列,其均值为零,且相关函数为

$$R_X(m)=\begin{cases}\frac{N_0}{2}, & m=0\\ 0, & m\neq 0\end{cases}$$

求输出序列 $Y(n)$ 的均值和自相关函数。

5.13　已知平稳过程的相关函数为

(1)$R_X(\tau)=\sigma_X^2(1-\alpha|\tau|),\tau\leqslant\frac{1}{\alpha}$

(2)$R_X(\tau)=\sigma_X^2\cdot\mathrm{e}^{-\alpha|\tau|}$

试分别求其等效噪声频带 $\Delta\omega_e$。

5.14　设 $X(t)$ 为一个零均值高斯过程,其功率谱密度 $G_X(\omega)$,如图 5.22 所示。若每隔 π/B 秒对其取样一次,得到样本集合 $X(0),X(\pi/B),\cdots,X((N-1)\pi/B),X(N\pi/B),\cdots$,求前 N 个样本的联合概率密度。

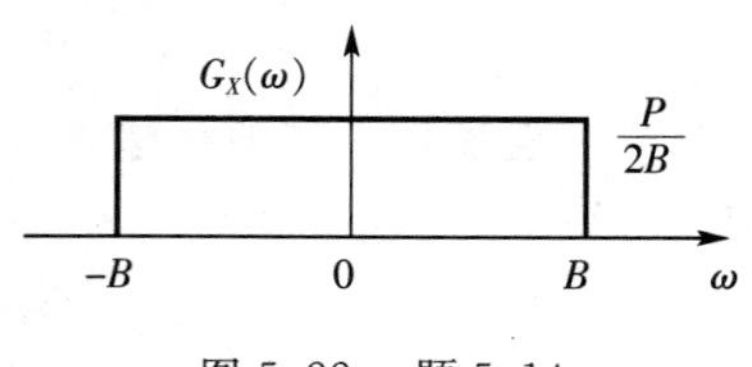

图 5.22　题 5.14

5.15　设 $X(n)$ 是一个均值为零、方差为 σ_X^2 的白噪声,$Y(n)$ 是单位取样响应为 $h(n)$ 的线性时不变离散系统的输出,试证:

(1)$E[X(n)Y(n)]=h(0)\sigma_X^2$

(2)$\sigma_Y^2 = \sigma_X^2 \sum_{n=0}^{+\infty} h^2(n)$

5.16　设离散线性系统的单位取样响应 $h(n) = na^{-n}U(n), a > 1$，该系统输入信号是自相关函数为 $R_X(m) = \sigma_X^2 \delta(m)$ 的白噪声，试求系统输出 $Y(n)$ 的自相关函数和功率谱密度。

5.17　实值一阶自回归过程 $X(n)$ 满足差分方程 $X(n) + a_1 X(n-1) = W(n)$，其中 a_1 为常数，$W(n)$ 为独立同分布随机序列。证明：

(1) 若 $W(n)$ 均值非零，则 $X(n)$ 非平稳；

(2) 若 $W(n)$ 均值为零，a_1 满足条件 $|a_1| < 1$，则 $X(n)$ 的方差为 $\dfrac{\sigma_W^2}{1-a_1^2}$；

(3) 若 $W(n)$ 均值为零，分别求当 $0 < a_1 < 1$ 和 $-1 < a_1 < 0$ 时 $X(n)$ 的自相关函数。

5.18　输入过程 $X(n)$ 的功率谱密度为 σ_X^2，二阶 MA 模型为 $Y(n) = X(n) + a_1 X(n-1) + a_2 X(n-2)$，试求 $Y(n)$ 的自相关函数和功率谱密度。

5.19　离散线性系统如图 5.23 所示，输入是均值为零、方差为 σ_X^2 的白噪声序列，其中 $h_1(n) = a^n U(n), h_2(n) = b^n U(n), |a| < 1, |b| < 1$。试求输出序列的方差 σ_Z^2。

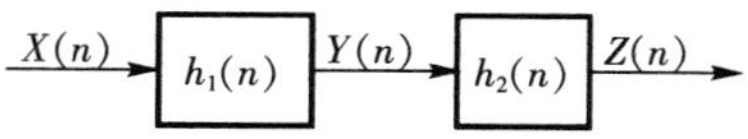

$X(n)$ → $h_1(n)$ → $Y(n)$ → $h_2(n)$ → $Z(n)$

图 5.23　题 5.19

5.20　设 $X(t)$ 是定义在 (a,b) 上的一个高斯随机过程，$g_1(t)$ 和 $g_2(t)$ 是两个任意的非零实函数，令

$$Y_1 = \int_a^b g_1(t) X(t) \mathrm{d}t, Y_2 = \int_a^b g_2(t) X(t) \mathrm{d}t$$

证明 Y_1 和 Y_2 是联合高斯的。

5.21　设有线性微分方程

$$\frac{\mathrm{d}Y(t)}{\mathrm{d}t} + Y(t) = X(t)$$

若输入 $X(t)$ 是功率谱密度的 $G_X(\omega) = 1$ 白噪声；$Y(0) = Y_0$ 是均值为零、方差为 1 的高斯变量，且 Y_0 与 $X(t)$ 统计独立。求：

(1)$Y(t)$ 的一维概率密度 $p_Y(y;t), t > 0$。

(2)$Y(t)$ 的二维概率密度 $p_Y(y_1, y_2; t_1, t_2), t_1、t_2 > 0$。

(3) 条件概率密度 $p_{Y_2}(y_1, t_2 \mid Y(t_1) = y_1), t_2 > t_1$。

5.22　设某带通滤波器的频率响应如图 5.24 所示。输入为 $s(t) + N(t)$。其中

$$s(t) = 10\cos(2\pi \times 10^3 t) + 20\cos(2\pi \times 1100t)(V)$$

$N(t)$ 是功率谱密度为 $0.05V^2/Hz$ 的白噪声，试求该滤波器输出的信噪比。

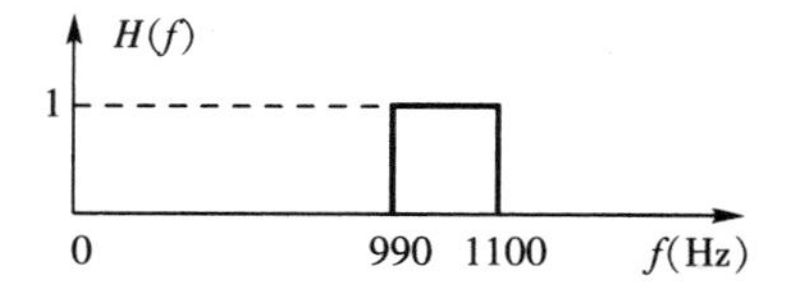

图 5.24　题 5.22

5.23 求单位冲激响应为

$$h(t)=(1-t)[U(t)-U(t-1)]$$

系统的等效噪声带宽。

5.24 设线性系统的单位冲激响应,如图5.25所示。

(1) 求该系统的等效噪声带宽

(2) 若输入是功率谱密度为 $6V^2/Hz$ 的白噪声,求系统输出的平均功率。

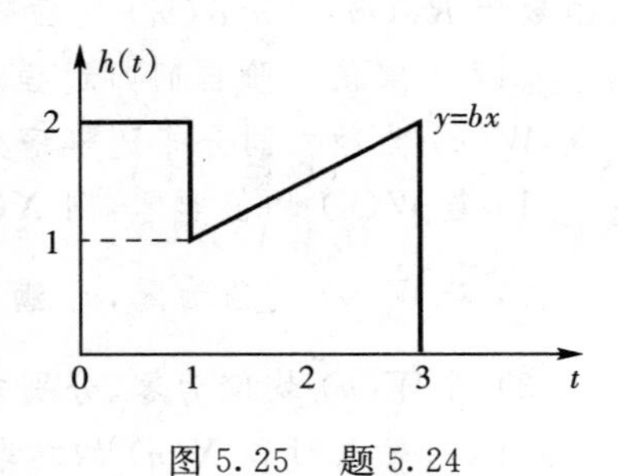

图 5.25 题 5.24

5.25 求一稳定系统,使其在单位谱密度白噪声激励下的输出自相关函数为

$$R_Y(m)=(0.5)^{|m|}+(-0.5)^{|m|},\quad m=0,\pm1,\pm2,\cdots$$

5.26 n 阶巴特沃斯滤波器的频率响应

$$H(\omega)=\left[1+\left(\frac{\omega}{\Delta\omega}\right)^{2n}\right]^{-1/2}$$

试证其等效噪声带宽为

$$\Delta\omega_e=\frac{\pi\cdot\Delta\omega}{2n\cdot\sin(\pi/2n)}$$

第6章　随机信号通过非线性系统分析

以电子设备各组成部分的作用效果视角，可以把它们划分成线性系统和非线性系统两大类。非线性系统与线性系统的重要不同之处在于：① 系统解的形式不同：一般来说，对于线性系统的解，通常能给出封闭形式的表达式，而对非线性系统来说，这一点总是很难做到的。人们只得找出收敛于真实解的近似函数或估计值。因此，与线性系统相比，一般不能确切的知道非线性系统的精确解。② 分析方法的复杂性不同：与线性系统相比，非线性系统的分析方法需要涉及更高深数学概念和内容。③ 本质不同：线性系统的本质特征是叠加原理，而非线性系统也可以理解为不满足叠加原理的系统。

本章的研究对象是随机信号通过非线性系统的特征分析。主要讨论非线性系统分析的直接法、特征函数法、级数展开法和包络法。

6.1　常见的非线性系统

在对非线性系统的分析中，可将其划分为无惰性和有惰性两种情况。如果在某个瞬间 t 的输出随机信号 $Y(t)$，只取决于同一瞬间的输入随机信号 $X(t)$，而非线性系统函数为 $f[\cdot]$，当存在非线性函数关系

$$Y(t)=f[X(t)] \tag{6.1.1}$$

时，我们称该系统是无惰性的。在一个非线性系统中只要由储能元件存在，它就会有惰性。但在有些情况下，可以把非线性系统中的储能元件，归并在非线性系统的输入及输出的线性系统中。换句话说，即使我们遇到一个非线性的有惰性的系统往往可以作某种折合，或等效归并到下一级的输入电路或者前级的输出电路中去。

非线性系统函数 $f(x)$ 通常可以用实验的方法得到，如通过实验可以获得电子管、半导体器件等非线性元件的伏安特性曲线。但是，若从理论上分析，常常需在实验的基础上，采用诸如多项式、折线和指数等各种渐进方法，可以求出 $f(x)$ 的解析表达式。所采用的方法不同，所得 $f(x)$ 的解析表达式复杂性和精确性也不同，往往是所要求的渐进精确性越高，则解析表达式越复杂。这种矛盾只能采用折中的方法去处理。在通信中，主要有以下几个简单的非线性系统：

1. 峰值剪(Clipping)

通过非线性系统，我们一般化放大器和衰减器的概念。例如，一个模拟放大器输出的电压不会高于它们的动力供给电压，这就导致了峰值剪(Clipping)。这种形式的非线性系统为

$$y(t)=\mathrm{Clip}_{\theta}[Ax(t)] \tag{6.1.2}$$

这里

$$\mathrm{Clip}_\theta=\begin{cases}\theta, & x\geqslant\theta\\ x, & -\theta<x<\theta\\ -\theta, & -\theta\geqslant x\end{cases} \tag{6.1.3}$$

2. 中心剪(Center Clipper)

与峰值剪相对应的非线性系统,其表达式为

$$y=C_\theta(x)=\begin{cases}0, & |x|<\theta\\ x, & 其他\end{cases} \tag{6.1.4}$$

中心剪显然是一个非线性的,从其表达式看,很难想象它的用处,其实,它在语音处理中有很重要的应用。

3. 硬限制

$$y(t)=\mathrm{sign}[x(t)] \tag{6.1.5}$$

式中,sign[·]是符号函数,即

$$\mathrm{sign}[x]=\begin{cases}1 & x>0\\ 0 & x=0\\ -1 & x<0\end{cases} \tag{6.1.6}$$

4. 线性半波检波

$$y(t)=\begin{cases}x(t), & x(t)\geqslant 0\\ 0, & x(t)<0\end{cases} \tag{6.1.7}$$

5. 线性全波检波

$$y(t)=|x(t)| \tag{6.1.8}$$

6. 二次失真

$$y(t)=x(t)+\varepsilon x^2(t) \tag{6.1.9}$$

7. 平方律检波器

$$y(t)=bx^2(t) \tag{6.1.10}$$

本章主要讨论随机信号通过线性半波检波,线性全波检波,平方律检波器后输出的统计特性。

6.2 非线性系统输出信号分析的直接法

若已知非线性元件的特性 $y(t)=f[x(t)]$,以及输入信号 $x(t)$ 的统计特性,则输出信号的均值

$$E[Y(t)]=\int_{-\infty}^{\infty} f(x)f_X(x;t)\mathrm{d}x \tag{6.2.1}$$

式中，$f_X(x;t)$ 是输入随机信号 $X(t)$ 的一维概率密度。同理，推广可得输出端的 n 阶矩为

$$E[Y^n(t)]=\int_{-\infty}^{\infty} f^n(x)f_X(x,t)\mathrm{d}x \tag{6.2.2}$$

输出信号的自相关函数

$$R_Y(t_1,t_2)=\int_{-\infty}^{\infty}\int_{-\infty}^{\infty} f(x_1)f(x_2)f_X(x_1,x_2;t_1,t_2)\mathrm{d}x_1\mathrm{d}x_2 \tag{6.2.3}$$

式中，$f_X(x_1,x_2;t_1,t_2)$ 为输入随机信号的二维概率密度。如果输入随机信号是一个平稳随机过程，则相关函数可以写成

$$R_Y(\tau)=\int_{-\infty}^{\infty}\int_{-\infty}^{\infty} f(x_1)f(x_2)f_X(x_1,x_2;\tau)\mathrm{d}x_1\mathrm{d}x_2 \quad (\tau=t_2-t_1) \tag{6.2.4}$$

如果输入端随机信号的二维概率密度 $f_X(x_1,x_2;t_1,t_2)$ 是已知的，就可以直接用上式求输出端随机信号的相关函数和功率谱密度，这种方法又称为直接法。当输入端概率密度为正态分布，且非线性函数关系比较简单，积分运算又没有多大的困难时，可以比较顺利地得到计算结果。但是，当输入端的概率分布以及非线性关系都比较复杂时，积分计算就会产生比较大的困难。

下面我们将分析检波器输出端的统计特性，以说明直接法的应用。

6.2.1　平稳高斯噪声作用于平方律检波器

如前所述，平方律检波器的传输特性为

$$y(t)=bx^2(t) \tag{6.2.5}$$

式中，b 是常数。这种检波器的特性，如图 6.1 所示。

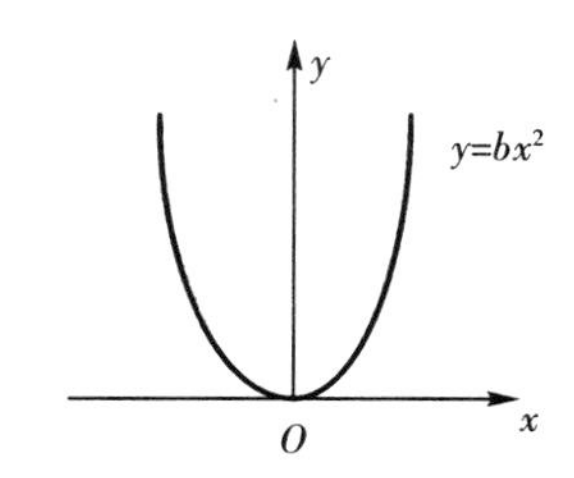

图 6.1　平方律检波特性

平方律检波器输出端的 n 阶矩可写成

$$\begin{aligned}E[Y^n(t)]&=\int_{-\infty}^{\infty}(bx^2)^n f_X(x;t)\mathrm{d}x\\&=b^nE[X^{2n}(t)]\end{aligned} \tag{6.2.6}$$

相应的，平方律检波器输出端自相关函数为

$$R_Y(t_1,t_2)=b^2E[X^2(t_1)X^2(t_2)]=\int_{-\infty}^{\infty}\int_{-\infty}^{\infty}(bx_1^2)(bx_2^2)f_X(x_1,x_2;t_1,t_2)\mathrm{d}x_1\mathrm{d}x_2 \tag{6.2.7}$$

1. 平稳高斯过程作用于检波器

输入 $X(t)$ 为平稳随机过程，因此，它的一维概率密度与时间无关，标准差为 σ_X 的正态（高斯）随机变量 X，它的一维概率密度为

$$f_X(x)=\frac{1}{\sqrt{2\pi}\sigma_X}\mathrm{e}^{-\frac{x^2}{2\sigma_X^2}} \tag{6.2.8}$$

输出过程的一维概率密度为

$$f_Y(y,t)=\frac{1}{2\sigma_X\sqrt{2\pi by}}[\mathrm{e}^{-\frac{(\sqrt{y/b})^2}{2\sigma_X^2}}+\mathrm{e}^{-\frac{(-\sqrt{y/b})^2}{2\sigma_X^2}}]=\frac{1}{\sigma_X\sqrt{2\pi by}}\mathrm{e}^{-\frac{y}{2b\sigma_X^2}} \tag{6.2.9}$$

高斯随机变量 X 的各阶矩为

$$E[X^n]=\begin{cases}1\cdot3\cdot5\cdot\cdots\cdot(n-1)\sigma_X^n, & n\geqslant 2\text{ 的偶数}\\ 0, & n\text{ 为奇数}\end{cases} \tag{6.2.10}$$

因此,输出随机变量 Y 的各阶矩为

$$E[Y^n(t)]=b^n\cdot1\cdot3\cdot5\cdot\cdots\cdot(2n-1)\sigma_X^{2n} \tag{6.2.11}$$

令 $n=1$ 和 $n=2$,得到

$$E[Y(t)]=b\sigma_X^2 \tag{6.2.12}$$

$$E[Y^2(t)]=3b^2\sigma_X^4=3\,(E[Y(t)])^2 \tag{6.2.13}$$

$$\sigma_Y^2=E[Y^2(t)]-(E[Y(t)])^2=2\,(E[Y(t)])^2 \tag{6.2.14}$$

对于联合高斯随机变量(X_1,X_2,X_3,X_4)有

$$E[X_1X_2X_3X_4]=E[X_1X_2]E[X_3X_4]+E[X_1X_3]E[X_2X_4]+E[X_1X_4]E[X_2X_3] \tag{6.2.15}$$

输入过程 $X(t)$ 在 $t,t+\tau$ 时刻的状态可视作是两个二维高斯随机变量,它们的联合特征函数为

$$\Phi_X(\omega_1,\omega_2,\tau)=\exp\{-\frac{\sigma_X^2}{2}[\omega_1^2+2r(\tau)\omega_1\omega_2+\omega_2^2]\} \tag{6.2.16}$$

式中,$r(\tau)$ 为输入过程 $X(t)$ 在两个时刻状态的相关系数。也可得 $X(t),X(t+\tau)$ 的四阶混合矩

$$E[X^2(t)X^2(t+\tau)]=(-j)\left.\frac{\partial^4\Phi_X(\omega_1,\omega_2,\tau)}{\partial\omega_1^2\partial\omega_1^2}\right|_{\substack{\omega_1=0\\ \omega_2=0}}$$

$$=\left.\frac{\partial^4\exp\{-\sigma_X^2[\omega_1^2+2r(\tau)\omega_1\omega_2+\omega_2^2]/2\}}{\partial\omega_1^2\partial\omega_2^2}\right|_{\substack{\omega_1=0\\ \omega_2=0}}=\sigma_X^4+2r^2(\tau)\sigma_X^4 \tag{6.2.17}$$

输出的自相关系数为

$$R_Y(t,t+\tau)]=b^2E[X^2(t)X^2(t+\tau)]=b^2\sigma_X^4+2b^2\sigma_X^4r^2(\tau)=b^2\sigma_X^4+2b^2R_X^2(\tau) \tag{6.2.18}$$

输出的功率谱密度为

$$G_Y(\omega)=2\pi b^2\sigma_X^4\delta(\omega)+2b^2\int_{-\infty}^{\infty}R_X^2(\tau)\mathrm{e}^{-\mathrm{j}\omega\tau}\mathrm{d}\tau \tag{6.2.19}$$

已知

$$R_X(\tau)=\frac{1}{2\pi}\int_{-\infty}^{\infty}G_X(\omega)\mathrm{e}^{\mathrm{j}\omega\tau}\mathrm{d}\omega \tag{6.2.20}$$

由 $R_Y(\omega)$ 中右边的第二个式子积分，得

$$\begin{aligned}\int_{-\infty}^{\infty}R_X^2(\tau)\mathrm{e}^{-\mathrm{j}\omega\tau}\mathrm{d}\tau&=\int_{-\infty}^{\infty}R_X(\tau)R_X(\tau)\mathrm{e}^{-\mathrm{j}\omega\tau}\mathrm{d}\tau\\&=\frac{1}{2\pi}\int_{-\infty}^{\infty}G_X(\omega')G_X(\omega-\omega')\mathrm{d}\omega'\end{aligned} \tag{6.2.21}$$

$$G_Y(\omega)=2\pi b^2\sigma_X^4\delta(\omega)+2b^2\int_{-\infty}^{\infty}G_X(\omega')G_X(\omega-\omega')\mathrm{d}\omega' \tag{6.2.22}$$

式中，第一部分为直流部分，第二部分为起伏部分。

2. 信号与噪声同时作用于检波器

如果平方律检波器的输入端不仅有平稳的、零均值的窄带噪声 $N(t)$，还存在零均值的平稳随机信号 $S(t)$，且两者不相关，即

$$X(t)=S(t)+N(t) \tag{6.2.23}$$

此时，平方律检波器的输出为

$$Y(t)=bS^2(t)+2bS(t)N(t)+bN^2(t) \tag{6.2.24}$$

因此

$$\begin{aligned}E[Y(t)]&=bE[S^2(t)]+2bE[S(t)]E[N(t)]+bE[N^2(t)]\\&=b(\sigma_S^2+\sigma_N^2)\end{aligned} \tag{6.2.25}$$

$$\begin{aligned}E[Y^2(t)]&=b^2\{E[S(t)+N(t)]^4\}\\&=b^2E\{S^4(t)+4S^3(t)N(t)+6S^2(t)N^2(t)+4S(t)N^3(t)+N^4(t)\}\\&=b^2E[S^4(t)]+6b^2\sigma_S^2\sigma_N^2+b^2E[N^4(t)]\end{aligned} \tag{6.2.26}$$

在信号和窄带高斯噪声的情况下，平方律检波器输出的自相关函数为

$$\begin{aligned}R_Y(\tau)&=b^2E\{[S(t)+N(t)]^2[S(t+\tau)+N(t+\tau)]^2\}\\&=b^2R_{S^2}(\tau)+4b^2R_S(\tau)R_N(\tau)+2b^2\sigma_S^2\sigma_N^2+b^2R_{N^2}(\tau)\\&=R_{S\times S}(\tau)+R_{S\times N}(\tau)+R_{N\times N}(\tau)\end{aligned} \tag{6.2.27}$$

式中，$R_{S^2}(\tau)$ 和 $R_{N^2}(\tau)$ 分别是信号平方和噪声平方的自相关函数，σ_S^2，σ_N^2 分别是信号和噪声的方差。

$$R_{S\times S}(\tau)=b^2R_{S^2}(\tau)=b^2E[S^2(t)S^2(t+\tau)] \tag{6.2.28a}$$

$$R_{S\times N}(\tau)=4b^2R_S(\tau)R_N(\tau)+2b^2\sigma_S^2\sigma_N^2 \tag{6.2.28b}$$

$$R_{N\times N}(\tau)=b^2R_{N^2}(\tau)=b^2E[N^2(t)N^2(t+\tau)] \tag{6.2.28c}$$

容易看出，$b^2R_{S^2}(\tau)$ 是信号本身相互作用引起的；$b^2R_{N^2}(\tau)$ 是噪声本身相互作用引起的；$4b^2R_S(\tau)R_N(\tau)+2b^2\sigma_S^2\sigma_N^2$ 是信号与噪声相互作用引起的。

平方律检波器输出端的功率谱密度为

$$G_Y(\omega)=G_{S\times S}(\omega)+G_{S\times N}(\omega)+G_{N\times N}(\omega) \tag{6.2.29}$$

式中

$$G_{S\times S}(\omega)=b^2\int_{-\infty}^{\infty}R_{S^2}(\tau)\mathrm{e}^{-\mathrm{j}\omega\tau}\mathrm{d}\tau \tag{6.2.30}$$

$$G_{N\times N}(\omega)=b^2\int_{-\infty}^{\infty}R_{N^2}(\tau)\mathrm{e}^{-\mathrm{j}\omega\tau}\mathrm{d}\tau \tag{6.2.31}$$

$$\begin{aligned}G_{S\times N}(\omega)&=4b^2\int_{-\infty}^{\infty}R_S(\tau)R_N(\tau)\mathrm{e}^{-\mathrm{j}\omega\tau}\mathrm{d}\tau+4\pi b^2\sigma_S^2\sigma_N^2\delta(\omega)\\&=\frac{2b^2}{\pi}\int_{-\infty}^{\infty}G_N(\omega')G_S(\omega-\omega')\mathrm{d}\omega'+4\pi b^2\sigma_S^2\sigma_N^2\delta(\omega)\end{aligned} \tag{6.2.32}$$

式中，$G_S(\omega)$ 和 $G_N(\omega)$ 分别是输入信号和噪声的功率谱密度。$G_{S\times N}(\omega)$ 项的存在，表明由于输入信号的出现，使输出噪声增大，但由于使用场合的不同，有时我们又可以把这一项归并到信号中去。

【例 6.1】 现假定输入是等幅正弦信号

$$X(t)=a\cos(\omega_0 t+\varphi)$$

式中，a，ω_0 是常数，φ 为在 $0\leqslant\varphi\leqslant 2\pi$ 均匀分布的随机变量。输入噪声为零均值的平稳高斯噪声，信号与噪声彼此不相关。试讨论平方律检波器输出信号的均值、方差、相关函数和功率谱密度。

解：为了确定平方律检波器输出的自相关函数，需要知道输入信号的自相关函数。根据定义，输入信号的自相关函数为

$$\begin{aligned}R_X(t_1,t_2)&=E[a\cos(\omega_0 t_1+\varphi)a\cos(\omega_0 t_2+\varphi)]\\&=\frac{a^2}{2}\cos\omega_0(t_2-t_1)\end{aligned}$$

即

$$R_X(\tau)=\frac{a^2}{2}\cos\omega_0\tau$$

输入信号平方的自相关函数为

$$\begin{aligned}E[(X^2(t_1)X^2(t_2)]&=a^4E[\cos^2(\omega_0 t_1+\varphi)\cos^2(\omega_0 t_2+\varphi)]\\&=\frac{a^4}{4}+\frac{a^4}{8}\cos2\omega_0(t_1-t_2)=\frac{a^4}{4}+\frac{a^4}{8}\cos2\omega_0\tau\end{aligned}$$

式中，$\tau=t_2-t_1$。

输入噪声平方的自相关函数为

$$R_{N^2}(\tau)=\sigma_N^4+2R_N^2(\tau)$$

输出信号的自相关函数为

$$R_Y(\tau)=b^2\left(\frac{a^2}{2}+\sigma_N^2\right)^2+2b^2R_N^2(\tau)+2b^2a^2R_N(\tau)\cos\omega_0\tau+\frac{a^4b^2}{8}\cos2\omega_0\tau \tag{6.2.33}$$

则其相应的功率谱密度为

$$G_{N\times N}(\omega)=\frac{b^2}{\pi}\int_{-\infty}^{\infty}G_N(\omega')G_N(\omega-\omega')\mathrm{d}\omega'+2\pi b^2\sigma_N^4\delta(\omega) \tag{6.2.34}$$

$$\begin{aligned}G_{S\times N}(\omega)&=\frac{2b^2}{\pi}\int_{-\infty}^{\infty}G_N(\omega')G_S(\omega-\omega')\mathrm{d}\omega'+2\pi b^2a^2\sigma_N^2\delta(\omega)\\&=\frac{2b^2}{\pi}\int_{-\infty}^{\infty}G_N(\omega')\frac{a^2}{4}[\delta(\omega-\omega'-\omega_0)+\delta(\omega-\omega'+\omega_0)]\mathrm{d}\omega'+4\pi b^2a^2\sigma_N^2\delta(\omega)\\&=\frac{2b^2}{\pi}a^2[G_N(\omega-\omega_0)+G_N(\omega+\omega_0)]+2\pi b^2a^2\sigma_N^2\delta(\omega)\end{aligned} \tag{6.2.35}$$

$$G_{S\times S}(\omega)=2\pi\frac{a^4b^2}{4}\delta(\omega)+\frac{a^4b^2}{16}[\delta(\omega-2\omega_0)+\delta(\omega+2\omega_0)] \tag{6.2.36}$$

$$\begin{aligned}G_Y(\omega)=&2\pi b^2\left(\frac{a^4}{2}+\sigma_N^2\right)^2\delta(\omega)+\frac{b^2}{\pi}\int_{-\infty}^{\infty}G_N(\omega')G_N(\omega-\omega')\mathrm{d}\omega'\\&+\frac{b^2}{2\pi}a^2[G_N(\omega-\omega_0)+G_N(\omega+\omega_0)]\\&+\frac{a^4b^2}{16}[\delta(\omega-2\omega_0)+\delta(\omega+2\omega_0)]\end{aligned} \tag{6.2.37}$$

容易看出

$$E[Y(t)]=b\left(\frac{a^2}{2}+\sigma_N^2\right) \tag{6.2.38}$$

当式(6.2.33)中的 $\tau=0$ 时,求得的自相关函数便是输出的均方值,即

$$E[Y^2(t)]=3b^2\left(\frac{a^4}{8}+a^2\sigma_N^2+\sigma_N^4\right) \tag{6.2.39}$$

所以,平方律检波器的方差为

$$\sigma_Y^2=E[Y^2(t)]-(E[Y(t)])^2=2b^2\left(\frac{a^4}{16}+a^2\sigma_N^2+\sigma_N^4\right)$$

6.2.2 平稳高斯过程作用于线性半检波器

大信号检波一般是应用二极管伏安特性的直线段,因此对应的是线性检波。现在,讨论一个单向的线性检波器(线性半波检波器),如图6.2所示,这种检波器的特性是

$$y=\begin{cases}bx, & x>0\\0, & x\leqslant 0\end{cases} \tag{6.2.40}$$

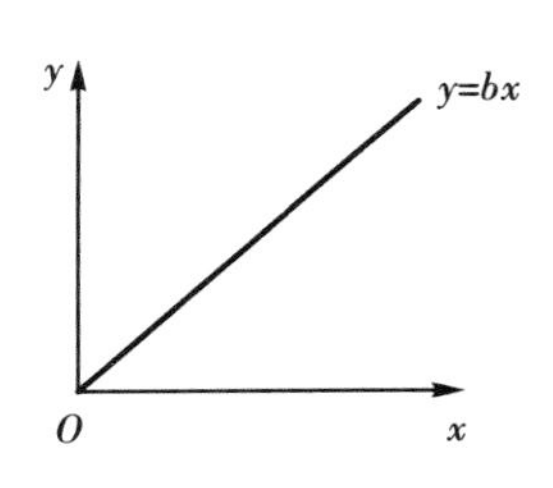

图6.2 线性半检波器特性

设 $X(t)$ 是均值为零、方差为 σ_X 的平稳高斯随机过程，它的概率密度为

$$f_X(x)=\frac{1}{\sqrt{2\pi}\sigma_X}e^{-\frac{x^2}{2\sigma_X^2}} \tag{6.2.41}$$

输出过程 $Y(t)$ 的概率分布函数为

$$F(y,t)=P\{Y(t)\leqslant y\}=\begin{cases}0 & y<0\\ \int_{-\infty}^{0}\frac{1}{\sqrt{2\pi}\sigma_X}e^{-\frac{x^2}{2\sigma_X^2}}dx & y=0\\ \int_{0}^{y/b}\frac{1}{\sqrt{2\pi}\sigma_X}e^{-\frac{x^2}{2\sigma_X^2}}dx & y>0\end{cases} \tag{6.2.42}$$

输出过程 $Y(t)$ 的概率密度为

$$f_Y(y,t)=\frac{1}{2}\delta(y)+\frac{u(y)}{b\sigma_X\sqrt{2\pi}}e^{-\frac{y^2}{2b^2\sigma_X^2}} \tag{6.2.43}$$

式中，$\delta(y)$ 和 $u(y)$ 分别为冲激函数和阶跃函数。输出端过程的均值和方差为

$$E[Y(t)]=\int_{-\infty}^{\infty}bxf_X(x)dx=\frac{b}{\sigma_X\sqrt{2\pi}}\int_0^{\infty}xe^{-\frac{x^2}{2\sigma_X^2}}dx=\frac{b}{\sqrt{2\pi}}\sigma_X \tag{6.2.44}$$

$$E[Y^2(t)]=\int_{-\infty}^{\infty}b^2x^2f_X(x)dx=\frac{b^2}{\sigma_X\sqrt{2\pi}}\int_0^{\infty}x^2e^{-\frac{x^2}{2\sigma_X^2}}dx=\frac{b^2\sigma_X^2}{\sqrt{2\pi}}\sqrt{\frac{\pi}{2}}=\frac{b^2}{2}\sigma_X^2 \tag{6.2.45}$$

$$\sigma_Y^2=E[Y^2(t)]-(E[Y(t)])^2=\frac{b^2\sigma_X^2}{2}-\frac{b^2\sigma_X^2}{2\pi}=\frac{b^2\sigma_X^2}{2}(1-\frac{1}{\pi}) \tag{6.2.46}$$

非线性系统输出的自相关函数为

$$R_Y(\tau)=\int_{-\infty}^{\infty}\int_{-\infty}^{\infty}bx_1bx_2f_X(x_1,x_2;\tau)dx_1dx_2 \tag{6.2.47}$$

已知正态随机过程的二维概率密度为

$$f_X(x_1,x_2;\tau)=\frac{1}{2\pi\sigma_X^2\sqrt{1-r_X^2(\tau)}}\times\exp\left\{-\frac{x_1^2+x_2^2-2r_X(\tau)x_1x_2}{2\sigma_X^2[1-r_X^2(\tau)]}\right\} \tag{6.2.48}$$

式中，$r_X(\tau)$ 是输入平稳随机过程的相关系数，σ_X^2 是输入平稳随机过程的方差。令 $z_1=x_1/\sigma_X$，$z_2=x_2/\sigma_X$，则

$$\begin{aligned}R_Y(\tau)&=\int_0^{\infty}\int_0^{\infty}b^2\sigma_X^2\frac{z_1z_2}{2\pi\sqrt{[1-r_X^2(\tau)]}}\exp\left\{-\frac{[z_1^2+z_2^2-2r_X(\tau)z_1z_2]}{2[1-r_X^2(\tau)]}\right\}dz_1dz_2\\&=\int_0^{\infty}\int_0^{\infty}b^2\sigma_X^2z_1z_2f_z(z_1,z_2,t)dz_1dz_2\end{aligned} \tag{6.2.49}$$

式中

$$f_z(z_1,z_2;\tau)=\frac{1}{2\pi\sqrt{[1-r_X^2(\tau)]}}\exp\left\{-\frac{[z_1^2+z_2^2-2r_X(\tau)z_1z_2]}{2[1-r_X^2(\tau)]}\right\} \tag{6.2.50}$$

现利用厄米特多项式求解上式。厄米特多项式各项的定义为

$$H_k(z)=(-1)^k \mathrm{e}^{\frac{z^2}{2}}\frac{\mathrm{d}^k}{\mathrm{d}z^k}(\mathrm{e}^{-\frac{z^2}{2}})\quad k=0,1,2,\cdots \tag{6.2.51}$$

各项间的递推公式为

$$H_{k+1}(z)=zH_k(z)-kH_{k-1}(z) \tag{6.2.52}$$

式中，$H_0(z)=1$，$H_1(z)=z$。可证厄米特多项式具有正交性，即

$$\int_{-\infty}^{\infty}H_j(z)H_k(z)\mathrm{e}^{-\frac{z^2}{2}}\mathrm{d}z=\begin{cases}k!\ \sqrt{2\pi} & j=k\\ 0 & j\neq k\end{cases} \tag{6.2.53}$$

z_1,z_2 的联合概率密度和联合特征函数是一二维傅里叶变换对。z_1,z_2 的联合特征函数为

$$\Phi_X(\omega_1,\omega_2;\tau)=\exp\{-\frac{1}{2}[\omega_1^2+2r_X(\tau)\omega_1\omega_2+\omega_2^2]\} \tag{6.2.54}$$

因此，得

$$f_Z(z_1,z_2;\tau)=\frac{1}{(2\pi)^2}\int_{-\infty}^{\infty}\int_{-\infty}^{\infty}\mathrm{e}^{-\frac{1}{2}[\omega_1^2+2r_X(\tau)\omega_1\omega_2+\omega_2^2]}\mathrm{e}^{-\mathrm{j}(\omega_1z_1+\omega_2z_2)}\mathrm{d}\omega_1\mathrm{d}\omega_2 \tag{6.2.55}$$

将 $\mathrm{e}^{-r_X(\tau)\omega_1\omega_2}$ 展成麦克劳林级数，即

$$\mathrm{e}^{-r_X(\tau)\omega_1\omega_2}=\sum_{k=0}^{\infty}\frac{[-r_X(\tau)]^k}{k!}(\omega_1\omega_2)^k \tag{6.2.56}$$

于是

$$f_Z(z_1,z_2;\tau)=\sum_{k=0}^{\infty}\frac{[-r_X(\tau)]^k}{k!}\left[\frac{1}{2\pi}\int_{-\infty}^{\infty}\omega_1^k\mathrm{e}^{-\frac{\omega_1^2}{2}-\mathrm{j}\omega_1z_1}\mathrm{d}\omega_1\right]\left[\frac{1}{2\pi}\int_{-\infty}^{\infty}\omega_2^k\mathrm{e}^{-\frac{\omega_2^2}{2}-\mathrm{j}\omega_2z_2}\mathrm{d}\omega_2\right] \tag{6.2.57}$$

现将方括号内的积分变为厄米特多项式，均值为零、方差为 1 的高斯过程的一维特征函数为

$$\Phi(\omega)=\mathrm{e}^{-\frac{\omega^2}{2}} \tag{6.2.58}$$

因此，有

$$\frac{1}{2\pi}\int_{-\infty}^{\infty}\omega^k\mathrm{e}^{-\frac{\omega^2}{2}-\mathrm{j}\omega z}\mathrm{d}\omega=\frac{1}{\sqrt{2\pi}}\mathrm{e}^{-\frac{z^2}{2}} \tag{6.2.59}$$

上式两边分别对 z 求 k 次导数，得

$$\frac{1}{\sqrt{2\pi}}\frac{\mathrm{d}^k}{\mathrm{d}z^k}(\mathrm{e}^{-\frac{z^2}{2}})=\frac{(-j)^k}{\sqrt{2\pi}}\int_{-\infty}^{\infty}\omega^k\mathrm{e}^{-\frac{\omega^2}{2}-\mathrm{j}z\omega}\mathrm{d}\omega=\frac{1}{\sqrt{2\pi}\,j^k}\mathrm{e}^{-\frac{z^2}{2}}H_k(z) \tag{6.2.60}$$

于是

$$f_Z(z_1,z_2;\tau)=\sum_{k=0}^{\infty}\frac{r_X^k(\tau)}{k!}\frac{1}{2\pi}H_k(z_1)\mathrm{e}^{-\frac{z_1^2}{2}}H_k(z_2)\mathrm{e}^{-\frac{z_2^2}{2}} \tag{6.2.61}$$

所以

$$R_Y(\tau)=\sum_{k=0}^{\infty}\frac{r_X^k(\tau)}{k!}\left[\int_0^{\infty}b\sigma_X z_1\cdot\frac{1}{2\pi}H_k(z_1)\mathrm{e}^{-\frac{z_1^2}{2}}\mathrm{d}z_1\right]\left[\int_0^{\infty}b\sigma_X z_2\cdot H_k(z_2)\mathrm{e}^{-\frac{z_2^2}{2}}\mathrm{d}z_2\right]$$

$$=\sum_{k=0}^{\infty}\frac{r_X^k(\tau)}{k!}\left[\int_0^{\infty}b\sigma_X z\cdot\frac{1}{\sqrt{2\pi}}H_k(z)\mathrm{e}^{-\frac{z^2}{2}}\mathrm{d}z\right]^2$$

$$=\sum_{k=0}^{\infty}\frac{r_X^k(\tau)}{k!}C_k^2 \tag{6.2.62}$$

式中

$$C_k=\frac{1}{\sqrt{2\pi}}\int_0^{\infty}b\sigma_X zH_k(z)\mathrm{e}^{-\frac{z^2}{2}}\mathrm{d}z \tag{6.2.63}$$

常见的几个 C_k 值

$$C_0=\frac{1}{\sqrt{2\pi}}\int_0^{\infty}b\sigma_X z\cdot 1\cdot\mathrm{e}^{-\frac{z^2}{2}}\mathrm{d}z=\frac{b\sigma_X}{\sqrt{2\pi}}$$

$$C_1=\frac{1}{\sqrt{2\pi}}\int_0^{\infty}b\sigma_X zz\mathrm{e}^{-\frac{z^2}{2}}\mathrm{d}z=\frac{b\sigma_X}{2}$$

$$C_2=\frac{1}{\sqrt{2\pi}}\int_0^{\infty}b\sigma_X z(z^2-1)\mathrm{e}^{-\frac{z^2}{2}}\mathrm{d}z=\frac{b\sigma_X}{\sqrt{2\pi}}$$

$$C_3=\frac{1}{\sqrt{2\pi}}\int_0^{\infty}b\sigma_X z(z^3-3z)\mathrm{e}^{-\frac{z^2}{2}}\mathrm{d}z=0$$

$$C_4=\frac{1}{\sqrt{2\pi}}\int_0^{\infty}b\sigma_X z(z^4-6z^2+3)\mathrm{e}^{-\frac{z^2}{2}}\mathrm{d}z=-\frac{b\sigma_X}{\sqrt{2\pi}}$$

将这些表达式代入式(6.2.63)，再加以合并，就可得出 $R_Y(\tau)$ 的幂级数表达式，它的前几项是

$$R_Y(\tau)=\frac{b^2\sigma_X^2}{2\pi}[1+\frac{\pi}{2}r_X(\tau)+\frac{1}{2}r_X^2(\tau)+\frac{1}{4!}r_X^4(\tau)+\cdots] \tag{6.2.64}$$

因为 $|r_X(\tau)|\leqslant 1$，所以级数高于二次幂的项会是很小的，因此可以作合理的近似，即

$$R_Y(\tau) \approx \frac{b^2\sigma_X^2}{2\pi} + \frac{b^2\sigma_X^2}{4} r_X(\tau) + \frac{b^2\sigma_X^2}{4\pi} r_X^2(\tau) \tag{6.2.65}$$

又

$$R_X(\tau) = \sigma_X^2 r_X(\tau)$$

于是

$$R_Y(\tau) = \frac{b^2\sigma_X^2}{2\pi} + \frac{b^2}{4} R_X(\tau) + \frac{b^2}{4\pi\sigma_X^2} R_X^2(\tau) + \frac{b^2}{48\pi\sigma_X^6} R_X^4(\tau) \tag{6.2.66}$$

该式表明:线性半波检波器的输出,除基波分量还有低频和高次谐波分量。上式不仅适于窄带过程,而且适于一般宽带过程,主要取决于输入端随机过程相关系数 $r_X(\tau)$ 的性质。式中右边第一项与 $r_X(\tau)$ 无关。实际上,它就是检波器输出端出现的随机过程平均值的平方,即均值为

$$E[Y(t)] = \frac{b\sigma_X}{\sqrt{2\pi}} \tag{6.2.67}$$

$$\{E[Y(t)]\}^2 = \frac{b^2\sigma_X^2}{2\pi} \tag{6.2.68}$$

若只考虑 $R_Y(\tau)$ 中起伏部分的相关函数,即

$$R_{Y\sim}(\tau) = \frac{b^2\sigma_X^2}{2\pi}\left[\frac{\pi}{2} r_X(\tau) + \frac{1}{2} r_X^2(\tau) + \frac{1}{4!} r_X^4(\tau) + \cdots\right] \tag{6.2.69}$$

由式(6.2.46)得

$$\sigma_X^2 = \frac{2\pi}{\pi - 1} \cdot \frac{\sigma_Y^2}{b^2} \tag{6.2.70}$$

于是

$$\begin{aligned} R_{Y\sim}(\tau) &= \frac{\sigma_Y^2}{\pi - 1}\left[\frac{\pi}{2} r_X(\tau) + \frac{1}{2} r_X^2(\tau) + \frac{1}{4!} r_X^4(\tau) + \cdots\right] \\ &= \sigma_Y^2 [0.734 r_X(\tau) + 0.233 r_X^2(\tau) + 0.0194 r_X^4(\tau) + \cdots] \end{aligned} \tag{6.2.71}$$

在 $\tau = 0$ 时,$r_X(0) = 1$,故得

$$R_{Y\sim}(\tau) \approx 0.986\sigma_Y^2 \tag{6.2.72}$$

这说明,所得的关系式是一个收敛很快的级数,它的前三项就占了输出端起伏强度的 98%。因此,用无穷级数展开的 $R_Y(\tau)$ 的表示式,只要取前三项已经足够了。

在雷达、通信等接收系统中,检波前大多是窄带选择系统(窄带中放)。因此,作用于检波器的窄带随机过程相关系数为

$$r_X(\tau) = r_0(\tau)\cos(\omega_0\tau) \tag{6.2.73}$$

式中,$r_0(\tau)$ 取决于窄带中放的频率特性,是相关系数的包络,ω_0 是中放的中心频率。将式(6.2.73)代入式(6.2.69),得

$$R_{Y\sim}(\tau)=\frac{b^2\sigma_X^2}{2\pi}[\frac{\pi}{2}r_0(\tau)\cos(\omega_0\tau)+\frac{1}{2}r_0^2(\tau)\cos^2(\omega_0\tau)+\frac{1}{4!}r_0^4(\tau)\cos^4(\omega_0\tau)+\cdots]$$

(6.2.74)

将上式取到级数的四次方项，并化简得

$$R_{Y\sim}(\tau)=\frac{b^2\sigma_X^2}{2\pi}\left\{[\frac{1}{4}r_0^2(\tau)+\frac{1}{16}r_0^4(\tau)]+\frac{\pi}{2}r_0(\tau)\cos(\omega_0\tau)+\frac{1}{4}[r_0^2(\tau)+\frac{r_0^4(\tau)}{12}]\cos(2\omega_0\tau)\right\}$$

(6.2.75)

检波器输出端的低频分量为

$$R_{Y\sim}(\tau)=\frac{b^2\sigma_X^2}{8\pi}[r_0^2(\tau)+\frac{1}{16}r_0^4(\tau)] \tag{6.2.76}$$

下面分两种情况讨论：

1. 具有理想矩形频率特性的线性系统

在一个具有理想矩形频率特性的线性系统输出端，平稳高斯随机过程的相关系数为

$$r(\tau)=\frac{\sin\frac{\Delta\omega}{2}\tau}{\frac{\Delta\omega}{2}\tau}\cos\omega_0\tau \tag{6.2.77}$$

检波器输出端的自相关函数为

$$R_{Y\sim}(\tau)\approx\frac{b^2\sigma_X^2}{2\pi}\left\{\frac{1}{4}\left[\frac{\sin\frac{\Delta\omega}{2}\tau}{\frac{\Delta\omega}{2}\tau}\right]^2+\frac{1}{64}\left[\frac{\sin\frac{\Delta\omega}{2}\tau}{\frac{\Delta\omega}{2}\tau}\right]^4\right\} \tag{6.2.78}$$

若略去四次方项，则相应的单边带功率谱密度为

$$G_Y(\omega)=\frac{b^2\sigma_X^2}{2\pi}\int_0^\infty\left[\frac{\sin\frac{\Delta\omega}{2}\tau}{\frac{\Delta\omega}{2}\tau}\right]^2\cos\omega\tau\,d\tau \tag{6.2.79}$$

2. 具有高斯频率特性的线性系统

在一个具有高斯频率特性的线性系统输出端，高斯随机过程的相关系数为

$$r(\tau)=e^{-\frac{\beta^2\tau^2}{4}\cos\omega_0\tau} \tag{6.2.80}$$

式中，β 是一个决定频率特性宽度的参数。

同理，将式(6.2.80)相关系数的包络代入式(6.2.76)，中频放大器具有高斯频率特性，则检波器输出端的自相关函数为

$$R_{Y\sim}(\tau)\approx\frac{b^2\sigma_X^2}{8\pi}e^{-\frac{\beta^2\tau^2}{2}} \tag{6.2.81}$$

其相应的功率谱密度为

$$G_Y(\omega)=4\int_0^{\infty}\frac{b^2\sigma_X^2}{8\pi}e^{-\frac{\beta^2\tau^2}{2}}\cos\omega\tau\,d\tau \tag{6.2.82}$$

图 6.3 所示的功率谱图，是在系统频带内具有均匀功率谱密度的噪声，通过理想矩形频率特性的线性系统后，又经过线性检波器，在检波器输出端得到噪声低频功率谱密度。

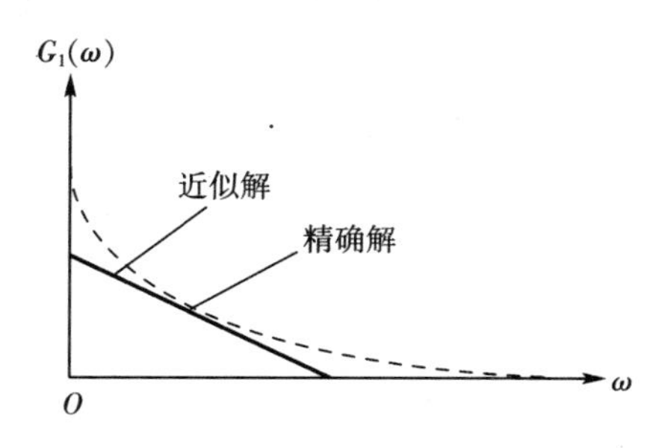

图 6.3　具有窄带矩形功率的噪声，经线性检波后的低频噪声功率谱

【例 6.2】　设 $X(t)$ 是均值为零的正态平稳随机过程，其自相关函数为 $R_X(\tau)$，对 $X(t)$ 构成如下非线性运算

$$Y(t)=\begin{cases}1, & X(t)\geqslant 0\\ -1, & X(t)<0\end{cases}$$

求 $Y(t)$ 的均值和相关函数。

解：$Y(t)$ 可看成是串联有无限增益放大器的对称限幅器的输出。容易看出 $Y(t)$ 的平均值等于零而它的自相关为

$$E\{Y(t+\tau)Y(t)\}=1\cdot P\{X(t+\tau)X(t)>0\}-1\cdot P\{X(t+\tau)X(t)<0\}$$

因为随机变量 $X(t+\tau)$ 与 $X(t)$ 是联合正态的，具有相关系数

$$r_X(\tau)=\frac{R(\tau)}{R(0)}$$

设 $\sin\alpha=\dfrac{R(\tau)}{R(0)}$，这里 $-\dfrac{\pi}{2}<\alpha\leqslant\dfrac{\pi}{2}$，由二维联合正态随机变量的概率密度容易得出

$$E\{[Y(t+\tau)Y(t)]=\frac{1}{2}+\frac{\alpha}{\pi}-(\frac{1}{2}-\frac{\alpha}{\pi})=\frac{2\alpha}{\pi}$$

故

$$R_Y(\tau)=\frac{2}{\pi}\arcsin\frac{R(\tau)}{R(0)}$$

这个结果就是通常所说的反正弦定律。

6.3 非线性系统输出信号分析的特征函数法

6.3.1 拉普拉斯变换

6.2 节所讲的直接法是运用非线性系统本身的特性，直接与输入端的概率相乘求其积分，以得到输出端的统计特性。因此，它只限于 $f(x)$ 是较为简单的函数，积分难度不大的情况。对较为复杂的非线性变换问题时，采用直接法求解往往会出现积分运算上的困难。这些问题中的部分重要情况，有时可通过的特征函数法去解决。

若 $y=f(x)$ 为某非线性系统的传输特性，函数 $f(x)$ 在任意有限区间分段光滑且满足绝对可积条件，即

$$\int_{-\infty}^{\infty} | f(x) | \mathrm{d}x < +\infty \tag{6.3.1}$$

那么，传输特性 $f(x)$ 的傅里叶变换 $F(\omega)$ 存在，且

$$F(\omega)=\int_{-\infty}^{\infty} f(x)\mathrm{e}^{-\mathrm{j}\omega x}\,\mathrm{d}x \tag{6.3.2}$$

于是，非线性系统的输出特性可以借助于傅里叶反变换得到，有

$$y=f(x)=\frac{1}{2\pi}\int_{-\infty}^{\infty} F(\omega)\mathrm{e}^{\mathrm{j}\omega x}\,\mathrm{d}\omega \tag{6.3.3}$$

我们称 $F(\omega)$ 为该非线性系统的转移函数。

在许多重要情况中，其传输特性 $f(x)$ 不是绝对可积的，因而它的傅里叶变换不存在，当然也就无法用式(6.3.3)来定义转移函数。

首先，假定 $f(x)$ 在$(-\infty,+\infty)$上不是绝对可积的，且当 $x<0$ 时，$f(x)=0$。此时，我们可以将 $f(x)$ 乘以 $\mathrm{e}^{-\beta x}(\beta>0)$，使辅助函数 $f(x)\mathrm{e}^{-\beta x}$ 满足绝对可积条件。因此辅助函数 $f(x)\mathrm{e}^{-\beta x}$ 的转移函数 $F_{\lambda}(\omega)$ 存在，有

$$\begin{aligned} F_{\lambda}(\omega) &= \int_{-\infty}^{\infty} f(x)\mathrm{e}^{-\mathrm{j}\omega x}\,\mathrm{e}^{-\beta x}\,\mathrm{d}x \\ &= \int_{0}^{\infty} f(x)\mathrm{e}^{-(\beta+\mathrm{j}\omega)x}\,\mathrm{d}x \end{aligned} \tag{6.3.4}$$

令 $s=\beta+\mathrm{j}\omega$，记作 $F_{\beta}(s)=F(s)$，有

$$F(s)=\int_{0}^{\infty} f(x)\mathrm{e}^{-sx}\,\mathrm{d}x \tag{6.3.5}$$

式(6.3.5)即是 $f(x)$ 的拉普拉斯变换，而拉普拉斯反变换为

$$F(x)=\frac{1}{2\pi j}\int_{\beta-\mathrm{j}\infty}^{\beta+\mathrm{j}\infty} f(s)\mathrm{e}^{sx}\,\mathrm{d}x \tag{6.3.6}$$

综上所述，对当 $x<0$ 时，$f(x)=0$ 的传输特性，其转移函数可定义为 $f(x)$ 的单边拉普拉斯变换，如式(6.3.5)所表示的 $F(s)$。

此外，若 $f(x)$ 在$(-\infty,+\infty)$上不绝对可积，且当 $x<0$ 时 $f(x)$ 不为零。这时式(6.3.5)就不能用了。在这种情况下，可定义半波传输特性为

$$f_{+}(x)=\begin{cases}f(x), & x>0\\ 0, & x\leqslant 0\end{cases}\tag{6.3.7}$$

$$f_{-}(x)=\begin{cases}0, & x\geqslant 0\\ \varphi(x), & x<0\end{cases}\tag{6.3.8}$$

于是有

$$f(x)=f_{+}(x)+f_{-}(x)\tag{6.3.9}$$

函数 $f_{+}(x)$ 和 $f_{-}(x)$ 的单边拉普拉斯变换是存在的，有

$$F_{+}(s)=\int_{0}^{\infty}f_{+}(x)\mathrm{e}^{-sx}\mathrm{d}x\tag{6.3.10}$$

设它在 $\mathrm{Re}(s)=\beta>a$ 时收敛。而

$$F_{-}(s)=\int_{-\infty}^{0}f_{-}(x)\mathrm{e}^{-sx}\mathrm{d}x\tag{6.3.11}$$

在 $\mathrm{Re}(s)=\beta<b$ 时收敛，这样，给定系统的转移函数可看作是一对函数 $F_{+}(s)$ 和 $F_{-}(s)$，而传输特性为

$$f(x)=\frac{1}{2\pi j}\int_{\beta_1-\mathrm{j}\infty}^{\beta_1+\mathrm{j}\infty}F_{+}(s)\mathrm{e}^{sx}\mathrm{d}s+\frac{1}{2\pi j}\int_{\beta_2-\mathrm{j}\infty}^{\beta_2+\mathrm{j}\infty}F_{-}(s)\mathrm{e}^{sx}\mathrm{d}s\tag{6.3.12}$$

式中，$\beta_1>a$，$\beta_2<b$。

如果 $a<b$ 成立的 $f(x)$ 在 $a<\mathrm{Re}(s)<b$ 内，$F_{+}(s)$ 与 $F_{-}(s)$ 同时收敛，这时可以相应的定义系统的转移函数为 $f(x)$ 的双边拉普拉斯变换，即

$$F(s)=F_{+}(s)+F_{-}(s)=\int_{-\infty}^{\infty}f(x)\mathrm{e}^{-sx}\mathrm{d}x\tag{6.3.13}$$

$F(s)$ 在 s 平面的带形或 $a<\mathrm{Re}(s)<b$ 内收敛。下面举例说明这个问题。

【例 6.3】 已知非线性系统的传输特性为

$$f(x)=\begin{cases}f_{+}(x)=1, & x>0\\ f_{-}(x)=\mathrm{e}^{x}, & x<0\end{cases}$$

讨论系统的转移函数的收敛域。

解

$$f_{-}(x)=\begin{cases}0, & x\geqslant 0\\ \mathrm{e}^{x}, & x<0\end{cases}$$

$$f_{+}(x)=\begin{cases}1, & x>0\\ 0, & x\leqslant 0\end{cases}$$

$$F_-(s)=\int_{-\infty}^{0}\mathrm{e}^{x}\mathrm{e}^{-sx}\,\mathrm{d}x=\frac{1}{1-s}\mathrm{e}^{(1-s)x}\Big|_{-\infty}^{0}$$

因 $s=\beta+\mathrm{j}\omega$ 故

$$F_-(s)=\frac{1}{1-\beta-\mathrm{j}\omega}\mathrm{e}^{(1-\beta-\mathrm{j}\omega)x}\Big|_{-\infty}^{0}=\frac{1}{1-s}\quad(\beta<1)$$

当 $\mathrm{Re}(s)=\beta<1(=b)$ 时，$F_-(s)$ 存在。而

$$F_+(s)=\int_{0}^{\infty}\mathrm{e}^{-sx}\,\mathrm{d}x=\frac{1}{s}(1-\mathrm{e}^{-sx})\Big|_{x\to\infty}=\frac{1}{s}\quad(\beta>0)$$

当 $\mathrm{Re}(s)=\beta>0(=a)$ 时，$F_+(s)$ 存在。所在，在 $0<\beta<1$ 时，双边拉普拉斯变换 $F(s)$ 存在，即

$$F(s)=\int_{-\infty}^{\infty}f(x)\mathrm{e}^{-sx}\,\mathrm{d}x$$

$F(s)$ 的收敛域，如图 6.4 所示。

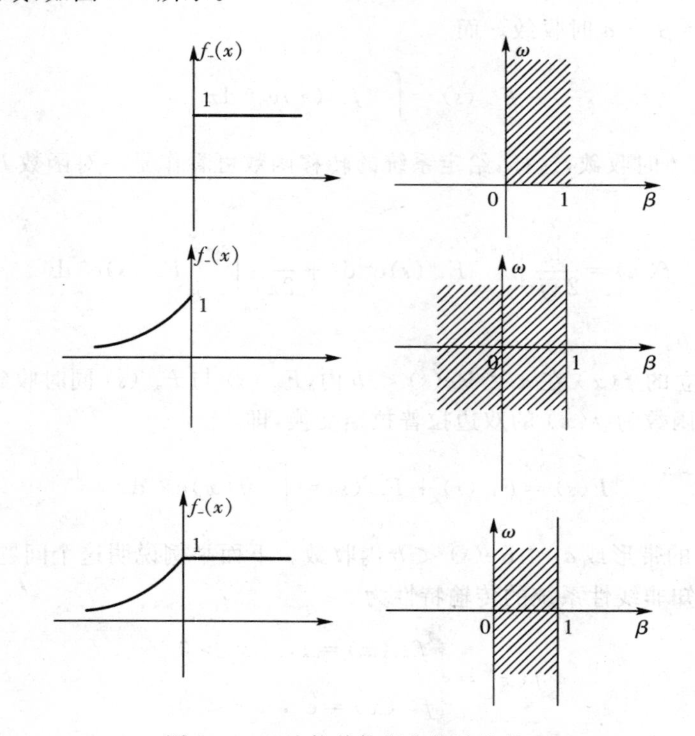

图 6.4　双边拉普拉斯变换的收敛区

综上所述，运用非线性系统的传输特性 $f(x)$ 求转移函数时，应视 $f(x)$ 的性质而决定采用傅里叶变换、单边拉普拉斯变换或双边拉普拉斯变换。

6.3.2　非线性系统输出自相关函数的一般形式

根据自相关函数的定义，非线性系统输出端的自相关函数为

$$R_Y(\tau)=E[Y(t)Y(t+\tau)]\qquad(6.3.14)$$

将式(6.3.3)代入上式得到

$$R_Y(\tau)=E\left[\frac{1}{2\pi}\int_{-\infty}^{+\infty}F(\omega_1)\mathrm{e}^{\mathrm{j}\omega_1 X(t)}\mathrm{d}\omega_1\cdot\frac{1}{2\pi}\int_{-\infty}^{+\infty}F(\omega_2)\mathrm{e}^{\mathrm{j}\omega_2 X(t+\tau)}\mathrm{d}\omega_2\right]$$

$$=\frac{1}{4\pi^2}\int_{-\infty}^{+\infty}F(\omega_1)\mathrm{d}\omega_1\int_{-\infty}^{+\infty}F(\omega_2)E[\mathrm{e}^{\mathrm{j}\omega_1 X(t)+\mathrm{j}\omega_2 X(t+\tau)}]\mathrm{d}\omega_2 \tag{6.3.15}$$

令

$$E[\mathrm{e}^{\mathrm{j}\omega_1 X(t)+\mathrm{j}\omega_2 X(t+\tau)}]=\Phi_2(\omega_1,\omega_2,\tau)$$

$\Phi_2(\omega_1,\omega_2,\tau)$ 正是随机过程 $X(t)$ 的二维特征函数,所以 $R_Y(\tau)$ 又可以写成

$$R_Y(\tau)=\frac{1}{4\pi^2}\int_{-\infty}^{+\infty}F(\omega_1)\mathrm{d}\omega_1\int_{-\infty}^{+\infty}F(\omega_2)\Phi_2(\omega_1,\omega_2,\tau)\mathrm{d}\omega_2 \tag{6.3.16}$$

式中,转移函数是用傅里叶变换表示的,如果用拉普拉斯变换求转移函数,则 $R_Y(\tau)$ 可以写成

$$R_Y(\tau)=\frac{1}{(2\pi j)^2}\int_D F(s_1)\int_D F(s_2)\Phi_2(s_1,s_2,\tau)\mathrm{d}s_1\mathrm{d}s_2 \tag{6.3.17}$$

式中,s_1,s_2 是用复变量表示的关系式,D 代表在复平面上积分路线的选取方法。这种分析随机信号通过非线性系统的方法,我们常称为特征函数法。这是因为在表示式中,出现了随机过程的二维特征函数。

6.3.3　高斯噪声通过非线性系统输出的自相关函数

设输入 $X(t)$ 为零均值平稳高斯噪声,它的二维特征函数是

$$\Phi_2(s_1,s_2,\tau)=\mathrm{e}^{\frac{1}{2}[s_1^2+s_2^2+2s_1s_2R_X(\tau)]} \tag{6.3.18}$$

式中,$R_X(\tau)=E[X(t)X(t+\tau)]$ 且假定 $E[X^2(t)]=1,E[X(t)]=0$

将式(6.3.18)代入式(6.3.17)得

$$R_Y(\tau)=\frac{1}{(2\pi j)^2}\int_D F(s_1)\mathrm{d}s_1\int_D F(s_2)\mathrm{e}^{\frac{1}{2}[s_1^2+s_2^2+2s_1s_2R_X(\tau)]}\mathrm{d}s_2 \tag{6.3.19}$$

将 $\mathrm{e}^{s_1s_2R_X(\tau)}$ 展成级数

$$\mathrm{e}^{s_1s_2R_X(\tau)}=\sum_{k=0}^{\infty}\frac{R_X^k(\tau)}{k!}(s_1s_2)^k \tag{6.3.20}$$

因此,当输入是高斯噪声时,非线性系统输出端的自相关函数可以写成

$$R_Y(\tau)=\sum_{k=0}^{\infty}\frac{R_X^k(\tau)}{k!\ (2\pi j)^2}\int_D F(s_1)s_1^k\mathrm{e}^{\frac{s_1^2}{2}}\mathrm{d}s_1\int_D F(s_2)s_2^k\mathrm{e}^{\frac{s_2^2}{2}}\mathrm{d}s_2 \tag{6.3.21}$$

【例 6.4】　设输入 $X(t)$ 为零均值、方差为 1 的平稳高斯白噪声,由特征函数法计算线性半检波器输出信号的自相关函数。

解:线性半检波器的传输特性是

$$f(x)=\begin{cases}bx & x\geqslant 0\\ 0 & x<0\end{cases}$$

由式(6.3.13)得到系统的转移函数

$$F(s)=\int_0^{\infty} f(x)\mathrm{e}^{-sx}\,\mathrm{d}x=\int_0^{\infty} bx\,\mathrm{e}^{-sx}\,\mathrm{d}x=\frac{b}{s^2}$$

输入 $X(t)$ 的二维特征函数,按式(6.3.18)特征函数为

$$\Phi_X(s_1,s_2;\tau)=\mathrm{e}^{\frac{1}{2}[s_1^2+s_2^2+2s_1s_2R_X(\tau)]}$$

现引入相关系数 $r_X(\tau)$,由它表征随机过程 $X(t)$ 在两个不同时刻的取值之间的线性关联程度。实际上,$r_X(\tau)$ 是将 $R_X(\tau)$ 归一化或标准化。

$$r_X(\tau)=\frac{R_X(\tau)-(E[X(t)])^2}{R_X(0)-(E[X(t)])^2}=\frac{R_X(\tau)-0}{1-0}=R_X(\tau)$$

显然

$$r_X(0)=1$$

$$|r_X(\tau)|\leqslant 1$$

于是,输出 $Y(t)$ 的特征函数为

$$\Phi_Y(s_1,s_2;\tau)=\mathrm{e}^{\frac{1}{2}[s_1^2+s_2^2+2s_1s_2R_Y(\tau)]}$$

式中

$$\begin{aligned}R_Y(\tau)&=\sum_{k=0}^{\infty}\frac{R_X^k(\tau)}{k!\,(2\pi j)^2}\int_D\frac{b}{s_1^2}s_1^k\mathrm{e}^{\frac{s_1^2}{2}}\mathrm{d}s_1\int_D\frac{b}{s_2^2}s_2^k\mathrm{e}^{\frac{s_2^2}{2}}\mathrm{d}s_2\\&=-\frac{b^2}{4\pi^2}\sum_{k=0}^{\infty}\frac{R_X^k(\tau)}{k!}\int_D s_1^{k-2}\mathrm{e}^{\frac{s_1^2}{2}}\mathrm{d}s_1\int_D s_2^{k-2}\mathrm{e}^{\frac{s_2^2}{2}}\mathrm{d}s_2\\&=-\frac{b^2}{4\pi^2}\sum_{k=0}^{\infty}\frac{R_X^k(\tau)}{k!}\left(\int_{k-j\infty}^{k+j\infty}s^{k-2}\mathrm{e}^{\frac{s^2}{2}}\mathrm{d}s\right)^2\\&=-\frac{b^2}{4\pi^2}\sum_{k=0}^{\infty}\frac{R_X^k(\tau)}{k!}c^2(k)\end{aligned}$$

式中

$$c(k)=\int_{k-j\infty}^{k+j\infty}s^{k-2}\mathrm{e}^{\frac{s^2}{2}}\mathrm{d}s \tag{6.3.22}$$

显然,$R_Y(\tau)$ 被展成了幂级数的形式,$c^2(k)$ 就是幂级数的系数,k 代表幂的次数。下面来求不同幂次 k 时的 $c(k)$ 值。

当 $k>2$ 时,式(6.3.22)中的被积函数在复平面上是解析的,因而根据该式中被积函数的特性和柯西古萨定理,可推得

$$\begin{aligned}c(k)&=2j^{k-1}\int_0^{\infty}\eta^{k-2}\mathrm{e}^{-\frac{\eta^2}{2}}\mathrm{d}\eta=2j^{k-1}\frac{1\times3\times5\times\cdots\times(k-2-1)}{2^{\frac{k-2}{2}+1}\left(\frac{1}{2}\right)^{\frac{k-2}{2}}}\sqrt{2\pi}\\&=j^{k-1}(k-3)!!\,\sqrt{2\pi}\end{aligned}$$

当 $k=2$ 时

$$c(2)=2j\int_0^{\infty}\mathrm{e}^{-\frac{\eta^2}{2}}\mathrm{d}\eta=j\sqrt{2\pi}$$

当 $k<2$ 时，被积函数在原点处不可积，需采用复变函数的积分进行计算。利用柯西积分公式，得

$$c(0)=\int_{\lambda-j\infty}^{\lambda+j\infty}s^{-2}\mathrm{e}^{\frac{s^2}{2}}\mathrm{d}s=-j\sqrt{2\pi}$$

$$c(1)=\int_{\lambda-j\infty}^{\lambda+j\infty}s^{-1}\mathrm{e}^{\frac{s^2}{2}}\mathrm{d}s=j\pi$$

将 $c(0),c(1),c(2),c(k)$ 代入 $R_Y(\tau)$，得到

$$R_Y(\tau)=-\frac{b^2}{4\pi^2}\Big\{(-j\sqrt{2\pi})^2+(j\pi)^2r(\tau)+(j\sqrt{2\pi})^2\frac{r^2(\tau)}{2}$$

$$+\sum_{k>2\text{偶数}}^{\infty}\frac{r^k(\tau)}{k!}\left[j^{k-1}(k-3)!!\sqrt{2\pi}\right]^2$$

令 $k=2n+2$，上式成为

$$R_Y(\tau)=\frac{b^2}{2\pi}+\frac{b^2}{4}r(\tau)+\frac{b^2}{4\pi}r^2(\tau)+\frac{b^2}{2\pi}\sum_{n=1}^{\infty}\frac{(2n-1)!!}{(2n+2)!!}\frac{r^{2n+2}(\tau)}{(2n+1)}$$

6.3.4 余弦信号加高斯噪声通过非线性系统输出的自相关函数

设系统输入为

$$X(t)=S(t)+N(t) \tag{6.3.23}$$

式中

$$S(t)=a(t)\cos[\omega_0 t+\theta] \tag{6.3.24}$$

式中，$a(t)$ 为余弦波的调制部分，ω_0 为载频，相位 θ 为 $(0,2\pi)$ 上的均匀分布随机变量。

噪声 $N(t)$ 是零均值平稳窄带高斯过程，噪声与信号互不相关。

信号与噪声的联合特征函数为

$$\Phi_X(s_1,s_2;\tau)=\Phi_S(s_1,s_2;\tau)\Phi_N(s_1,s_2;\tau) \tag{6.3.25}$$

式中，$\Phi_N(s_1,s_2;\tau)$ 是噪声的二维特征函数。$\Phi_S(s_1,s_2;\tau)$ 是信号的二维特征函数，即

$$\Phi_S(s_1,s_2;\tau)=E[\exp\{s_1S_1+s_2S_2\}] \tag{6.3.26}$$

式中，$S_1=S(t_1)=a(t_1)\cos(\omega_0t_1+\theta)$，$S_2=S(t_2)=a(t_2)\cos(\omega_0t_2+\theta)$，$\tau=t_2-t_1$。

利用雅可比－安格尔公式

$$\exp[z\cos\theta]=\sum_{m=0}^{\infty}\varepsilon_m I_m(z)\cos m\theta \tag{6.3.27}$$

式中，ε_m 是聂曼（Numann）因子，其中 $\varepsilon_0=1$，而 $\varepsilon_m=2(m=1,2,3,\cdots)$；$I_m(z)$ 是第一类 m 阶贝

塞尔函数，于是有

$$\Phi_S(s_1,s_2;\tau)=\sum_{m=0}^{\infty}\sum_{n=0}^{\infty}\varepsilon_m\varepsilon_n E[I_m(a_1s_1)I_n(a_2s_2)]\cdot$$

$$E[\cos m(\omega_0t_1+\theta)\cos n(\omega_0t_2+\theta)] \tag{6.3.28}$$

式中，$a_1=a(t_1)$，$a_2=a(t_2)$。由于

$$E[\cos m(\omega_0t_1+\theta)\cos n(\omega_0t_2+\theta)]=\begin{cases}0 & m\neq n\\ \dfrac{1}{\varepsilon_m}\cos\omega_0\tau & m=n\end{cases} \tag{6.3.29}$$

所以

$$\Phi_S(s_1,s_2;\tau)=\sum_{m=0}^{\infty}\varepsilon_m E[I_m(a_1s_1)I_n(a_2s_2)]\cos m\omega_0\tau \tag{6.3.30}$$

将上式代入式(6.3.19)，得

$$R_Y(\tau)=\frac{1}{(2\pi j)^2}\oint_D F(s_1)\mathrm{d}s_1\oint_D F(s_2)\mathrm{d}s_2\sum_{k=0}^{\infty}\frac{R_N^k(\tau)}{k!}(s_1s_2)^k\mathrm{e}^{\frac{s_1^2}{2}}\mathrm{e}^{\frac{s_2^2}{2}}\cdot$$

$$\sum_{m=0}^{\infty}\varepsilon_m E[I_m(a_1s_1)I_m(a_2s_2)]\cos\omega_0\tau$$

$$=\sum_{m=0}^{\infty}\sum_{k=0}^{\infty}\frac{\varepsilon_m}{k!}R_{mk}(\tau)R_N^k(\tau)\cos m\omega_0\tau \tag{6.3.31}$$

式中

$$R_{mk}(\tau)=E[h_{mk}(t_1)h_{mk}(t_2)]$$

$$h_{mk}(t_i)=\frac{1}{2\pi j}\oint_D f(s)s^kI_m(a_is)\mathrm{e}^{\frac{s^2}{2}}\mathrm{d}s=\int_0^{\infty}bx\,\mathrm{e}^{-sx}\,\mathrm{d}x=\frac{b}{s^2}$$

$$a_i=a(t_i)$$

若输入信号是一个未调制的余弦波，那么 $a(t)=a$ 是个常数，于是 $h_{mk}(t_1)=h_{mk}(t_2)$ 也是常数。这时的自相关函数为

$$R_Y(\tau)=\sum_{m=0}^{\infty}\sum_{k=0}^{\infty}\frac{\varepsilon_m h_{mk}^2}{k!}R_{mk}(\tau)R_N^k(\tau)\cos m\omega_0\tau \tag{6.3.32}$$

由上式可知，由于信号与噪声在非线性系统中作用的结果，各分量的拍频将组合成各种各样的分量，这里 m 代表信号的各分量，k 代表噪声的各种分量。

虽然构成输出自相关函数的分量很多，但总可以把它们按其性质分为三种类型的组合分量，即

$$R_Y(\tau)=R_{S\times S}(\tau)+R_{N\times N}(\tau)+R_{S\times N}(\tau) \tag{6.3.33}$$

式中

$$R_{S\times S}(\tau)=\sum_{m=0}^{\infty}\varepsilon_m R_{m0}(\tau)\cos\omega_0\tau \tag{6.3.34}$$

$$R_{N\times N}(\tau)=\sum_{K=0}^{\infty}\frac{1}{k!}R_{0k}(\tau)R_N^k(\tau) \tag{6.3.35}$$

$$R_{S\times N}(\tau)=2\sum_{m=1}^{\infty}\sum_{k=1}^{\infty}\frac{1}{k!}R_{mk}(\tau)R_N^k(\tau)\cos m\omega_0\tau \tag{6.3.36}$$

式中，若令 $k=0,m=0$，则式(6.3.36)对应于非线性系统输出的直流分量。

当 $k=0$ 时，对应的全体周期性分量，主要是由于输入信号本身相互作用引起的，总起来可用式(6.3.34)表示，这个式子中，输出信号选取哪些项，完全取决于非线性设备本身的用途。例如，非线性系统是一个检波器时，希望输出的信号集中在零频率附近，这时输出的自相关函数信号部分将是

$$R_{S\times S}(\tau)=R_{00}(\tau) \tag{6.3.37}$$

因为 $\varepsilon_0=1,\cos m\omega_0\tau=1$（当 $m=0$）。

又如非线性系统是要求输出信号集中在载频 ω_0 附近的非线性放大器时，则因为 $\varepsilon_1=2$，有

$$R_{S\times S}(\tau)=2R_{10}(\tau)\cos\omega_0\tau \tag{6.3.38}$$

对于 $m=0,k\geqslant 1$ 的那些项，是由于输入信号和输入噪声本身的相互作用所引起的，可由式(6.3.35)表示。

对于 $m\geqslant 1,k\geqslant 1$ 的各项，是由于输入噪声本身的相互作用所引起的，可由式(6.3.36)表示。

6.4　非线性系统输出信号分析的级数展开法

无论是直接法还是拉普拉斯变换法，都会遇到复杂的积分问题，稍微复杂的非线性系统可能使积分变得复杂。在实际中，常常用一种级数展开法，这种方法把变换函数用台劳级数展开。

假若定变换函数 $y=f(x)$ 可以在 $x=0$ 处泰劳级数展开为

$$y=f(x)=a_0+a_1x+a_2x^2+\cdots=f(0)+f'(0)x+f''(0)x^2+\cdots \tag{6.4.1}$$

式中

$$f^k(0)=\frac{1}{k!}\left.\frac{\mathrm{d}^k f(x)}{\mathrm{d}x^k}\right|_{x=0} \tag{6.4.2}$$

那么，平稳随机过程 $X(t)$ 通过非线性系统后，输出 $Y(t)$ 均值为

$$\begin{aligned}E[Y(t)]&=E\{f[X(t)]\}=\int_{-\infty}^{\infty}f(x)f_X(x)\mathrm{d}x\\&=f(0)+f'(0)E[X(t)]+f''(0)E[X^2(t)]+\cdots\\&=f(0)+f'(0)m_1+f''(0)m_2+\cdots\end{aligned} \tag{6.4.3}$$

式中，$m_k = E[X^k(t)]$ 为 $X(t)$ 的 k 阶矩。

$$E[Y^2(t)] = E\{f^2[X(t)]\} = \int_{-\infty}^{\infty} f^2(x) f_X(x) \mathrm{d}x$$

$$= \int_{-\infty}^{\infty} [f(0) + f'(0)x + f''(0)x^2 + \cdots]^2 f_X(x) \mathrm{d}x$$

$$= \int_{-\infty}^{\infty} \sum_{k=0}^{+\infty} f^k(0) x^k \sum_{j=0}^{+\infty} f^j(0) x^j f_X(x) \mathrm{d}x$$

$$= \sum_{k=0}^{+\infty} \sum_{j=0}^{+\infty} f^k(0) f^j(0) \int_{-\infty}^{\infty} x^{k+j} f_X(x) \mathrm{d}x$$

$$= \sum_{k=0}^{+\infty} \sum_{j=0}^{+\infty} f^k(0) f^j(0) m_{k+j} \tag{6.4.4}$$

同样，自相关函数为

$$R_Y(\tau) = E[Y(t+\tau)Y(t)] = \int_{-\infty}^{\infty} \int_{-\infty}^{\infty} f(x_1) f(x_2) f_X(x_1, x_2, \tau) \mathrm{d}x_1 \mathrm{d}x_2$$

$$= \int_{-\infty}^{\infty} \int_{-\infty}^{\infty} \sum_{k=0}^{+\infty} f^k(0) x_1^k \sum_{j=0}^{+\infty} f^j(0) x_2^j f_X(x_1, x_2, \tau) \mathrm{d}x_1 \mathrm{d}x_2$$

$$= \sum_{k=0}^{+\infty} f^k(0) f^j(0) \sum_{j=0}^{+\infty} \int_{-\infty}^{\infty} \int_{-\infty}^{\infty} x_1^k x_2^j f_X(x_1, x_2, \tau) \mathrm{d}x_1 \mathrm{d}x_2$$

$$= \sum_{k=0}^{+\infty} \sum_{j=0}^{+\infty} f^k(0) f^j(0) E[X^k(t+\tau) X^j(t)] \tag{6.4.5}$$

6.5 非线性系统分析的包络法

在典型的无线电接收机电路中，中放和检波是其基本组成部分。通常中频放大器是线性窄带网络，其输出端的随机过程可近似地用一个准正弦振荡来表示，即

$$X(t) = A(t)\cos[\omega_0 t + \Phi(t)] \tag{6.5.1}$$

式中，$A(t)$ 和 $\Phi(t)$ 皆为随机过程，相对于 ω_0 而言是随机慢变的时间函数。该过程通过非线性系统输出的随机过程为

$$Y(t) = f\{A(t)\cos[\omega_0 t + \Phi(t)]\} \tag{6.5.2}$$

如果将随机过程 $A(t)$ 和 $\Phi(t)$ 对某一时刻 t 的取值写成 A_t, Φ_t，于是 $Y(t)$ 可以写成为

$$Y_t = f[A_t \cos(\omega t + \Phi_t)] \tag{6.5.3}$$

令

$$\omega t + \Phi_t = \Theta_t \tag{6.5.4}$$

于是便得到变量为 Θ_t 的周期性函数。该函数可用傅里叶级数的形式表示为

$$Y_t = f_0(A_t) + f_1(A_t)\cos\Theta_t + f_2(A_t)\cos 2\Theta_t + \cdots \tag{6.5.5}$$

式中

$$f_0(A_t) = \frac{1}{\pi}\int_0^{\pi} f(A_t\cos\Theta_t)\mathrm{d}\Theta_t \tag{6.5.6}$$

$$f_n(A_t) = \frac{2}{\pi}\int_0^{\pi} f(A_t\cos\Theta_t)\cos n\Theta_t \mathrm{d}\Theta_t \ (n=1,2,\cdots) \tag{6.5.7}$$

则

$$Y_t = Y_0 + Y_1 + Y_2 + \cdots + Y_n + \cdots \tag{6.5.8}$$

式中，$Y_0 = f_0(A_t)$ 表示输出端得到的低频分量，$Y_n = f_n(A_t)\cos n(\omega_0 t + \Phi_t)$ 表示输出端得到的高频分量。

从式(6.5.8)看出，输出端是由 ω_0 的各次谐波组成，可是每一个分量都有一个相应的慢变化的随机变量 $f_n(A_t)$ 乘以 $\cos n(\omega t + \Phi_t)$。若输入端起伏的频谱很窄，那么 Y_n 分量的频谱基本上集中在靠近 $\omega = n\omega_0$ 频率周围的区域内，$Y_0 = f_0(A_t)$ 集中在低频段，且围绕在频率 $\omega = 0$ 的附近的一个范围内，如图 6.5 所示。

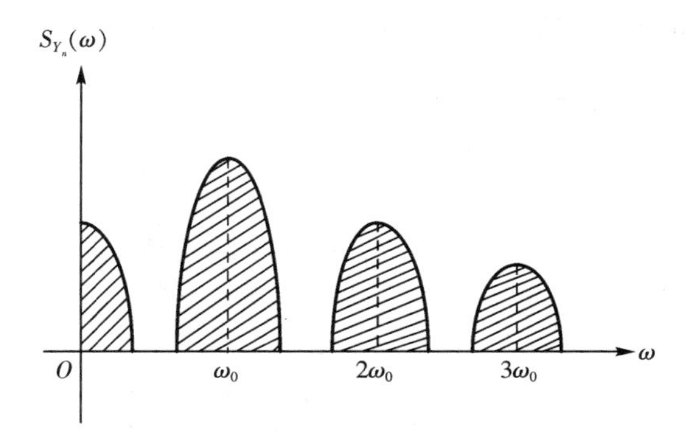

图 6.5　窄带随机信号谱线分布示意图

6.5.1　输出信号的统计特性

1. 均值

$$E[Y_t] = E[Y_0 + Y_1 + Y_2 + \cdots + Y_n + \cdots]$$
$$= E[Y_0] + E[Y_1] + E[Y_2] + \cdots + E[Y_n] + \cdots \tag{6.5.9}$$

因为
$$E[f_n(A_t)\cos n(\omega t + \Phi_t)] = 0 \quad (n > 0)$$

所以

$$E[Y_t] = E[Y_0] = E[f_0(A_t)] \tag{6.5.10}$$

$$E[f_0(A_t)] = \int_0^{\pi} f_0(a_t) f_A(a_t)\mathrm{d}a_t \tag{6.5.11}$$

式中，$f_A(a_t)$ 为非线性系统输入端随机过程包络 $A(t)$ 的一维概率密度。

2. 方差

输出端随机过程低频的起伏分量为

$$Y_L = Y_0 - E[Y_0] \tag{6.5.12}$$

因此，其(或低频分量) 方差应为

$$\sigma^2 = \sigma_0^2 = E[Y_0^2] - E([Y_0])^2 \tag{6.5.13}$$

式中

$$E[Y_0^2] = \int_{-\infty}^{\infty} f_0^2(a_t) f_A(a_t) \mathrm{d}a_t \tag{6.5.14}$$

3. 自相关函数和功率谱密度

在时间 t 上，非线性系统输出端的随机过程是

$$Y_t = Y_0 + Y_1 + Y_2 + \cdots + Y_n + \cdots \tag{6.5.15}$$

在时间 $t+\tau$ 上，相应的可写成

$$Y_{t+\tau} = Y_{0\tau} + Y_{1\tau} + Y_{2\tau} + \cdots + Y_{n\tau} + \cdots \tag{6.5.16}$$

根据定义

$$E[Y_t Y_{t+\tau}] = E[(Y_0 + Y_1 + Y_2 + \cdots + Y_n + \cdots)(Y_{0\tau} + Y_{1\tau} + Y_{2\tau} + \cdots + Y_{n\tau} + \cdots)]$$

对于平稳随机过程，有如下关系

$$E[\cos m(\omega_0 t + \Phi_t)\cos n(\omega_0(t+\tau) + \Phi_{t+\tau})] = 0 \quad (m \neq n) \tag{6.5.17}$$

所以

$$E[Y_t Y_{t+\tau}] = E[Y_0 Y_{0\tau}] + E[Y_1 Y_{1\tau}] + E[Y_2 Y_{2\tau}] + \cdots + E[Y_n Y_{n\tau}] + \cdots \tag{6.5.18}$$

式中，$E[Y_0 Y_{0\tau}]$ 是非线性系统输出端低频组成部分乘积的平均值，低频起伏分量的相关函数为

$$\begin{aligned} R_L(\tau) &= E[Y_L Y_{L+\tau}] = E[Y_0 Y_{0\tau}] - (E[Y_0])^2 \\ &= [f_0(A_t) f_0(A_{t+\tau})] - [f_0(A_t)]^2 \end{aligned} \tag{6.5.19}$$

因此，非线性系统输出端电流起伏的相关函数为

$$R_Y(\tau) = R_0(\tau) + R_1(\tau) + R_2(\tau) + \cdots + R_n(\tau) + \cdots \tag{6.5.20}$$

对窄带噪声而言，上式中的第 n 个分量的自相关函数应为

$$R_Y(\tau) = \alpha_n(\tau)\cos\omega_n \tau \tag{6.5.21}$$

式中，$\alpha_n(\tau)$ 可以用下列关系式确定

$$\alpha_n(\tau)=\int_0^{\infty}\int_0^{\infty}f_n(a_t)f_n(a_{t+\tau})f_{A_tA_{t+\tau}}(a_t,a_{t+\tau};\tau)\mathrm{d}a_t\mathrm{d}a_{t+\tau} \tag{6.5.22}$$

式中，$f_{A_tA_{t+\tau}}(a_t,a_{t+\tau};\tau)$ 是非线性系统输入端窄带随机过程包络的二维概率密度。因此，在非线性系统输出端，窄带随机过程的自相关函数为

$$R_Y(\tau)=\sum_{n=0}^{\infty}R_n(\tau)=\sum_{n=0}^{\infty}\alpha_n(\tau)\cos\omega_n\tau \tag{6.5.23}$$

根据傅里叶变换公式，相应的功率谱密度为

$$G_Y(\omega)=\sum_{n=0}^{\infty}G_n(\omega) \tag{6.5.24}$$

6.5.2 窄带高斯过程通过线性半检波器

线性检波器的特性

$$y=f(x)=\begin{cases}bx, & x\geqslant 0\\ 0, & x<0\end{cases} \tag{6.5.25}$$

作用在检波器输入端的随机过程是一个窄带高斯过程，在 t 时刻的随机变量为

$$X_t=A_t\cos\Theta_t \tag{6.5.26}$$

因此，检波特性为

$$Y_t=f(X_t)=\begin{cases}bA_t\cos\Theta_t, & -\dfrac{\pi}{2}<\Theta_t<\dfrac{\pi}{2}\\ 0, & 其他\end{cases} \tag{6.5.27}$$

检波时 $\cos\Theta_t$ 的实数变化范围，如图 6.6 所示。

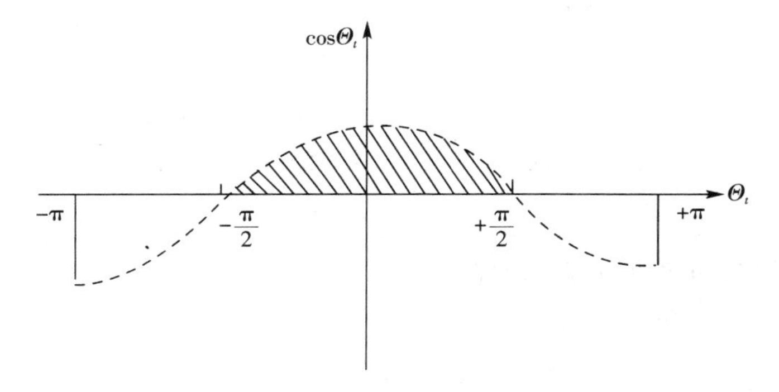

图 6.6　检波时 $\cos\Theta_t$ 的变化范围

由于检波以后，随机过程的低频起伏分量为

$$Y_L = Y_0 - [Y_0] = f_0(A_t) - [f_0(A_t)] \tag{6.5.28}$$

式中

$$Y_0 = \frac{1}{\pi}\int_0^{\pi} f(A_t\cos\theta_t)\mathrm{d}\theta_t$$

因此,线性检波后的低频分量是

$$Y_0 = \frac{1}{\pi}\int_0^{\pi/2} bA_t\cos\theta_t\mathrm{d}\theta_t = \frac{bA_t}{\pi} \tag{6.5.29}$$

$$E[Y_0] = E[f_0(A_t)] = \int_{-\infty}^{\infty} f_0(a_t) f_{A_t}(a_t)\mathrm{d}a_t \tag{6.5.30}$$

式中

$$f_A(a_t) = \frac{a_t}{\sigma^2}\mathrm{e}^{-a_t^2/2\sigma^2} \quad (a_t \geqslant 0) \tag{6.5.31}$$

于是

$$E[Y_0] = \int_0^{\infty} \frac{ba_t}{\pi} \cdot \frac{a_t}{\sigma^2}\mathrm{e}^{-a_t^2/2\sigma^2}\mathrm{d}a_t \tag{6.5.32}$$

$$= \frac{b}{\pi}\int_0^{\infty} \frac{a_t^2}{\sigma^2}\mathrm{e}^{-a_t^2/2\sigma^2}\mathrm{d}a_t = \frac{b}{\pi}\sqrt{\frac{\pi}{2}}\sigma = \frac{b\sigma}{\sqrt{2\pi}} \tag{6.5.33}$$

输出低频起伏成分的方差为

$$\sigma^2 = E[Y_0^2] - (E[Y_0])^2 \tag{6.5.34}$$

式中

$$E[Y_0^2] = \int_0^{\infty} Y_0^2 f_{A_t}(a_t)\mathrm{d}a_t = \int_0^{\infty} \frac{b^2 a_t^2}{\pi^2} \cdot \frac{a_t}{\sigma^2}\mathrm{e}^{-a_t^2/2\sigma^2}\mathrm{d}a_t$$

$$= \frac{b^2}{\pi^2\sigma^2}\int_0^{\infty} a_t^2\mathrm{e}^{-a_t^2/2\sigma^2}\mathrm{d}a_t = \frac{2b^2\sigma^2}{\pi^2} \tag{6.5.35}$$

所以

$$\sigma^2 = \frac{2b^2\sigma^2}{\pi^2} - \frac{b^2\sigma^2}{2\pi} = b^2\sigma^2\left(\frac{2}{\pi^2} - \frac{1}{2\pi}\right) = \frac{b^2\sigma^2(4-\pi)}{2\pi^2} \tag{6.5.36}$$

6.5.3 窄带高斯过程通过平方律检波器

平方律检波器的特性为

$$y = f(x) = bx^2 \tag{6.5.37}$$

作用在检波器输入端的随机过程在 t 时刻的状态为

$$X_t = A_t\cos\Theta_t \tag{6.5.38}$$

在平方律检波器输出端得

$$Y_t = b\,(A_t\cos\Theta_t)^2 \tag{6.5.39}$$

1. 均值

$$E[Y_t] = E(bA_t^2\cos^2\Theta_t) = bE(A_t^2)E(\cos^2\Theta_t) \tag{6.5.40}$$

由于相位和幅度是彼此独立的随机变量，因此，可以分别求出 $E(A_t^2)$ 和 $E(\cos^2\Theta_t)$ 为

$$E[A_t^2] = \int_0^\infty a_t^2 f_{A_t}(a_t)\,\mathrm{d}a_t = \frac{1}{\sigma^2}\int_0^\infty a_t^2 \mathrm{e}^{-a_t^2/2\sigma^2}\,\mathrm{d}a_t = 2\sigma^2 \tag{6.5.41}$$

$$E[\cos^2\Theta_t] = \int_0^\infty \cos^2\Theta_t f_\Theta(\Theta_t)\,\mathrm{d}\Theta_t \tag{6.5.42}$$

已知

$$f_\Theta(\Theta_t) = \frac{1}{2\pi}$$

所以

$$E[\cos^2\Theta_t] = \int_{-\pi}^{\pi} \cos^2\Theta_t\,\frac{1}{2\pi}\mathrm{d}\Theta_t = \frac{1}{2} \tag{6.5.43}$$

故得

$$E[Y_t] = \frac{1}{2}b\cdot 2\sigma^2 = b\sigma^2 \tag{6.5.44}$$

2. 方差

$$Y_t = b\,(A_t\cos\Theta_t)^2 = \frac{1}{2}bA_t^2(1+\cos2\Theta_t) = \frac{1}{2}bA_t^2 + \frac{1}{2}bA_t^2\cos2\Theta_t \tag{6.5.45}$$

因为在检波器输出端，我们关心的只是低频分量，$\cos2\Theta_t$ 是二次谐波项，在检波后滤去了。

$$\begin{aligned}E[Y_t^2] &= \int_0^\infty Y_t^2 f_{A_t}(a_t)\,\mathrm{d}a_t = \int_0^\infty \left(\frac{1}{2}ba_t^2\right)^2 \frac{a_t}{\sigma^2}\mathrm{e}^{-a_t^2/2\sigma^2}\,\mathrm{d}a_t \\ &= \frac{b^2}{4\sigma^2}\int_0^\infty a_t^5 \mathrm{e}^{-a_t^2/2\sigma^2}\,\mathrm{d}a_t \\ &= 2b^2\sigma^4\end{aligned} \tag{6.5.46}$$

故得

$$\sigma^2 = E[Y_t^2] - (E[Y_t])^2 = 2b^2\sigma^4 - b^2\sigma^4 = b^2\sigma^4$$

6.6 随机过程通过非线性系统的仿真实验

非线性系统只能根据输入输出之间的非线性函数或非线性微分方程描述。因为信号的叠加性质在非线性情况下不成立。所以，非线性系统通常只能通过时域仿真。但这种仿真只限

于系统的非线性部分；系统的其余部分，除反馈系统的一部分外，可通过使用离散时间积分进行仿真。在讨论仿真非线性器件的特性时，有很多因素要考虑。

(1) 采样率。对于线性系统，一般设定采样率为输入信号带宽的 8 ～ 16 倍。但对于非线性系统来说，要根据具体情况考虑。例如，一个由下式表示的非线性器件：

$$y(t)=x(t)-0.2x^3(t) \tag{6.6.1}$$

式中，输入是一确定性的能量有限信号。输出的傅里叶变换可由下式给出：

$$Y(\omega)=X(\omega)-0.2X(\omega)\otimes X(\omega)\otimes X(\omega) \tag{6.6.2}$$

三重卷积使得输出信号的带宽比输入信号的带宽增加了 3 倍，产生了频谱扩展，如果希望充分表示输出而没有混叠误差，那么采样率必须根据输出信号的带宽来设定，这个带宽比输入带宽要高得多。因此，在设计仿真非线性系统的采样率时，必须考虑到频谱扩展的影响，并设置一个大小合适的采样率。

(2) 级联。考虑一个具有频率选择性的有记忆非线性器件的模型，如存在线性模块和非线性模块的级联。这里要注意叠加原理不适用非线性器件。正确的处理方法是：在第一个滤波器的输出端运用叠加定理，计算出代表第一个滤波器输出的时域采样，然后使用无记忆非线性器件对这些采样逐个进行处理，最后将叠加定理应用于第二个滤波器。

(3) 非线性反馈环。如果模型中存在反馈环，反馈环有可能引入时延，线性反馈环中的小时延不会对仿真结果产生负面影响。然而，在非线性器件中，反馈环中很小的时延可能会使仿真结果显著变差，甚至可能导致不稳定。为了避免出现这种影响，必须提高采样率。

【实验 6.1】 无记忆基带非线性器件模型与仿真

设无记忆非线性器件的输入为基带实信号 $x(t)$，输出也为实信号 $y(t)$，则无记忆非线性器件可以建模为

$$y(t)=f(x(t)) \tag{6.6.3}$$

最常用的基带非线性模型是幂级数模型和限幅器模型。幂级数模型定义为

$$y(t)=\sum_{k=0}^{N}a_k x^k(t) \tag{6.6.4}$$

通用的基带限幅器模型为

$$y(t)=\frac{M\,\mathrm{sign}[x(t)]}{[1+(m/|x(t)|^s]^{1/s}} \tag{6.6.5}$$

式中，M 是输出的限幅值，m 是输入的限幅值，s 是“成形”参数。$m=0$ 对应的是一个硬限幅器。$s\to\infty$对应的是一个“软”限幅器。$x(t)$ 表示基带信号，即其功率(能量)谱分布在零频周围，输出 $y(t)$ 也是基带信号。式(6.6.5) 模型的仿真比较简单。

下面 MATLAB 程序给出了仿真过程。图 6.7 所示为限幅器的输入输出曲线。

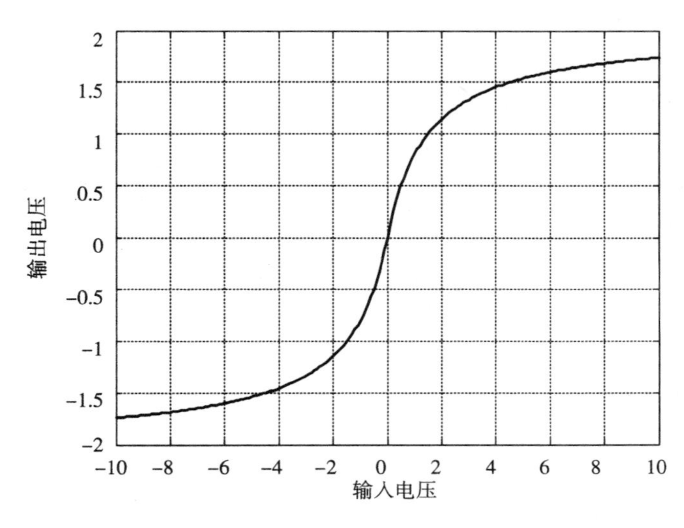

图 6.7　限幅器的输入—输出曲线

```
%本程序仿真形成仿真限幅器,限幅器参数为:输出限幅值 M=2:m=1.5 为输入限幅值,形成参数 s=1
M=2;                          % 设定输出的限幅值
m=1.5;                        % 设定输入的限幅值
s=1;                          % 设定成形参数
x=-10:0.1:10;
N=length(x);                  % 通过循环计算输出
for k=1:N
   num=M*sign(x(k));
   den=(1+(m/abs(x(k)))^s)^(1/s);
   y(k)=num/den;
end
plot(x,y)                     % 画出图形
grid
xlabel('输入电压')
ylabel('输出电压')
%程序结束
```

【实验 6.2】　高频功率放大器的建模与仿真实验

功率放大器可分为低频功率放大器和高频功率放大器。低频功率放大器是一种将直流电源提供的能量转换为交流输出的能量转换器,其作用是获得足够大的低频输出功率。高频功率放大器用于发射机的末级,作用是将高频已调波信号进行功率放大,以满足发送功率的要求,然后经过天线将其辐射到空间,保证在一定区域内的接收机可以接收到满意的信号电平,并且不干扰相邻信道的通信。低频功率放大器和高频功率放大器的工作频率和相对频带宽度相差很大:低频功率放大器的工作频率低,但相对频带宽度却很宽;高频功率放大器的工作频

率高，但相对频带宽度很窄。

在功率放大器中，通过选择静态工作点，使功率管工作在特性曲线的不同区段上，实现甲类、乙类、甲乙类、丙类等不同运用状态。在输入正弦波激励下，凡是功率管在一个周期内导通的称为甲类状态；仅在半个周期内导通的称为乙类状态；介于甲类和乙类之间，即大于半个周期小于一个周期内导通的称为甲乙类状态；小于半个周期内导通的称为丙类状态；如果管子工作在开关状态，即管子在信号的半个周期内饱和导通，在另半个周期内截止，称为丁类状态。管子的运用状态从甲类转向乙类、丙类或丁类，目的都是为了高效率输出所需功率。不过，这些高效率的运用状态都将使输出电流波形严重失真，需要在电路中采取特定措施实现不失真放大。一般来说，输出功率越大，功率放大器的非线性失真越大。甲类放大器适合于小信号低功率放大，乙类和丙类都适用大功率工作，丁类放大器的效率最高，但最高工作频率受到开关转换瞬间所产生的器件功耗的限制。低频功率放大器可工作于甲类、甲乙类或乙类状态，高频功率放大器一般都工作于丙类（某些特殊情况下可工作于乙类），属非线性器件。

对于高频（或带通）功率放大器，最经典的模型称为单盒模型，即采用特性对功率放大器件进行建模，如图 6.8 所示。

图 6.8 单盒模型

例如，行波管功率放大器的 AM－AM 和 AM－PM 特性可表示成以下形式

$$f[A(t)]=\frac{2A(t)}{1+A^2(t)},\quad \varphi[A(t)]=\frac{\pi A^2(t)}{3[1+A^2(t)]} \tag{6.6.6}$$

程序 nonlinear. m 对行波管功率放大器的系统特性进行了仿真。输入信号为高斯调制脉冲复信号，即

$$g_a(t)=\mathrm{e}^{-(t-t_0)^2/t_c^2}\,\mathrm{e}^{\mathrm{j}\omega_0 t} \tag{6.6.7}$$

图 6.9 给出了输入实信号与输出实信号的波形对比，图 6.10 给出了输入复信号幅度和输出复信号幅度的波形对比。

```
%nonlinear. m
%本程序采用高斯调制脉冲信号作为输入信号，系统为行波管功率放大器
clear
clc
f0=50e3;
dt=1e-6;
bw=0.3;
tc=gauspuls('cutoff',f0,bw,[],-40);
t=-tc:dt:tc;
[xi,xq]=gauspuls(t,f0,bw);
x=xi+j*xq;
N=length(xi);
nx=[0:1:N-1]*dt;
Ax=abs(xi+j*xq);
```

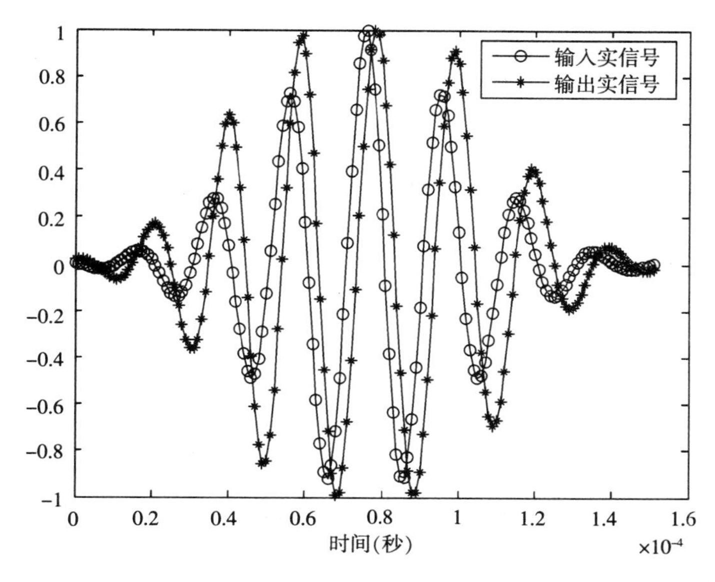

图 6.9　输入与输出实信号的波形对比

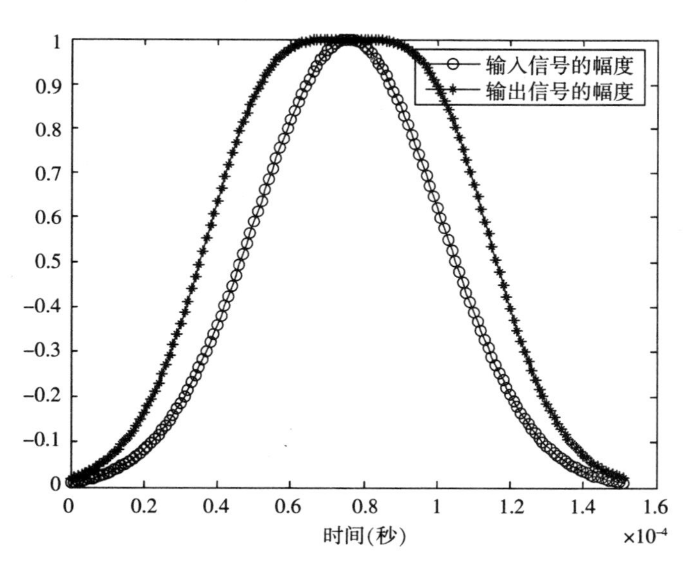

图 6.10　输入输出复信号幅度的波形对比

```
Ay=2*Ax./(1+Ax.*Ax);
Faiy=pi*Ax.*Ax./3./(1+Ax.*Ax);
y=Ay.*exp(j*2*pi*f0*nx+j*Faiy);
%%%%%%%
fx=fft(x,256);
fy=fft(y,256);
%%%%%%%
figure(1)
```

```
plot(nx,xi,'-o');
hold on
plot(nx,real(y),'- *');
legend('输入实信号','输出实信号')
xlabel('时间(秒)')
figure(2)
plot(nx,abs(xi+j * xq),'-o');
hold on
plot(nx,abs(y),'- *');
legend('输入信号的幅度','输出信号的幅度')
xlabel('时间(秒)')
%程序结束
```

单盒模型假定功率放大器是非记忆的。一种更复杂的模型是有记忆的双盒模型,它是在单盒模型前面放置了一个滤波器,用于反映功率放大器在小信号范围内的频率响应,而 AM-AM、AM-PM 曲线是在中心频率处测量得到的。该模型特别适宜于行波管功率放大器。

习　题

6.1　非线性系统的传输特性为

$$y=f(x)=be^{x}$$

式中,b 为正实常数。已知输入 $X(t)$ 是一个具有均值为 m_X,方差为 σ^2 的平稳高斯噪声。试求:

(1) 输出随机信号 $Y(t)$ 的一维概率密度,

(2) 输出随机信号 $Y(t)$ 的均值和方差。

6.2　非线性系统的传输特性为

$$y=f(x)=b\mid x\mid$$

式中,b 为正实常数,已知输入 $X(t)$ 是一具有均值为 0、方差为 1 的平稳高斯噪声。试求:

(1) 输出随机信号 $Y(t)$ 的维概率密度;

(2) 输出随机信号 $Y(t)$ 的平均功率。

6.3　单向线性检波器的传输特性为

$$y=f(x)=\begin{cases}bx, & x>0\\ 0, & x\leqslant 0\end{cases},$$

设输入 $X(t)$ 为零均值的平稳高斯随机信号,其自相关函数为 $R_X(\tau)$,求检波器输出随机信号 $Y(t)$ 的均值和方差。

6.4　设有非线性系统,如图 6.11 所示。输入随机信号 $X(t)$ 为高斯白噪声,其功率谱密度为 $S_X(\omega)=N_0/2$。若电路本身热噪声忽略不计,且平方律检波器的输入阻抗为无穷大。试求输出随机信号 $Y(t)$ 的自

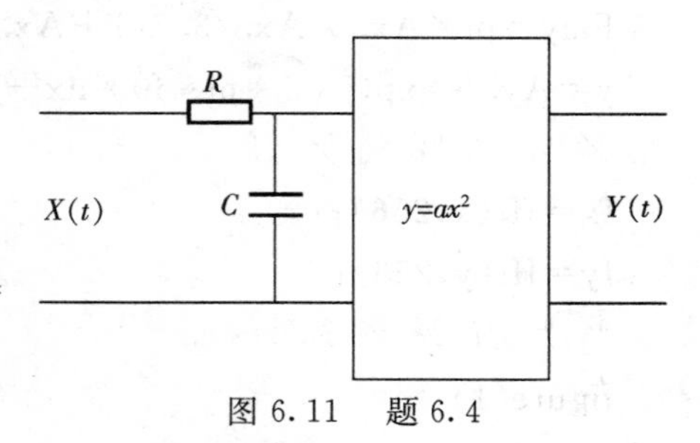

图 6.11　题 6.4

相关函数和功率谱密度函数。

6.5　非线性系统的传输特性为

$$y=f(x)=\begin{cases}2e^{x}, & x\geqslant 0\\ 0, & x<0\end{cases}$$

已知输入 $X(t)$ 服从标准正态分布。试采用特征函数法求输出随机信号 $Y(t)$ 的自相关函数。

6.6　随机过程 $X(t)$ 是正态的，具有零平均值的随机过程，其自相关函数为

$$R_Y(\tau)=a\mathrm{e}^{-2a|\tau|}\cos\beta\tau$$

试证：若 $Y(t)=X^2(t)$，则

$$R_Y(\tau)=a^2(1+\mathrm{e}^{-2a|\tau|}+\mathrm{e}^{-2a|\tau|}\cos2\beta\tau)$$

6.7　设非线性系统的传输特性 $y=x^2$。若输入随机信号 $X(t)$ 是均值等于零，单位方差，相关系数为 $r(\tau)$ 的平稳高斯过程，求输出 $Y(t)$ 的一维和二维率密度。

6.8　设非线性系统的传输特性 $y=|x|$。若输入随机信号 $X(t)$ 是均值等于零，单位方差，相关系数为 $r(\tau)$ 的平稳高斯过程，求输出 $Y(t)$ 均值和自相关函数。

6.9　设非线性系统的传输特性 $y=|x|$。若输入随机信号 $X(t)$ 是均值等于零的窄带平稳高斯过程，求输出低频直流频率、低频总平均功率和低频起伏功率。

6.10　一般来说，信号和噪声同时作用于非线性系统的输入端，其输出平均功率由两部分组成：$(P_S)_0$ 信号自身所得到的输出平均功率；$(P_N)_0$ 噪声自身所得到的平均功率；$(P_{SN})_0$ 信号与噪声得到的输出平均功率。对于通信系统中的非线性系统，证明：计算输出信噪比的公式为

$$\left(\frac{S}{N}\right)_0=\frac{(P_S)_0}{(P_N)_0+(P_{SN})_0}$$

对于雷达系统中的非线性系统，证明：计算输出信噪比的公式为

$$\left(\frac{S}{N}\right)_0=\frac{(P_S)_0+(P_{SN})_0}{(P_N)_0}$$

6.11　设窄带中放的幅频率为

$$|H(\omega)|=\begin{cases}K, & |\omega\pm\omega_0|\leqslant\Delta\omega\\ 0, & \text{其他}\end{cases}$$

其输入为 $S_i(t)+N_i(t)$，其中信号 $S_i(t)=A(1+\xi)\cos\omega_0 t$，$\xi$ 是$(-1,1)$ 间均匀分布的随机变量，$N_i(t)$ 是单边功率谱密度为 N_0 的白噪声，求 $S_i(t)+N_i(t)$ 通过窄带中放，再通过包络检波器，输出信号的信噪比。

6.12　设窄带中放的幅频率性为

$$|H(\omega)|=\begin{cases}K, & |\omega\pm\omega_0|\leqslant\Delta\omega\\ 0, & \text{其他}\end{cases}$$

其输入为 $S_i(t)+N_i(t)$，其中信号 $S_i(t)=A(1+\xi)\sin\omega_0 t$，$\xi$ 是$(-1,1)$ 内均匀分布的随机变量 $N_i(t)$ 是单边功率谱密度为 N_0 的白噪声。求 $S_i(t)+N_i(t)$ 通过窄带中放，再通过平方律检波器，输出信号的信噪比。

6.13　设 $Y(t)=X(t)=X^3(t)$。若 $X(t)$ 是理想白噪声，求 $Y(t)$ 的自相关函数。

6.14 设非线性系统的传输性为

$$y=4x^2+x+1$$

若输入随机过程 $X(t)$ 是均值为零、方差为 1 的平稳窄带高斯噪声，试计算输出随机过程低频分量的均值和方差。

6.15 已知非线性系统的传输特性为

$$y=x^n$$

若输入 $X(t)$ 是均值为零、自相关函数为 $R_X(\tau)$ 的平稳高斯噪声，证明：该系统输出的自相关函数为

$$R_Y(\tau)=\sum_{k}^{n}\frac{\{n!\ /[(n-k)/2]!\ \}^2}{2^{n-k}k!}R_X^{n-k}(0)R_X^k(\tau)$$

式中，当 n 是偶数时，$k=0,2,4,\cdots$；当 n 是奇数时，$k=0,1,3,\cdots$。

6.16 已知非线性系统的传输特性为

$$y=f(x)$$

若输入是均值为零、自相关函数为 $R_X(\tau)$ 的平稳高斯噪声，证明：该系统输出的自相关函数为

$$R_Y(\tau)=\sum_{k=0}^{\infty}\frac{1}{k!}E[f^{(k)}(x_1)]E[f^{(k)}(x_2)]R_X^k(\tau)$$

6.17 输入 $X(t)$ 是均值为零、自相关函数为 $R_X(\tau)$ 的平稳高斯噪声，求出无记忆系统 $f(x)$，使 $f[X(t)]$ 在区间[0,1]上均匀分布。

6.18 设 $X_1(t)$ 和 $X_2(t)$ 是两个零均值的联合高斯随机过程，其互相关为 $R_{X_1X_2}(\tau)$。证明：$Y_1(t)=X_1(t)$ 和 $Y_2(t)=A\text{sign}\{X_2(t)\}$ 的互相关函数为

$$R_{Y_1Y_2}(\tau)=\sqrt{\frac{2}{\pi}}\sigma_{X_2}^{-1}R_{X_1X_2}(\tau)$$

6.19 设 $X_1(t)$ 和 $X_2(t)$ 是两个零均值的联合高斯随机过程，其互相关函数为 $R_{X_1X_2}(\tau)$、方差分别为 $\sigma_{X_1}^2,\sigma_{X_2}^2$。证明：$Y_1(t)=\text{sign}X_1(t)$ 和 $Y_2(t)=\text{sign}[X_2(t)]$ 的互相关函数为

$$R_{Y_1Y_2}(\tau)=\frac{2}{\pi}\arcsin[\sigma_{X_1}^{-1}\sigma_{X_2}^{-1}R_{X_1X_2}(\tau)]$$

6.20 设噪声 $n(t)$ 的功率谱密度具有下列形式

$$G_n(\omega)=\begin{cases}c, & |\omega\pm\omega_0|\leqslant\Delta\omega\\ 0, & 其他\end{cases}$$

(1) 计算噪声通过平方律检波器后的功率谱密度，并指出其直流部分和起伏部分，并图示它们；

(2) 计算该噪声通过线性检波器后的功率谱密度，并图示它们；

(3) 令 $X(t)=a\cos\omega_0t+n(t)$，计算 $X(t)$ 通过平方律检波器后的功率谱密度，并指出其直流部分和起伏部分，并求它们。

第7章　非平稳随机过程的分析方法

前面的讨论中，都是假设信号或噪声是宽平稳过程，从而仅利用了过程的二阶统计量信息。然而，实际中，大量随机过程是非平稳随机过程。对非平稳随机过程，二阶统计量丢失了随机信号重要的相位信息，而高阶统计量则保留了相位信息。高阶统计量及其傅里叶变换在所谓的盲信号处理（盲系统辨识、盲信道均衡、盲信号分离等）方面有重要的作用，高阶统计量还有一些特性使得近年来人们对它开展了广泛地研究。

在通信、遥测、雷达和声呐系统中许多人造的信号都是一类特殊的非平稳随机信号，它们的非平稳性表现为周期平稳性。以雷达回波为例，若天线指向不变，则地杂波的回波等于照射区域散射体所有子回波的总和，虽然有随机起伏，但回波信号是平稳的。若天线转动，由于地物变化和地形起伏的随机性，回波是非平稳的。如果天线以均匀转速扫描，每经过一个扫描周期后，天线又指向原处，则回波的非平稳为周期平稳。通信信号常用待传输信号对周期性信号的某个参数进行调制，如对正弦载波进行调幅、调频和调相以及对周期性脉冲信号进行脉幅、脉宽和脉内相位调制，都会产生具有周期平稳性的信号；信号的编码和多路转换也都具有周期平稳性质。通常把统计特性呈周期或多周期（各周期不能通约）平稳变化的信号称为循环平稳或周期平稳信号。根据所呈现的周期性的统计数字特征，循环平稳信号还可进一步分为一阶（均值）、二阶（相关函数）和高阶（高阶累积量）循环平稳。

除了上述人工信号外，由于地球自转和公转的周期性，一些具有昼夜或季节性规律变化的自然界信号（如水文数据、气象数据、海洋信号和天文信号等）都是典型的循环平稳信号。心电图等人体信号也具有循环平稳性。

本章先讨论随机过程的高阶统计量及其高阶谱，再讨论循环平稳过程及其循环谱问题。

7.1　随机过程的高阶统计量

所谓高阶统计量，通常应理解为高阶矩、高阶累计量以及它们的谱—高阶矩谱和高阶累积量谱这四种主要统计量。

7.1.1　矩与累积量

设 $X=\{X(t),t\in T\}$ 为一实随机过程，由于其每个随机变量都有共轭和非共轭两种选择，因此其 k 阶矩和其 k 阶累积量有 2^k 种形式。现定义 k 阶矩和其 k 阶累积量。

定义 7.1　实随机过程 $X=\{X(t),t\in T\}$ 的 k 阶矩定义为

$$\begin{aligned}m_{kX}(\tau_1,\cdots,\tau_{k-1})&=E[X(t)X(t+\tau_1)\cdots X(t+\tau_{k-1})]\\&=(-j)^k\left.\frac{\partial^k\Phi_X(\omega_1,\cdots,\omega_k)}{\partial\omega_1\cdots\partial\omega_k}\right|_{\omega_1=\cdots=\omega_k=0}\end{aligned}\tag{7.1.1}$$

定义 7.2　实随机过程 $X=\{X(t),t\in T\}$ 的 k 阶累积量定义为

$$c_{kX}(\tau_1,\cdots,\tau_{k-1})=\mathrm{cum}[X(t),X(t+\tau_1),\cdots,X(t+\tau_{k-1})]$$

$$=(-j)^k \frac{\partial^k \ln\Phi_X(\omega_1,\cdots,\omega_k)}{\partial\omega_1\cdots\partial\omega_k}\bigg|_{\omega_1=\cdots=\omega_k=0} \quad (7.1.2)$$

定义7.3　实随机过程 $X=\{X(t),t\in T\}$ 的 k 维随机向量 $\boldsymbol{X}=[X(t),X(t+\tau_1),\cdots,X(t+\tau_{k-1})]$ 的特征函数定义为

$$\Phi_X(\omega_1,\omega_2,\cdots,\omega_k)=E\{\exp\{j[\omega_1X(t)+\omega_2X(t+\tau_1)+\cdots\omega_kX(t+\tau_{k-1})]\}\} \quad (7.1.3)$$

式(7.1.3)也称为矩生成函数，其对数函数 $\ln\Phi_X(\omega_1,\omega_2,\cdots,\omega_k)$，通常称为 k 维随机向量 $\boldsymbol{X}$ 的第二特征函数，也称为累积量生成函数。

高阶累积量和高阶矩之间可以互相转换，这就是著名的累积量－矩(C－M)公式和矩－累积量(M－C)公式。即

累积量－矩(C－M)公式为

$$E[X(t)X(t+\tau_1)\cdots X(t+\tau_{k-1})]=\sum_{\bigcup_{p=1}^{q}I_p=I}\prod_{p=1}^{q}\mathrm{cum}\{X(t+\tau_l),l\in 1_p\} \quad (7.1.4)$$

矩－累积量(M－C)公式为

$$\mathrm{cum}[X(t),X(t+\tau_1),\cdots,X(t+\tau_{k-1})]$$

$$=\sum_{\bigcup_{p=1}^{q}I_p=I}(-1)^{q-1}(q-1)!\prod_{p=1}^{q}E\{\prod_{l\in I_p}X^{(\varepsilon_l)}(t+\tau_l)\} \quad (7.1.5)$$

式中，$I=\{0,1,\cdots,k-1\}$，$I=\{I_1,I_2,\cdots,I_q\}$ 为 I 的一种分割，求和符号 $\sum_{\bigcup_{p=1}^{q}I_p=I}$ 表示对 I 所有可能的分割求和。式(7.1.4)和式(7.1.5)就是著名的累积量－矩(C－M)公式和矩－累积量(M－C)公式。它们对累积量的估计、计算及应用有着重要的意义。

利用(M－C)公式知，实严平稳过程 $X(t)$ 的一、二、三和四阶累积量(假设存在)，则分别为

$$c_{1X}=m_{1X}=E[X(t)]\triangleq\mu_X \quad (7.1.6)$$

$$c_{2X}(\tau)=\mathrm{cum}[X(t),X(t+\tau)]=E[X(t)X(t+\tau)] \quad (7.1.7)$$

$$c_{3X}(\tau_1,\tau_2)=\mathrm{cum}[X(t),X(t+\tau_1),X(t+\tau_2)]$$

$$=E[X(t)X(t+\tau_1)X(t+\tau_2)]=R_X(\tau_1,\tau_2) \quad (7.1.8)$$

$$c_{4X}(\tau_1,\tau_2,\tau_3)=\mathrm{cum}[X(t),X(t+\tau_1),X(t+\tau_2),X(t+\tau_3)]$$

$$=E[X(t)X(t+\tau_1)X(t+\tau_2)X(t+\tau_3)]$$

$$-c_{2X}(\tau_1)c_{2X}(\tau_2-\tau_3)-c_{2X}(\tau_2)c_{2X}(\tau_3-\tau_1)$$

$$-c_{2X}(\tau_3)c_{2X}(\tau_1-\tau_2) \quad (7.1.9)$$

特别地，在式(7.1.7)中，令 $\tau=0$，则得

$$\sigma_X^2=c_{2X}(0)=m_{2X}(0)-\mu_X^2=E[X^2(t)]-\mu_X^2 \quad (7.1.10)$$

此即为随机过程 $X(t)$ 的方差；同样，在式(7.1.8)中，令 $\tau_1=\tau_2=0$，则得

$$\begin{aligned} r_X^3 &= c_{3X}(0,0)=m_{3X}(0,0)-3\mu_X m_{2X}(0)+2\mu_X^3 \\ &= E[X^3(t)]-3\mu_X E[X^2(t)]+2\mu_X^3 \\ &= E[X^3(t)]-3\mu_X\sigma_X^2-\mu_X^3 \end{aligned} \tag{7.1.11}$$

称之为随机过程 $X(t)$ 的偏度；而式(7.1.9)中，令 $\tau_1=\tau_2=\tau_3=0$ 得

$$\begin{aligned} r_X^4 &= c_{4X}(0,0,0)=E[X^4(t)]-4\mu_X E[X^3(t)]+6\mu_X^2\sigma_X^2-3\sigma_X^4+3\mu_X^4 \\ &= E[X^4(t)]-3E^2[X^2(t)]-4\mu_X E[X^3(t)]+12\mu_X^2 E[X^2(t)]-6\mu_X^4 \end{aligned} \tag{7.1.12}$$

称之为随机过程 $X(t)$ 的峰度。注意到正态过程的偏度和峰度都为零，故偏度和峰度可以用来衡量零均值的实平稳过程偏离正态的程度。

7.1.2　累积量的性质

累积量有许多重要的性质，在此，我们列出其主要性质。

【性质 1】（线性性）设 $\alpha_i(i=1,2,\cdots,n)$ 为常数，$X_i(i=1,2,\cdots,n)$ 为随机变量，则

$$\mathrm{cum}\{\alpha_1 X_1,\alpha_2 X_2,\cdots,\alpha_n X_n\}=\{\prod_{i=1}^{n}\alpha_i\}\mathrm{cum}\{X_1,X_2,\cdots,X_n\} \tag{7.1.13}$$

【性质 2】　如果 $X_{ik}(i=1,2,\cdots,m_k,k=1,2,\cdots,n)$ 为复随机变量，则

$$\mathrm{cum}\{\sum_{i=1}^{m_i}X_{t1}^{(\epsilon_{t1})},\sum_{i=1}^{m_2}X_{t2}^{(\epsilon_{t2})},\cdots,\sum_{i=2}^{m_n}X_{tn}^{(\epsilon_{tn})}\}=\sum_{t_1=1}^{m_i}\cdots\sum_{t_n=2}^{m_n}\mathrm{cum}\{X_{t_1 1}^{(\epsilon_{t_1 1})},X_{t_2 2}^{(\epsilon_{t_2 2})},\cdots,X_{t_n}^{(\epsilon_{t_n n})}\} \tag{7.1.14}$$

【性质 3】（可加性）

$$\mathrm{cum}\{X_0+Y_0,Z_1,Z_2,\cdots,Z_n\}=\mathrm{cum}\{X_0,Z_1,Z_2,\cdots,Z_n\}+\mathrm{cum}\{Y_0,Z_1,Z_2,\cdots,Z_n\} \tag{7.1.15}$$

式中，$X_0,Y_0,Z_1,Z_2,\cdots,Z_n$ 是随机变量。但这一性质对高阶矩并不成立。

【性质 4】（盲高斯性）设 $(X_1,X_2,\cdots,X_n)$ 为 n 维高斯随机变量，且 $n>2$，则

$$\mathrm{cum}\{X_1,X_2,\cdots,X_n\}=0 \tag{7.1.16}$$

这一性质常称为盲高斯性，是累积量的另一个重要性质，它对高阶矩也不成立。

【性质 5】　如果随机变量 $X_i(i=1,2,\cdots,n)$ 的一个子集与其余的随机变量独立，则

$$\mathrm{cum}\{X_1,X_2,\cdots,X_n\}=0 \tag{7.1.17}$$

这一性质对高阶矩也不成立。

【性质 6】　设 $\alpha_i(i=1,2,\cdots,n)$ 为常数，$X_i(i=1,2,\cdots,n)$ 为随机变量，则

$$\mathrm{cum}\{\alpha_1+X_1,\alpha_2+X_2,\cdots,\alpha_n+X_n\}=\mathrm{cum}\{X_1,X_2,\cdots,X_n\} \tag{7.1.18}$$

7.2 随机过程的高阶谱

二阶累积量的傅里叶变换为功率谱密度，三阶以上累积量的傅里叶变换称为多谱密度，简称高阶谱或多谱。

设高阶矩 $m_{kX}(\tau_1,\tau_2,\cdots,\tau_{k-1})$ 是绝对可积的，即满足

$$\underbrace{\int_{\tau_1=-\infty}^{\infty}\cdots\int_{\tau_{k-1}=-\infty}^{\infty}}_{k-1\text{重}} |m_{kX}(\tau_1,\tau_2\cdots,\tau_{k-1})|\,\mathrm{d}\tau_1\cdots\mathrm{d}\tau_{k-1}<\infty \tag{7.2.1}$$

则 k 阶矩谱定义为 k 阶矩的 $k-1$ 维傅里叶变换，即

$$\underbrace{\int_{\tau_1=-\infty}^{\infty}\cdots\int_{\tau_{k-1}=-\infty}^{\infty}}_{k-1\text{重}} m_{kX}(\tau_1,\tau_2\cdots,\tau_{k-1})\exp\left[-j\sum_{i=1}^{k-1}\omega_i\tau_i\right]\mathrm{d}\tau_1\cdots\mathrm{d}\tau_{k-1} \tag{7.2.2}$$

同样，如果高阶累积量 $c_{kX}(\tau_1,\cdots,\tau_{k-1})$ 是绝对可积的，即满足

$$\underbrace{\int_{\tau_1=-\infty}^{\infty}\cdots\int_{\tau_{k-1}=-\infty}^{\infty}}_{k-1\text{重}} |c_{kX}(\tau_1,\cdots,\tau_{k-1})|\,\mathrm{d}\tau_1\cdots\mathrm{d}\tau_{k-1}<\infty \tag{7.2.3}$$

则 k 阶累积量谱定义为 k 阶累积量的 $k-1$ 维傅里叶变换，即

$$\underbrace{\int_{\tau_1=-\infty}^{\infty}\cdots\int_{\tau_{k-1}=-\infty}^{\infty}}_{k-1\text{重}} c_{kX}(\tau_1,\cdots,\tau_{k-1})\exp\left[-j\sum_{i=1}^{k-1}\omega_i\tau_i\right]\mathrm{d}\tau_1\cdots\mathrm{d}\tau_{k-1} \tag{7.2.4}$$

最常见的高阶谱为三阶谱和四阶谱。特别地，我们称三阶谱为双谱 $B_X(\omega_1,\omega_2)$

$$B_X(\omega_1,\omega_2)=\int_{\tau_1=-\infty}^{\infty}\int_{\tau_2=-\infty}^{\infty} c_{3X}(\tau_1,\tau_2)\exp[-j(\omega_1\tau_1+\omega_2\tau_2)]\mathrm{d}\tau_1\mathrm{d}\tau_2 \tag{7.2.5}$$

双谱的特点如下：

(1) $B_X(\omega_1,\omega_2)$ 是复函数，可表示为

$$B_X(\omega_1,\omega_2)=|B_X(\omega_1,\omega_2)|\exp\{j\varphi_B(\omega_1,\omega_2)\} \tag{7.2.6}$$

(2) $B_X(\omega_1,\omega_2)$ 是双周期函数，即

$$B_X(\omega_1,\omega_2)=B_X(\omega_1+2\pi,\omega_2+2\pi) \tag{7.2.7}$$

(3) $B_X(\omega_1,\omega_2)$ 具有对称性，即

$$\begin{aligned}B_X(\omega_1,\omega_2)&=B_X(\omega_2,\omega_1)=B_X^*(-\omega_2,-\omega_1)=B_X^*(-\omega_1,-\omega_2)\\&=B_X^*(-\omega_1-\omega_2,\omega_2)=B_X(-\omega_1-\omega_2,\omega_1)\\&=B_X(\omega_1,-\omega_1-\omega_2)=B_X(\omega_2,-\omega_1-\omega_2)\end{aligned} \tag{7.2.8}$$

根据以上对称性，可以将双谱的定义区域分成 12 个扇区，如图 7.1 所示。只要知道三角

区 $\omega_1 \geqslant 0, \omega_1 \geqslant \omega_2, \omega_1 + \omega_2 \leqslant \pi$ 内的双谱，就可以完全描述所有的双谱。

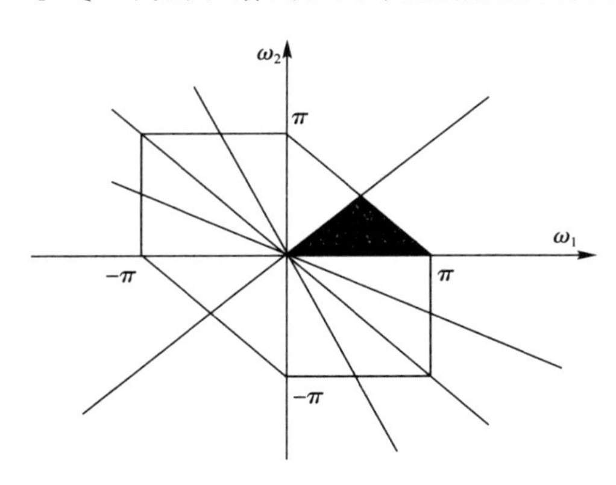

图 7.1　双谱的对称区

(4) 如果 $X(t)$ 是零均值平稳高斯过程，则 $B_X(\omega_1, \omega_2) = 0$

(5) 线性相移特性：设 $Y(k) = X(k-N)$，$G_X(\omega)$，$G_Y(\omega)$ 分别表示 $X(k)$ 和 $Y(k)$ 的功率谱密度，则 $G_X(\omega) = G_Y(\omega)$，$B_X(\omega_1, \omega_2) = B_Y(\omega_1, \omega_2)$ 也就是二、三阶矩可以抑制线性相位信息。这与功率谱不同。

(6) 非高斯白噪声的功率谱和双谱都是平的。

$$G_X(\omega) = \sigma_X^2, B_X(\omega_1, \omega_2) = \beta \tag{7.2.9}$$

四阶谱为三谱 $T_X(\omega_1, \omega_2, \omega_3)$，即

$$T_X(\omega_1, \omega_2, \omega_3) = \int_{-\infty}^{\infty} \int_{-\infty}^{\infty} \int_{-\infty}^{\infty} C_{4X}(\tau_1, \tau_2, \tau_3) e^{-j(\omega_1 \tau_1 + \omega_2 \tau_2 + \omega_3 \tau_3)} d\tau_1 d\tau_2 d\tau_3 \tag{7.2.10}$$

上述讨论的是平稳随机过程的高阶矩、高阶累积量和高阶矩谱及高阶累积量谱；对于非平稳随机过程，同样可以定义高阶矩、高阶累积量和高阶矩谱及高阶累积量谱，但以上所有的表达式中都必须添加一个时间变量 t，这样一来，对非平稳随机过程的高阶统计量分析将是极其复杂的。

有关高阶累积量及其应用的深入讨论可查阅有关文献。

7.3　循环平稳随机过程及循环谱

既然对非平稳过程进行分析是非常复杂的，当信号统计特性的变化有一定规律时，如其自相关函数具有周期性，则可以引入广义周期平稳随机信号的概念来表示它。注意，周期平稳随机过程是指随机过程本身具有平稳性。实际应用中，对信号的采样、调制、编码等都会使信号具有广义平稳的性质。现讨论循环平稳随机过程及循环谱。

7.3.1　二阶循环平稳随机过程及循环谱

对于一般非平稳随机过程 $X(t)$，其自相关函数定义为 $R_X(t, \tau) = E[X(t)X(t+\tau)]$。若对某个 T_0，它满足如下关系

$$R_X(t,\tau)=R_X(t+T_0,\tau+T_0) \tag{7.3.1}$$

则称 $X(t)$ 为广义周期平稳随机过程。由信号与系统理论知，任何周期性函数都可以展开成傅里叶级数，即有

$$R_X(t,\tau)=\sum_{m=-\infty}^{\infty}R_X^{\alpha}(\tau)\exp(j2\pi\alpha t) \tag{7.3.2}$$

式中，$\alpha=m/T_0$，m 为非零的整数，傅里叶级数的系数 $R_X^{\alpha}(\tau)$ 为

$$R_X^{\alpha}(\tau)=\frac{1}{T_0}\int_{-T_0/2}^{T_0/2}R_X(t,\tau)\exp(-j2\pi\alpha t)\mathrm{d}t \tag{7.3.3}$$

一般称 α 为循环频率，而常规意义下的 f 为频谱频率。通常 $X(t)$ 也是循环各态历经（遍历）的，因而求 $R_X(t,\tau)$ 的统计平均可由时间平均来代替，则有

$$\begin{aligned}R_X^{\alpha}(\tau)&=\lim_{T\to\infty}\frac{1}{T}\int_{-T/2}^{T/2}x(t-\tau/2)x(t+\tau/2)\exp(-j2\pi\alpha t)\mathrm{d}t\\&=\langle x(t-\tau/2)x(t+\tau/2)\exp(-j2\pi\alpha t)\rangle_t\end{aligned} \tag{7.3.4}$$

式中，$R_X^{\alpha}(\tau)$ 称为循环自相关函数。由上式可知，当 $\alpha=0$ 时，$R_X^{0}(\tau)$ 还原为一般各态历经过程的自相关函数。

类似平稳随机过程的自相关函数，循环自相关函数也是 τ 的函数，因而它的傅里叶变换为

$$G_X^{\alpha}(f)=\int_{-\infty}^{\infty}R_X^{\alpha}(\tau)\exp(-j2\pi f\tau)\mathrm{d}\tau \tag{7.3.5}$$

称为循环功率谱密度，也称谱相关密度函数。

下面看一个例子。设有一个确定性的复正弦信号 $s(t)=a\exp[j(2\pi f_0t+\theta)]$ 伴有零均值的随机噪声 $n(t)$，即

$$x(t)=s(t)+n(t)=a\exp[j(2\pi f_0t+\theta)]+n(t)$$

如果对该过程作统计平均求其均值，则有

$$M_x(t)=E\{x(t)\}=a\exp[j(2\pi f_0t+\theta)]$$

即均值是时间的函数。因此，我们无法直接用时间平均来估计信号的均值。如果已知复正弦波的周期 $T_0(=1/f_0)$，我们就可以对过程 $x(t)$ 以 T_0 为周期进行采样，即采样时刻为 $\cdots$，$t-nT_0,\cdots,t-T_0,t,t+T_0,\cdots,t+nT_0,\cdots$。其中，$t$ 为任意值，则这样的采样显然满足遍历性，从而可以用样本平均来估计其均值，即

$$M_x(t)=\lim_{N\to\infty}\frac{1}{2N+1}\sum_{n=-N}^{N}x(t+nT_0)$$

将上式中的时间 t 以 $t+kT_0$ 代替（k 为任意整数），其均值保持不变。可见 $M_x(t)$ 是周期为 T_0 的周期函数。令 $n/T_0=\alpha$，对均值函数作傅里叶级数展开，有

$$M_x(t)=\sum_{n=-\infty}^{\infty}M_x^{\alpha}\mathrm{e}^{\mathrm{j}2\pi\alpha t}$$

式中，傅里叶级数的系数 M_x^{α} 等于

$$M_x^{\alpha}=\frac{1}{T_0}\int_{-T_0/2}^{T_0/2}M_x(t)\mathrm{e}^{-\mathrm{j}2\pi\alpha t}\mathrm{d}t$$

令 $T=(2N+1)T_0$，将 $M_x(t)$ 带入上式得

$$\begin{aligned}M_x^{\alpha}&=\lim_{N\to\infty}\frac{1}{(2N+1)T_0}\sum_{n=-N}^{N}\int_{-T_0/2}^{T_0/2}x(t+nT_0)\mathrm{e}^{-\mathrm{j}2\pi\alpha t}\mathrm{d}t\\&=\lim_{N\to\infty}\frac{1}{T}\int_{-T/2}^{T/2}x(t)\mathrm{e}^{-\mathrm{j}2\pi\alpha t}\mathrm{d}t=\langle x(t)\mathrm{e}^{-\mathrm{j}2\pi\alpha t}\rangle_t\end{aligned}$$

我们把时变均值的 α 频率分量 M_x^{α} 简称为循环均值。循环均值相当于将 $x(t)$ 的频谱左移频率 α 后，再取时间平均。因此，只要 $x(t)$ 存在频率为 α 的谱线（α 不一定已知，需作搜索），则 $M_x^{\alpha}\neq0$。这启示我们，可以用条件 $M_x^{\alpha}(\forall\alpha\neq0)$ 亦即 $x(t)$ 的功率谱是否存在谱线作为判断信号是否为一阶循环平稳的判据。

再看一个例子。若 $a(t)$ 为零均值的实低通平稳随机信号，用它调制一实正弦波，得到一随机调幅信号 $s(t)=a(t)\cos(2\pi f_0t)$，将这一信号作平方运算，则有

$$y(t)=\frac{1}{2}[a^2(t)+a^2(t)\cos(4\pi f_0t)]$$

同样，对 $y(t)$ 作傅里叶级数展开，由其傅里叶级数或用 $y(t)$ 的功率谱谱线存在与否，来判断其周期性。由于 $a^2(t)$ 是非负的，故其直流分量 $M_{a^2}^{0}>0$，从而使得 $a^2(t)$ 的功率谱密度 $G_{a^2}(f)$ 不仅有连续分量，而且在 $f=0$ 处有一条谱线，且有

$$G_y(f)=\frac{1}{4}\left[G_{a^2}(f)+\frac{1}{4}G_{a^2}(f+2f_0)+\frac{1}{4}G_{a^2}(f-2f_0)\right]$$

可见，它在 $f=\pm2f_0$ 及 $f=0$ 三处都有谱线。如果 $a(t)$ 是在 1 和 -1 两值之间跳变的非同步随机电报信号（二元序列），则 $a^2(t)=1$，$y(t)$ 就变成了一个周期信号，即

$$y(t)=\frac{1}{2}[1+\cos(4\pi f_0t)]$$

由此可见，$y(t)$ 为一阶循环平稳信号。同时不难证明，由于 $a(t)$ 是零均值的，所以 $s(t)$ 不是一阶循环平稳的。

以上例子说明，有些信号不是一阶循环平稳的，但是通过平方变换，却可以使变换后的信号具有一阶循环平稳性。换句话说，原信号不是一阶循环平稳信号，而是二阶循环平稳信号。

更一般地，模平方变换仅是二次变换中的一个简单特例，在许多场合，用有延迟的二次变换比用模平方变换更有效。

根据以上讨论，对于非平稳随机信号而言，我们可以用时变矩函数和时变累积量函数来描述过程的时变特性，但是它们却不能根据单次观察数据估计，因为它们是时间的函数。与之相比，循环矩和循环累积量却不是时间的函数，而只是滞后 $\tau_i,i=1,\cdots,k$ 的函数，因此它们可以

由单次观测输出进行估计。

7.3.2　高阶循环平稳随机过程的循环累积量及循环谱

考虑循环平稳实信号，先定义它们的循环矩和循环累积量，再定义相应的循环矩谱和循环累积量谱。

对于循环平稳实随机信号 $X(t)$，对于固定的时滞 $\tau_i(i=1,\cdots,k)$，如果 $m_{kX}(t;\tau)$ 存在一个相对于 t 的傅里叶级数展开，则

$$m_{kX}(t;\tau_1,\cdots,\tau_{k-1})=\sum_{\alpha\in A_k^m}M_{kX}^{\alpha}(\tau_1,\cdots,\tau_{k-1})e^{j\alpha t} \tag{7.3.6}$$

$$M_{kX}^{\alpha}(\tau_1,\cdots,\tau_{k-1})=\lim_{T\to\infty}\frac{1}{T}\sum_{t=0}^{T-1}m_{kX}(t;\tau_1,\cdots,\tau_{k-1})e^{-j\alpha t} \tag{7.3.7}$$

傅里叶系数 $M_{kX}^{\alpha}(\tau_1,\cdots,\tau_{k-1})$ 称为 $X(t)$ 在循环频率 α 的 k 阶循环矩，而 A_k^m 称为相对于 k 阶循环矩的循环频率集，它是可数的，定义为

$$A_k^m=[\alpha;M_{kX}^{\alpha}(\tau_1,\cdots,\tau_{k-1})\neq 0,0\leqslant\alpha<2\pi] \tag{7.3.8}$$

当 $k=2$ 时，$M_{2X}^{\alpha}(\tau)=\langle X(t)X(t+\tau)e^{-j\alpha t}\rangle_t$。

可见，它是一种非对称时滞乘积信号在 α 频率的傅里叶级数，即 $M_{2X}^{\alpha}(\tau)$ 给出非对称形式的循环自相关函数。若取 $k>2$，就可以得到所谓的高阶循环矩。特别地，当 $k=3$ 和 4 时，我们分别得到三阶循环矩

$$M_{3X}^{\alpha}(\tau_1,\tau_2)=\langle X(t)X(t+\tau_1)X(t+\tau_2)e^{-j\alpha t}\rangle_t \tag{7.3.9}$$

四阶循环矩

$$M_{4X}^{\alpha}(\tau_1,\tau_2,\tau_3)=\langle X(t)X(t+\tau_1)X(t+\tau_2)X(t+\tau_3)e^{-j\alpha t}\rangle_t \tag{7.3.10}$$

同样，可以定义循环累积量。

对于循环平稳实随机信号 $X(t)$，对于固定的时滞 $\tau_i(i=1,\cdots,k)$，如果 $c_{kX}(t;\tau_1,\cdots,\tau_{k-1})$ 存在一个相对于 t 的傅里叶级数展开，则

$$c_{kX}(t;\tau_1,\cdots,\tau_{k-1})=\sum_{\alpha\in A_k^c}C_{kX}^{\alpha}(\tau_1,\cdots,\tau_{k-1})e^{j\alpha t} \tag{7.3.11}$$

$$C_{kX}^{\alpha}(\tau_1,\cdots,\tau_{k-1})=\lim_{T\to\infty}\frac{1}{T}\sum_{t=0}^{T-1}c_{kX}(t;\tau_1,\cdots,\tau_{k-1})e^{-j\alpha t} \tag{7.3.12}$$

傅里叶系数 $C_{kX}^{\alpha}(\tau_1,\cdots,\tau_{k-1})$ 称为 $X(t)$ 在循环频率 α 的 k 阶循环累积量，而 A_k^c 称为相对于 k 阶循环累积量的循环频率集，它是可数的，定义为

$$A_k^c=[\alpha;C_{kX}^{\alpha}(\tau_1,\cdots,\tau_{k-1})\neq 0,0\leqslant\alpha<2\pi]$$

注意，二阶循环累积量即是循环协方差函数。如果信号 $X(t)$ 的均值不等于零，那么循环协方差函数和循环自相关函数是不同的。只要 $X(t)$ 不是均值非平稳的（即均值不是时间的函数），我们总是在信号处理前，把 $X(t)$ 变成零均值的。此时，我们对循环自相关函数和循环协方差函数将不加区分，因为二者等同。类似地，零均值信号的三阶循环矩和三阶循环累积量也

恒等。

如果我们将循环矩和循环累积量看成是时滞域的统计量，也可以有相应的频域统计量。若 k 阶循环矩和循环累积量相对于时滞 $\tau_i(i=1,\cdots,k-1)$ 是绝对可和的，即

$$\sum_{\tau_1=-\infty}^{\infty}\cdots\sum_{\tau_{k-1}=-\infty}^{\infty}|M_{kX}^{\alpha}(\tau_1,\cdots,\tau_{k-1})|<\infty$$
$$\sum_{\tau_1=-\infty}^{\infty}\cdots\sum_{\tau_{k-1}=-\infty}^{\infty}|C_{kX}^{\alpha}(\tau_1,\cdots,\tau_{k-1})|<\infty \tag{7.3.13}$$

则 k 阶循环矩谱定义为 k 阶循环矩 $M_{kX}^{\alpha}(\tau_1,\cdots,\tau_{k-1})$ 的 $k-1$ 维傅里叶变换

$$P_{kX}(\omega_1,\cdots,\omega_{k-1})=\sum_{\tau_1=-\infty}^{\infty}\cdots\sum_{\tau_{k-1}=-\infty}^{\infty}M_{kX}^{\alpha}(\tau_1,\cdots,\tau_{k-1})\exp[-\mathrm{j}(\omega_1\tau_1+\cdots+\omega_{k-1}\tau_{k-1})] \tag{7.3.14}$$

而 k 阶循环累积量谱定义为 k 阶循环累积量 $C_{kX}^{\alpha}(\tau_1,\cdots,\tau_{k-1})$ 的 $k-1$ 维傅里叶变换

$$S_{kX}(\omega_1,\cdots,\omega_{k-1})=\sum_{\tau_1=-\infty}^{\infty}\cdots\sum_{\tau_{k-1}=-\infty}^{\infty}C_{kX}^{\alpha}(\tau_1,\cdots,\tau_{k-1})\exp[-\mathrm{j}(\omega_1\tau_1+\cdots+\omega_{k-1}\tau_{k-1})] \tag{7.3.15}$$

对于零均值的随机过程而言，$k=2$ 和 3 时，循环矩谱和循环累积量谱相等。循环累积量谱常称为循环多谱。特别地，三阶循环累积量谱简称为循环双谱，四阶循环累积量谱简称为循环三谱。

习　题

7.1　设 X 是一个非零均值的严平稳随机过程，试利用 M－C 公式将 X 的四阶累积量用 X 的矩表示。

7.2　设 m_r 和 c_r 分别为随机变量 X 的 r 阶矩和 r 阶累积量，试证明：

$$m_1=c_1,m_2=c_2+c_1^2,m_3=c_3+3c_2c_1+c_1^3,m_4=c_4+4c_3c_1+3c_2^2+6c_2c_1^2+c_1^4$$

7.3　设 $c_{k\xi}$ 和 $c_{k\eta}$ 分别为两个相互独立的随机变量 ξ 和 η 的累积量，试证明和 $\gamma=\xi+\eta$ 的累积量 $c_{k\gamma}$ 等于 $c_{k\xi}$ 与 $c_{k\eta}$ 之和。

参考文献

[1] 李必俊．随机过程．西安:西安电子科技大学出版社,1993.
[2] 朱华等．随机信号分析．北京:北京理工大学出版社,1990.
[3] 王宏禹．随机数字信号处理．北京:科学出版社,1998.
[4] 王宏禹．数字信号处理专论．北京:国防工业出版社,1995.
[5] 杨福生．随机信号分析．北京:清华大学出版社,1990.
[6] 毛用才,保铮．复高阶循环平稳信号的非参数多谱估计．电子科学学刊,1997:19(5),577～583.
[7] 毛用才,胡奇英．随机过程．西安:西安电子科技大学出版社,2001.
[8] 赵淑清，郑薇．随机信号分析．哈尔滨:哈尔滨工业大学出版社,1999.
[9] 王永德．随机信号分析基础．北京:电子工业出版社,2005.
[10] 韦岗,季飞,傅娟．通信系统建模与仿真．北京:电子工业出版社,2007.
[11] 陈明．信号与通信工程中的随机过程．北京:科学出版社,2005.
[12] 赵静,张瑾,高新科．基于MATLAB的通信系统仿真．北京:北京航空航天大学出版社,2007.
[13] 马文平，李兵兵，田红心，等．随机信号分析．北京:科学出版社,2006.
[14] 刘嘉焜，王公恕，编著．应用随机过程(第二版)．北京:科学出版社,2006.
[15] 杜雪樵,惠军．随机过程．合肥:合肥工业大学出版社,2006.
[16] 郭业才．通信信号分析与处理．合肥:合肥工业大学出版社,2009.
[17] 张贤达．时间序列分析—高阶统计量方法．北京:清华大学出版社,2001.
[18] 许可，李敏，罗鹏飞．基于Simulink的语音通信调制解调仿真实验．电气电子教学学报,2007,29(5):79—81.